Markus Väth
Cooldown

MARKUS VÄTH

Cooldown

Die Zukunft der Arbeit
und wie wir sie meistern

Bibliografische Information der Deutschen Nationalbibliothek

Die Deutsche Nationalbibliothek verzeichnet diese Publikation
in der Deutschen Nationalbibliografie; detaillierte bibliografische
Daten sind im Internet unter http://dnb.ddb.de abrufbar.

ISBN 978-3-86936-514-5

Redaktion und Register: Christina Knüllig, Hamburg
Umschlaggestaltung: Martin Zech Design, Bremen | www.martinzech.de
Umschlagfoto: c/Fotolia
Satz und Layout: Das Herstellungsbüro, Hamburg | www.buch-herstellungsbuero.de
Druck und Bindung: Salzland Druck, Staßfurt

© 2013 by GABAL Verlag GmbH, Offenbach

www.gabal-verlag.de
www.facebook.com/Gabalbuecher
www.twitter.com/gabalbuecher

Inhalt

»I heat up, I can't cool down
You got me spinnin' 'round and 'round
'Round and 'round and 'round it goes
Where it stops – nobody knows«
Steve Miller Band, »Abracadabra«

»Die größte Schwierigkeit der Welt besteht nicht darin,
Leute zu bewegen, neue Ideen anzunehmen,
sondern alte zu vergessen.«
John Maynard Keynes

Vorwort

Es gibt Veränderungen, die spürt man sofort. Plötzlicher Regen, Schmerz, eine Trennung – all das hat auf uns eine unmittelbare Wirkung. Und all das erleben wir jeden Tag, immer wieder. Deswegen ist jeder Tag für uns neu, eine Herausforderung, ein Geschenk. Doch es gibt Veränderungen, die wir nicht so schnell bemerken: politische Strömungen, die auf- und abtauchen, gesellschaftliche Bewusstseinslagen, der langsame Niedergang einer Firma. Diese Art der Veränderung vollzieht sich über einen längeren Zeitraum, weniger mit Donner und Blitz, sondern eher mit leisen und dennoch markanten Tönen.

Schleichende Veränderungen bemerken wir nicht sofort

Eine solche langsame, jedoch überall spürbare Veränderung findet gerade in unserer Arbeitswelt statt. Ich nenne sie die »Dritte Transformation«. Die Dynamik der Dritten Transformation hat viele Gesichter: die Aufsplitterung der Beschäftigungsverhältnisse, die Zunahme von Burnout, Depression und anderen seelischen Leiden, die Suche nach Sinn in der eigenen Arbeit, der Anspruch einer neuen, modernen Führung oder die überbordende Kommunikation unserer Tage. In der einen oder anderen Form begegnen wir den Auswirkungen der Dritten Transformation jeden Tag. Wir erleben sie am Arbeitsplatz, lesen entsprechende Nachrichten, führen Diskussionen mit Kollegen und Freunden. Wir halten alle einige Stücke des großen Puzzles in der Hand. Um jedoch zu verstehen, wie weit diese Veränderungen in der Arbeitswelt gehen und wie wir ihnen begegnen sollten, müssen wir das Puzzle zusammensetzen, uns einen Überblick verschaffen.

Genau das versuche ich mit diesem Buch. Im ersten Teil erläutere ich die Dynamik der Dritten Transformation, lege die Puzzleteile zusammen und erkläre, wie sie unser aller (Arbeits-)Leben bestimmt. Im zweiten Teil widme ich mich möglichen Lösungen. Unter dem Begriff INSEL beschreibe ich fünf Faktoren, die auf das Gelingen der Dritten Transformation erheblichen Einfluss haben: Information, Netzwerk, Selbstmanagement, Ethik und Leadership. In all diesen Themen können wir gestaltend wirken, damit uns die Dritte Transformation nicht überwältigt, sondern wir sie bewältigen. Damit sie nicht zur Belastung wird, sondern zur Herausforderung, zur Inspiration. Damit wir nicht nur die Risiken und Gefahren sehen, sondern auch die Chancen des nächsten Schritts – die Lust an der Weiterentwicklung.

Dieses Buch möchte vor allem Antworten bieten. Antworten auf die vielen Reaktionen, die mich auf mein letztes Buch *Feierabend hab' ich, wenn ich tot bin* erreicht haben oder auf die vielen Fragen und Hoffnungen meiner Klienten, die ich in den letzten Jahren begleiten durfte.

Nachdem Mitte 2011 mein Buch zum Thema »Burnout« auf den Markt kam, war das Echo durchweg positiv. Das hat mich sehr gefreut und mich in der Annahme bestärkt, dass die Menschen mehr von uns Fachleuten erwarten als die Verortung von Burnout als rein individuelles Problem. Denn auch die Gesellschaft und die Wirtschaft haben ihren Anteil daran. Viele Leserinnen und Leser waren froh, dass sie nun »Verantwortung abgeben« konnten, denn bislang wurde ihnen eingetrichtert, dass sie selbst schuld seien an ihrem Burnout. Für viele bedeutete es eine enorme Entlastung, den Blick einmal nach außen zu richten und festzustellen, dass auch Organisationen Werte, Prozesse und Strukturen entwickeln, die zu einem individuellen Burnout führen können.

Manche Leser bemängelten, dass ich kein spezielles »Lösungsbuch« geschrieben hatte. Ihr Lob für die sorgfältige Analyse verband sich mit dem Bedauern, nun mit den Fragezeichen alleingelassen zu werden. Dazu muss ich sagen, dass das »Feierabend«-Buch ausdrücklich nicht als klassischer Ratgeber geplant war. Denn für Burnout gab es bereits mehrere Bücher. Ich wollte das Thema Burnout in einen größeren Kontext rücken, wollte die Frage nach dem gesellschaftlichen Zusammenhang stellen und auch die Unternehmen in den Blick und in die Pflicht nehmen. Das ist mir gelungen, und die mediale Diskussion der letzten Zeit verdeutlicht, dass der systemische Aspekt von Burnout in der Mitte der Gesellschaft angekommen ist.

Ich schrieb das »Feierabend«-Buch aus einem bestimmten Bedürfnis heraus, genauso wie auch das aktuelle Buch. War es damals Unzufriedenheit über den festgefahrenen Stand der Diskussion, geht es mir jetzt um konkrete Lösungen und um die Beantwortung der Fragen: Wie können wir die Dritte Transformation meistern? Wie können wir den menschlichen Geist mit den neuen Technologien versöhnen? Wie können wir eine neue Art von Führung aufbauen? Wie können wir Sinn in unserer Arbeit entdecken und leben? Wie können wir produktiv und gleichzeitig geistig und körperlich gesund bleiben?

Arbeit nach menschlichem Maß gestalten: Dieses Ziel gilt immer noch

Denn jenseits unserer individuellen Persönlichkeit agieren und reagieren wir alle nach bestimmten evolutionär und genetisch geprägten Schemata, Denkmustern und Instinkten. Daher geht es bei einem »Cooldown der Arbeitswelt« nicht nur um die Integration der eigenen Persönlichkeit in ein bestimmtes Umfeld oder um die Verbesserung von Strukturen in der Arbeitswelt.

Es geht auch um die Frage, wie wir unser evolutionäres Menschsein mit der modernen Arbeitswelt versöhnen. Was wir tun können, wenn die Neuropsychologie des Menschen auf Hyperkommunikation und die ausufernde Komplexität moderner Arbeitsplätze trifft. Wie sollen wir uns in modernen Gruppen und Netzwerken zurechtfinden, wenn wir als Herdenwesen von bestimmten Instinkten und Eigenschaften gelenkt werden? Ignorieren wir unsere biologische Grundausstattung, wenn wir unsere Aufgaben strukturieren, wenn wir kommunizieren, sogar wenn wir unser Büro gestalten, dann werden wir irgendwann Schiffbruch erleiden bzw. die nächste Notaufnahme auch einmal von innen sehen.

Damit es dazu nicht kommt, habe ich in diesem Buch einige entsprechende Ideen zusammengefasst und daraus ein Modell geformt, das INSEL-Modell*. Es ist natürlich nicht alles neu. Manches ist schon gedacht und gesagt worden. Das vermindert jedoch nicht dessen grundsätzliche Richtigkeit. Manchmal muss man Dinge einfach mehrmals sagen, bevor sie verstanden und umgesetzt werden. Fragen Sie mal Ihre Kinder (oder Ihre Eltern). Mir geht es darum, Probleme von Organisationen mit einem praktischen Ansatz zu lösen. Hierbei schließe ich sehenden Auges einen Kompromiss: Weder theoretische Erschöpfung noch eine völlig theoriefreie Perspektive halte ich für zielführend. Daher spiegelt das vorliegende Buch meine professionelle Meinung als Psychologe, meine ganz persönliche Erfahrung als (Ex-)Angestellter, Coach und Berater wider sowie einen individuell kreativen Ansatz. Nicht mehr, aber auch nicht weniger.

Ich hoffe, Sie haben beim Lesen genauso viel Spaß wie ich beim Schreiben. Und natürlich wünsche ich mir, dass Sie einiges für sich umsetzen können, bei sich selbst oder in Ihrer Firma. Schreiben Sie mir, welche Erfahrungen Sie mit der Umsetzung gemacht haben, was Sie gut fanden oder auch nicht so gelungen. Ich freue mich immer, wenn mir Leser Feedback geben, denn man lernt auch als Psychologe und Autor nie aus.

Dieses Buch bietet Lösungen an. Aber kein »one size fits all«

Ich glaube, der moderne Mensch (der ja auch ein arbeitender Mensch ist) hat kein Interesse daran, nur zu jammern und Zustände zu beklagen. Er will Lösungen, die er umsetzen kann – nicht nur im Arbeitsleben, sondern auch in der Umwelt, in der Wirtschaft oder der Politik. Daher geht das vorliegende Buch über die Analyse von Organisationen hinaus und bietet eine Lösung an. Damit macht man sich angreifbar, weil Lösungen im betrieblichen Umfeld selten eine »one size fits all«-Lösung sein können. Dennoch glaube ich, die INSEL kann einen wertvollen Beitrag zur Entwicklung in Organisationen leisten. Bertold Brecht hat gesagt: »Wer kämpft, kann verlieren. Wer nicht kämpft, hat schon verloren.« Dieses Bonmot, leicht umformuliert, trifft es ganz gut: »Wer kreativ entwickelt, riskiert. Wer nur kritisiert, bleibt stehen.«

---

* Das INSEL-Modell ist eine eingetragene Wortmarke.

Teil I
Die Dritte Transformation

Warum »Transformation«?

Leben bedeutet Veränderung. Wir werden geboren, werden älter und sterben schließlich – der normale Zyklus des Lebens. So gut wie alle regulativen Vorgänge in der Natur unterliegen diesen Zyklen. »Panta rhei«– alles fließt, wussten schon die alten Griechen. Das Einzige, was in der Welt sicher ist, ist die Unsicherheit, die Veränderung. Alles verändert sich fortwährend, wandelt seine Gestalt, passt sich an, tritt ein in die ewigen Wechselläufe der Evolution. Von den philosophischen Schulen über den

Alles Lebendige verändert sich fortwährend

Naturforscher Charles Darwin bis zu den Astrophysikern unserer Tage, die Sternen bei Geburt und Tod zusehen, ist die Erkenntnis der steten Veränderung eine Grundlage unseres Weltverständnisses.

Das Erkennen dieser transformationalen Muster ist laut Darwin unerlässlich für das Überleben einer Art: »Intelligence is based on how efficient a species became at doing the things they need to survive.«[1] Nach Darwin zeigt sich in der Anpassungsfähigkeit von Tier und Mensch seine Intelligenz, die Fähigkeit zu überleben. In einer komplexen Gesellschaft wie der unseren gehört zu solch einem »Erkennen« nicht nur die Dynamik des eigenen Lebens. Wir sind spätestens seit der beginnenden Industrialisierung vor 200 Jahren als Gesellschaften politisch, wirtschaftlich und technologisch so eng miteinander verflochten, dass wir komplexe Systeme des Zusammenlebens – sichtbar in Staatensystemen, Handelsbeziehungen und Kommunikationstechnologien etc. – benötigen und schaffen. Die oftmals zitierte »Globalisierung« unserer Tage ist dabei nur eine Facette, eine neue, größere Spielart der Vernetzung.

Erkennen wir die stetige Veränderung (Transformation) auf allen individuellen, sozialen, wirtschaftlichen und gesellschaftlichen Ebenen als Tatsache an, so können wir innerhalb dieser Transformationen bedeutende und weniger bedeutende Bewegungen ausmachen. Quasi Haupt- und Nebentransformationen, die mal größere, mal kleinere Wirkungen hervorrufen. So mag eine Urlaubsreise für das weitere Leben von geringerer Bedeutung sein. Die guten und schlechten Erlebnisse am Urlaubsort beeinflussen das eigene Wohlbefinden und dienen im besten Fall als positive emotionale Stärkung. Um einiges mehr wird das Leben durch den Tod einer geliebten Person, vielleicht des Partners, erschüttert. Diese emotionale Transformation geht viel tiefer, sie durchdringt die inneren Schichten unserer Persönlichkeit und stößt intensive Verarbeitungsprozesse an. Am konsequentesten geschieht diese persönliche Transformation in der Begegnung mit der eigenen Sterblichkeit: der Diagnose einer Krebserkrankung zum Beispiel oder eine Nahtod-Erfahrung. In dieser letzten Variante geschieht Veränderung nicht nur im Beobachten des Außen, sondern radikaler in der Veränderung der eigenen Person und der individuellen Weltsicht.

Es geht hier nicht um das Ausschmücken von Horror-Szenarien. Ich will lediglich feststellen, dass es Zeitpunkte und Ereignisse in unserem Leben gibt, die so intensiv sind, dass sie uns als Person – unsere Werte und unsere Einstellung zur Welt – verändern, »transformieren« können. Dies gleicht einer Erschütterung – selbstverständlich auch in der Möglichkeit zum Positiven.

Was nun für den einzelnen Menschen gilt, gilt auch für größere Gruppen, ja ganze Gesellschaften. Beispielsweise ist die größte psychologische Transformation, die Deutschland je erlebt hat, die Herrschaft und der Niedergang des Nationalsozialismus. Diese Transformation war in ihren Ursachen, Dimensionen und Folgen so verheerend und gewaltig, dass ihre Nachwehen noch heute spürbar sind. Immer noch sind wir als Kollektiv mit dem Bewältigen der Vergangenheit beschäftigt, in Form von Büchern, Fernsehsendungen, Denkmälern, Demonstrationen etc. In kleinen gesellschaftlichen und sozialen Nachbeben bearbeiten wir immer noch das Trauma des Nazi-Regimes. Ebenso könnte man den amerikanischen Bürgerkrieg für die USA oder die Atombomben über Hiroshima und Nagasaki als

Traumata ansehen, deren transformatorische Wellen immer noch deutlich sichtbar sind.

Bevor ich zu den wirtschaftlichen und psychologischen Transformationen komme, die ich für wesentlich halte, möchte ich dem Leser ein Transformationsmodell vorstellen, dass eine größtmögliche historische und globale Perspektive aufzieht: die Theorie der »Dritten Welle« des Futurologen Alvin Toffler. Diese Theorie halte ich für so bedeutend, dass ich sie hier aus einem der Hauptwerke Tofflers etwas ausführlicher zitieren will. Toffler schrieb sein Buch »Die Zukunftschance« (Originaltitel: »The Third Wave«) 1980 (!), skizzierte darin jedoch bereits soziale und technologische Revolutionen, die erst um die Jahrtausendwende hin zum 21. Jahrhundert einsetzten. Toffler schreibt:

»Die Menschheit steht vor einem Quantensprung. Sie sieht sich konfrontiert mit sozialen Umwälzungen und einem kreativen Umstrukturierungsprozess bisher ungeahnten Ausmaßes. Ohne bisher genau zu erkennen, wohin der Weg führt, sind wir bereits dabei, eine von Grund auf neue Stufe der gesellschaftlichen, technischen und kulturellen Entwicklung zu errichten. Hierin liegt die Bedeutung der Dritten Welle.

1980: Alvin Toffler entwirft seine Theorie der »Drei Wellen«

Im Lauf der Menschheitsgeschichte hat es bislang zwei große Innovationswellen gegeben, die jeweils die zivilisatorischen Charaktermerkmale der vorangehenden Epoche weitgehend vergessen machten. An ihre Stelle rückten neue Lebensformen, die den Menschen aus der Zeit vorher fremd, ja unvorstellbar erschienen wären.

Die Erste Welle, die Agrarrevolution, bestimmte das Leben der Menschen einige Jahrtausende lang. Die Zweite Welle, das Werden der Industriellen Revolution, beanspruchte nur mehr drei Jahrhunderte. Heutzutage geht die Entwicklung noch weitaus schneller vonstatten, und so wird wahrscheinlich die Dritte Welle innerhalb weniger Jahrzehnte über uns hinwegfegen. Wir, die wir den Planeten Erde gerade in diesem explosiven Moment der Erklärung bevölkern, werden daher noch innerhalb unserer eigenen Lebensspanne die volle Wucht des Ansturms jener Dritten Welle zu spüren bekommen.

Familien driften auseinander, die Grundlagen unserer Wirtschaft werden erschüttert, unsere Wertvorstellungen geraten ins Wanken, unser politisches System ist paralysiert: die Dritte Welle trifft jeden von uns. […] Vieles in dieser sich abzeichnenden neuen Gesellschaftsform steht im Widerspruch zur alten, traditionellen Industriegesellschaft. Einerseits hochgradig technologiebestimmt, ist sie auf der anderen Seite antiindustriell.

Diversifizierte, erneuerbare Energiequellen; Produktionsweisen, die das Fließband weitgehend überflüssig machen; neue, die herkömmliche Kleinfamilie ablösende Formen menschlichen Zusammenlebens; die Institutionalisierung dessen, was man als elektronisches Heim bezeichnen könnte; von Grund auf andere Schul- und Verbandsformen: dies alles kommt im Gefolge der Dritten Welle auf uns zu und wird zu einem gänzlich neuen Lebensziel beitragen.«[2]

Toffler ist kein Hysteriker, im Gegenteil. Sein Werk ist durchdrungen von positivem gestalterischem Willen, einem Appell, die neuen Zeiten kraftvoll anzugehen. In diesem Sinne unterschied er sich auch von manchen Katastrophendenkern seiner Zeit. Was ist nun der Unterschied zwischen Tofflers Modell und meiner Theorie der »Drei Transformationen«?

- Toffler argumentiert aus einer globalen Perspektive heraus, historisch wie geografisch. Ihm geht es um die großen Zusammenhänge in der Entwicklung der Menschheit, betrachtet über Jahrhunderte. Dies gelingt ihm lebendig und elegant.
- Er analysiert die Dinge auf drei Hauptebenen, der sozialen, der technologischen und der politischen Ebene. Für ihn knüpfen diese drei ein Netz an Dynamiken, das für die großen Transformationswellen in der Geschichte sorgt.
- Toffler geht davon aus, dass sich Wellen »überlagern« können, ja müssen. So speise sich eine Menge an politischen wirtschaftlichen und sozialen Konflikten genau aus diesem Aufeinanderprallen zweier Wellen (Toffler spricht von »Wellenkämmen, die aufeinanderbranden«).

»Meine« Transformationen nehmen dagegen einen schmaleren Ausschnitt der Wirklichkeit ins Visier. Sie sind daher »näher dran« an der Lebensperspektive des Einzelnen und haben dafür einen kleineren Wirkbereich als das Toffler'sche Modell:

- Mein zeitlicher Fokus beginnt mit der Industriellen Revolution, nicht wie bei Toffler mit der Agrarrevolution vor ca. 10 000 Jahren. Seine »Erste Welle« (die Agrarrevolution) spielt für meine Überlegungen daher keine Rolle. Die Drei Transformationen, um die es mir geht, spielen sich in einem Zeitraum der letzten 170 Jahre ab, von ca. 1850 bis heute.
- Weiterhin konzentriere ich mich auf den Schnittpunkt von wirtschaftlich-technologischer Veränderung und Psychologie. Mit anderen Worten: Was machen tiefgreifende wirtschaftliche und technologische Veränderungen mit dem Einzelnen? Wie reagiert die menschliche Seele oder – schlicht biologisch – das Gehirn darauf?
- Ein gegenseitiges Überlagern von Wellen spielt in den Transformationen, wie ich sie verstehe, keine Rolle. Vielmehr finden diese Transformationen in einem klar umgrenzten Zeitraum statt, der von anderen Wellen nicht berührt wird.

Insgesamt liefert Toffler ein äußerst interessantes Modell historischer und geografischer Zusammenhänge. Seine »Drei Wellen« sind jedoch nicht mit meinen »Drei Transformationen« identisch. Auch das Bild der Welle findet in meinem Modell keine Anwendung. Ich bleibe bei dem eher sperrigen Begriff »Transformation«, auch um zu verdeutlichen, dass es sich hierbei um einen technologisch-psychologischen Mechanismus handelt, der eher im Hintergrund abläuft, und nicht um eine sichtbare Welle, die man anbranden sieht bzw. die einen überrollt.

Interessanterweise sieht der Psychologe Tony Buzan, der Erfinder der »Mind-Map«-Methode, über die Jahrzehnte eine ähnliche Wellenbewegung, die im Moment durch die Informationsflut einen neuen Höhepunkt erreicht. Sein Fazit: »Die Menschen denken in Informationen, denken digital, technologisch, über die Computertastatur. Deshalb erlebt die Welt derzeit den größten Stress ihrer Geschichte: die sogenannte Informationsflut. [...] Tatsächlich bereitet uns die Informationsflut nur Stress, weil wir versuchen, Informationen und Wissen konventionell zu managen. Wir setzen auf Informationsmanager und Direktoren für Wissensmanagement. Doch wir müssen nicht das Wissen managen, sondern den Manager des Wissens, und das ist das menschliche Gehirn. Wir müssen lernen, unser Gehirn intelligent zu nutzen. Dies ist die Herausforderung des Intelligenzzeitalters. Denn in Wahrheit haben wir das Agrar-, das Industrie- und das Informationszeitalter hinter uns gelassen und sind im Intelligenzzeitalter.«[3]

> **Gerade in der Phase der Informationsflut gilt: »Wir müssen lernen, unser Gehirn intelligent zu nutzen« (Tony Buzan)**

Buzan erfasst haargenau, um was es geht: um ein neues Zusammenspiel zwischen Technologie und menschlichem Verstand. Ein Austarieren, eine neue Balance. Diese Balance herzustellen, war mehr oder weniger offensichtlich immer Teil der menschlichen Zivilisation. Und immer war diese Balance von technologischen Umbrüchen gekennzeichnet, denen sich der Mensch in Körper und Geist anpassen musste. Was Buzan als »Intelligenzzeitalter« beschreibt, ist nichts anderes als die Dritte Transformation des digitalen Zeitalters, die gerade stattfindet (und die noch vielleicht zwanzig, dreißig Jahre anhalten wird). Erst nach dieser Transformation wird eine Phase der »mentalen Ruhe« einkehren, wird sich der Mensch mit den neuen Techniken der Kommunikation und der digital vernetzten Arbeit in einer Weise arrangiert haben, die ihn produktiv *und* gesund bleiben lässt.

Hier schließt sich übrigens der Kreis zu Darwin. Denn was müssen wir im Moment tun, um unser Überleben zu sichern? Jedenfalls nicht mehr an der Keule schnitzen, um das Mammut zu erlegen. In unserer Zeit müssen wir unseren Geist, unseren Verstand hegen, pflegen und schützen. Unser Geist ist die wichtigste Ressource des 21. Jahrhunderts. Oder wie es der Schauspieler Mel Gibson im Film »Braveheart« formulierte: »Es ist der Verstand, der Männer aus uns macht.«

Darum erleben wir gerade den Massenausbruch psychischer Krankheiten, von Depression, Burnout und Angststörungen bis hin zu sogenannten somatoformen Störungen, epidemischer Schlaflosigkeit und existenzieller Verzweiflung. Es sind diese Krankheiten des Geistes, des Gehirns, die den Menschen befallen und ihm zu schaffen machen. Das war innerhalb jeder der bisherigen zwei Transformationen so, doch innerhalb der Dritten Transformation ist es am schlimmsten. Wir erleben eine immense Verdichtung von Information und Kommunikation, gepaart mit maximalem Anspruchs- und Effizienzdenken, eingepfercht in eine vereinsamende Gesellschaft. Das ist für das Wohlbefinden oder das viel zitierte »Stresserleben« Sprengstoff vom Feinsten.

Egal, um welche Problemstellung es geht: ob E-Mail-Flut, Burnout, Stressbewältigung, Cloud Computing, Krankheiten durch ungesunde Büroarbeit, sogar Lohn- und Arbeitszeitmodelle – im Grunde geht es um die gigantische technologische Umwälzung der Dritten Transformation.

Die Drei Transformationen

Alvin Toffler zog in seinem Werk einen großen Bogen, zeitlich wie geografisch. Meine Einteilung der Transformation ist etwas kleiner dimensioniert.

Die Erste Transformation ergab sich aus der Industrialisierung. Man kann gar nicht sagen, auf welchen Lebensbereich die Industrialisierung *keinen* Einfluss hatte. Sie stellte praktisch alles auf den Kopf: die Familie, die Produktionsweisen, die Infrastruktur (Eisenbahnen), die Erziehung, das Staatswesen, alles. Es wäre naiv zu glauben, dass eine solche im weitesten Sinne »traumatisierende« Erfahrung, die ganzen Völkern widerfuhr, als für den menschlichen Geist unwichtig abzuhaken wäre. Als 1835 die erste Eisenbahn, der »Adler«, von Nürnberg nach Fürth fuhr, warnten damalige Ärzte davor, die Jungfernfahrt mitzumachen. Bei der hohen Geschwindigkeit der Lokomotive würde man den Verstand verlieren. Der menschliche Geist könne dieser Sinnesverwirrung nicht standhalten.

Natürlich hat er standgehalten. Diese kleine Anekdote zeigt jedoch, wie umwälzend manche Erfahrungen und technologischen Neuerungen wahrgenommen werden können. Im besten Falle nutzen wir das störende Element des Neuen, das Disruptive, um uns kreativ daran zu reiben und daran zu wachsen. Im schlechtesten Fall entsteht daraus eine kollektiv-soziale Klage, ein andauernder Kulturpessimismus, der in erster Linie vor neuen Technologien warnt, bevor er sich den damit verbundenen Chancen widmet.

Dabei wird leicht vergessen, dass es mit der Welt im Großen und Ganzen doch sichtbar aufwärtsgeht. Man denke nur an die Bekämpfung ehemals tödlicher Krankheiten, an den Siegeszug der Demokratie in der Welt – auch wenn es manchmal anders scheint: »Es ist fast egal, welchen Indikator man nimmt – Bildung, Gesundheit, Ernährung – in den allermeisten Ländern zeigt der Trend stabil in eine positive Richtung. Heute sterben dank Impfungen, sauberem Wasser und besserer medizinischer Versorgung sechzig Prozent weniger Kinder als 1970. […] Auch die landwirtschaftliche Produktivität nimmt zu: Seit den siebziger Jahren hat sich die Nahrungsmittelproduktion in den Entwicklungsländern verdreifacht. Mittlerweile verlieren mehr Menschen gesunde Lebensjahre durch Übergewicht als durch Unterernährung.«[4] Und dennoch glauben beispielsweise 75 Prozent der Deutschen, dass es den Menschen in der Dritten Welt »immer schlechter gehe«.[5] Übrigens hat die Organisation Freedom House ermittelt, dass innerhalb der letzten 40 Jahre die Staaten, die man als »funktionierende Demokratien« bezeichnen kann, von 44 auf 90 zugenommen haben.[6]

Auch wenn der »gefühlte« Eindruck ein anderer ist: Die Welt ist sicherer geworden und die Armut weniger

Wie man unschwer erkennen kann, ist die damalige Bahnfahrt gegen unsere heutige Informationsflut geradezu lächerlich. Genau wie auf dem politischen oder dem medizinischen Sektor schreitet die Menschheit im technologischen Bereich weiterhin mit Riesenschritten voran. Der Zeitforscher Stefan Klein hat berechnet, dass wir in einem Jahr genauso vielen Reizen ausgesetzt sind wie weiland Goethe in einem ganzen Leben. Und trotzdem schaffen wir es, unsere fünf Sinne leidlich zusammenzuhalten.

Während die Industrialisierung nun ihre Anfänge bereits im 18. Jahrhundert hatte und bis ins 20. Jahrhundert andauerte (also über einen Zeitraum von knapp 200 Jahren!), datiere ich die tatsächlich »psychische Transformation«, die akute Auseinandersetzung des menschlichen Geistes mit den neuen Verhältnissen, in einen relevanten Zeitraum von ca. 1850 bis 1900. Diesen Zeitraum kann man als »Hochzeit der Industrialisierung« beschreiben. Die »Kinderkrankheiten« der Produktion waren überwunden, die europäischen Staaten ordneten sich (während Amerika gerade in den entscheidenden Krieg taumelte), die medizinische Forschung machte enorme Fortschritte. Gleichzeitig waren die beiden Weltkriege, die das Gesicht der Welt verändern sollten, noch nicht ausgefochten.

Man hatte gesellschaftlich Zeit, nach innen zu schauen, buchstäblich wieder »zur Besinnung zu kommen«. Nicht umsonst fällt Sigmund Freuds Entwurf der »Psychoanalyse« in diese Zeit; 1896 verwandte er den Begriff zum ersten Mal. 1899 erschien dann sein erstes wichtiges Werk: »Die Traumdeutung«.[7]

Freuds Verdienst war es – und ist es noch – den Blick der Menschen zurückgelenkt zu haben auf ihr Inneres, nachdem sie über 150 Jahre der industriellen Maschine gehuldigt hatten. Denn rein wirtschaftlich gesehen geschah in der Industrialisierung genau das: eine Verlagerung der Produktion weg von der Muskelkraft *(muscle)* hin zur maschinellen Produktion in Serie *(machine)*. Handwerkliche, im großen Maßstab wenig zuverlässige, im Kosten-Nutzen-Verhältnis eher teure Produktionsweisen wurden von Fabriken abgelöst, die durch Massenproduktion Dinge von vorhersagbarer Qualität zu einem besseren Kosten-Nutzen-Verhältnis hervorbrachten.

Betrachten wir den Zeitraum ab ca. 1860, so erkennen wir, dass unter Ärzten und Psychologen schon damals ein »Burnout«-artiger Begriff kursierte. »Neurasthenie« nannte der amerikanische Psychiater George Beard das Phänomen, das er vor allem in Ballungsgebieten wie New York City ausmachte: Schlaflosigkeit, Besorgnis, nervöses Zittern, psychosomatische Beschwerden etc.

Neurasthenie: Seelenleid der Jahrhundertwende

Im Grunde etwas Ähnliches wie das, was wir heute unter Burnout verstehen. Beard verfasste über Neurasthenie sogar ein Buch und überschrieb es etwas reißerisch: »American Nervousness«, die »Amerikanische Nervosität«.[8] Beard brachte die Neurasthenie in Verbindung mit den schnellen Veränderungen der Moderne: der rasanten technologischen Entwicklung, dem neuen, noch unsicheren Selbstverständnis der amerikanischen Nation, ja sogar mit der aufkeimenden Frauenbewegung. Im Rückblick kann man sagen, dass Beard hier die Erste Transformation sehr treffend beschreibt: das Aufeinanderprallen des menschlichen Geistes mit tiefgreifenden technologischen, wirtschaftlichen und sozialen Umwälzungen. Die daraus entstehende Unsicherheit griff tief in den menschlichen Organismus ein und sorgte für eine mentale, emotionale und physische Erschütterung.

Und sie tut es noch heute in der Dritten Transformation. Die Erste jedoch klang nach der Jahrhundertwende ab und fand im Ersten Weltkrieg ihr abruptes Ende.

Die Zweite Transformation ließ dann auch etwas auf sich warten – fast 50 Jahre. Zunächst schafften der Erste und Zweite Weltkrieg eine Zäsur von historischem Ausmaß. Besonders der Zweite Weltkrieg sorgte global für eine komplette Neuordnung der Verhältnisse – politisch, kulturell, technologisch:

- Nachdem der Pulverdampf verraucht war, formierten sich im Kalten Krieg der kapitalistische und der kommunistische Block – eine Zweiteilung der Macht, die ein halbes Jahrhundert Bestand haben sollte. Westeuropa wurde als geografischer Puffer gegen die Sowjetunion benutzt und in die NATO integriert. Die UdSSR antwortete mit dem Warschauer Pakt.
- Amerika als wirtschaftlich größte Macht des Planeten exportierte seine kulturellen Vorstellungen in alle Welt, von Coca-Cola bis Hollywood. Im zerstörten Europa (vor allem in Deutschland, das fast seine gesamte Intelligenz ins Exil oder in die Vernichtungslager getrieben hatte), stillte man damit ein Bedürfnis, füllte eine wirtschaftliche und kulturelle Leerstelle.
- Auch auf dem technologischen Sektor dominierten die USA: »The postwar American technological lead had two conceptually distinct components. There was, first of all, the long standing strength in mass production industries that grew out of unique conditions of resource abundance and large market size. There was, second, a lead in ›high technology‹ industries that was new and stemmed from investment in higher education and in research and development, far surpassing the levels of other countries at that time.«[9]

Da sich die USA selbst als Supermacht mit kultureller und technologischer Überlegenheit betrachteten, traf sie 1957 der »Sputnik-Schock« hart: Der Sowjetunion war es gelungen, einen Satelliten ins All zu schießen, und hatte damit den Wettlauf um die erste erfolgreiche Weltraum-Mission gewonnen. Der Sputnik-Schock markiert gleichzeitig den Eintritt in die Zweite Transformation der westlichen Gesellschaften. Während der nächsten 30 Jahre, bis zum Fall der Berliner Mauer 1989, erlebte die ökonomische Welt ihren zweiten wichtigen Wandel: von einer reinen Industrie- zur Dienstleistungsgesellschaft, von der Maschine *(machine)* zum Geist *(mind)*. Natürlich waren kluge Köpfe auch vor der Zweiten Transformation wichtig. Neu war das massenhafte Auftauchen neuer Berufszweige, die den direkten Kontakt Mensch zu Mensch erforderten. Es wurden immer mehr Arbeitsplätze für Büro-Angestellte, Service-Kräfte oder im Gesundheitsbereich geschaffen.

Das war auch nötig, da in der reinen Produktion, dem Stammbereich der Industrialisierung, die Produktivität immer mehr zunahm und Arbeitskraft dort dramatisch verbilligte.

Die Arbeitsverlagerung und die Schaffung massenhafter Dienstleistungen nannte man den »Tertiären Sektor«. Betrug der Anteil der Beschäftigten in diesem Dritten Sektor 1960 europaweit (also kurz nach dem Sputnik-Schock) knapp über 40 Prozent, schnellte dieser Wert bis 1990 (kurz nach dem Mauerfall) auf über 60 Prozent hoch.[10] Der Anteil von Dienstleistungen am Bruttoinlandsprodukt (BIP) liegt in Deutschland heute bei rund 70 Prozent – immerhin Platz 18 der weltweiten Rangliste. Spitzenreiter ist Hongkong mit einer Quote von 91 Prozent.[11]

Der Tertiäre Sektor entstand, weil sich Arbeitskraft verbilligte

1974 schließlich, mitten in dieser Phase der wirtschaftlichen Umwälzung, formulierte der amerikanische Psychologe Herbert Freudenberger erstmals den Begriff »Burnout«. Bereits 2011 schrieb ich hierzu: »In der ersten wissenschaftlichen Publikation zum Thema, der Schrift ›Staff Burn-out‹ von Herbert Freudenberger, war Burnout als psychologisches Phänomen in seinen Grundzügen so gut wie vollendet. Freudenberger verwendet nur drei Fußnoten, in denen er ausschließlich eigene, frühere Werke zitiert. Fast könnte man meinen, Freudenberger habe das Thema ›Burnout‹ bewusst in einen eher gesellschaftlich-kulturellen Zusammenhang stellen wollen statt in einen psychopathologischen. […] Vielleicht hätte man bereits Mitte der 1970er-Jahre eine Debatte über die gesellschaftlichen Implikationen von Burnout führen sollen. Burnout als Oberbegriff für eine Störung der modernen und postmodernen Gesellschaft, eher ein Sammelbecken an Symptomen und Befindlichkeiten als ein psychopathologisches Syndrom.«[12]

Neu an dieser wirtschaftlichen Umwälzung war, dass ein Großteil der arbeitenden Bevölkerung – nämlich vor allem im Dritten Sektor – weitere Kompetenzen jenseits ihrer fachlichen Qualifikation benötigte: Sozialkompetenz, Empathie, Konfliktfähigkeit. Dinge, die man braucht, wenn man zivilisiert und vor allem zielgerichtet mit anderen Menschen umgehen soll. Damals, zu Zeiten Freudenbergers, wurde die Sicht auf das Phänomen Burnout allerdings durch zwei wichtige Dinge getrübt:

Der neue Dienstleistungssektor erfordert vor allem soziale Kompetenz

- Viele Veteranen des Zweiten Weltkriegs litten an »Kriegsdepressionen« – verständlicherweise. Es gab Scharen dieser traumatisierten Soldaten, überall auf der Welt. Leider ähneln sich die Symptome von Kriegsdepression und Burnout, zumindest auf den ersten Blick. Das erschwerte eine genaue Diagnose ungemein. Daher ist es nicht verwunderlich, dass Burnout erst ab den 1970ern in den Fokus der Forschung trat – als die Kriegsdepression in der Masse der Patienten an Bedeutung verlor.

- Außerdem wurde eine individuelle Erschöpfung durch den rasanten Aufschwung kollektiv konterkariert. Nach dem Motto »Wie soll jemand an etwas leiden, was der Gesellschaft kollektiv so guttut?« (nämlich an dem schnellen technologischen Fortschritt und der immensen Verbesserung der Lebensverhältnisse) konnte man sich ein Syndrom wie Burnout schlicht nicht vorstellen. Besonders in Deutschland und seinem »Wirtschaftswunder« erschien die Vorstellung, Einzelne könnten an diesem Aufschwung individuell scheitern, abseitig.

Insgesamt begleitete Burnout als »Beeinträchtigung des Geistes« die Zweite Transformation eher im Stillen. Nachdem in der Ersten Transformation im ausgehenden 19. Jahrhundert das Konzept von Burnout (bzw. Neurasthenie) erstmals formuliert wurde, jedoch noch keine gesellschaftliche Rolle spielte, trat es ab den 1970ern deutlicher hervor. Leider nahm Burnout gleich die »diagnostische Abkürzung« und wurde als individuelles Leiden abgetan. Dass dies nicht mehr funktioniert, zeigt die momentane Explosion des Phänomens. Womit wir bei der Dritten Transformation wären.

Die Dritte Transformation findet gerade statt. Nach Ende der Zweiten Transformation hat es – dank eines ungeheuren Schubs in der Informations- und Telekommunikationstechnik – nur zehn Jahre gedauert, bis Burnout in der Mitte der Gesellschaft ankam. Ich würde den Anfang auf den Zusammenbruch der Internetblase im Jahr 2000 datieren. Das war ein starkes wirtschaftliches Signal der Veränderung. Noch mehr erschüttert, allerdings politisch, wurde die Welt durch die Anschläge des 11. September 2001. Deren seismografische Wellen sind bis heute spürbar und haben die wirtschaftlich-geistige Unsicherheit leider nicht geschwächt, sondern im Gegenteil noch verstärkt. Da jede Transformation bislang mehrere Jahrzehnte gedauert hat, gehe ich auch für die aktuelle Dritte von einer Dauer bis mindestens ins Jahr 2025 aus. Erst dann werden wir in der Masse individuelle und kollektive Methoden entwickelt haben und Arbeit, Technik sowie soziales Zusammenleben entsprechend organisieren und gehirngerecht nutzen.

Der Kern der Dritten Transformation besteht in der Konfrontation des menschlichen Geistes mit der dichtesten, schnellsten und gleichzeitig abstraktesten Vernetzung, derer er sich je gegenübersah. Alle drei Transformationen veränderten die menschliche Psyche enorm. Stellt man sich die Transformationen als Himmelskörper vor, die auf die Erde prallen, so wäre die Erste Transformation (= Industrialisierung) ein eher kleiner Asteroid, der einen folgenlosen Krater hinterlässt. Die Zweite Transformation (= Dienstleistungsgesellschaft) wäre schon ein größerer Brocken, der ein Land in Mitleidenschaft ziehen könnte. Die Dritte Transformation (= globale Vernetzung) hätte das, was die Astronomie einen *deep impact* nennt: Er würde das Leben auf dem gesamten Planeten beeinflussen.

Diese Analogie soll nicht vermitteln, dass die Dritte Transformation katastrophal enden wird oder dass sie per se etwas Schlechtes ist. Im Gegenteil. Die Dritte Transformation gibt uns die Chance, uns ganz neu mit unserem Lebensstil, unserer Art zu wirtschaften und zu kommunizieren auseinanderzusetzen. Sie hat nur viel mehr Wucht als ihre beiden Vorgänger. Denn noch nie waren die Zeiten so günstig für den mentalen »perfekten Sturm«: Auflösung bisheriger Familienstrukturen, dauerhafte wirtschaftliche Unsicherheit, ein Trommelfeuer aus Information und Kommunikation, massive technologische Veränderungen in kurzer Zeit sowie massiver Vertrauensverlust in politische und religiöse Autoritäten. Dennoch stecken darin auch Chancen – wenn wir uns geistig »über Wasser« halten können. Die hauptsächliche Herausforderung der Dritten Transformation besteht im Übergang von der Dienstleistungs- und Wissensarbeit hin zu den »vernetzten Köpfen« und einer vollständigen Globalisierung von Kommunikation, Märkten und politischen Entscheidungen – vom einzelnen Menschen und seinem Verstand *(mind)* hin zum vernetzten Denken *(networked mind)*.

Das »vernetzte Denken« beschreibt unter anderem eine Forschungsgemeinschaft der Universität Oxford als wegweisend für das 21. Jahrhundert: »The networked mind is the new mindset we all require in the 21st century. Given the proliferation of Web-based technologies such as blogs, wikis and social networking tools in our daily lives, these technologies have become a cause for all praise, scorn and worry. What would it become and what would be the cultural ramifications of its pervasive use? […] In this century, chance favors the networked mind; so let's take the opportunity to continually remain students ourselves, testing and sharing best practices for new forms of engagement.«[13]

Die Autoren fordern ihre Leser auf, sich selbst immer wieder als Lernende, nicht nur als Lehrende zu betrachten. Die Halbwertszeit des menschlichen Wissens wird immer kürzer, wir müssen neue Erkenntnisse immer schneller akzeptieren und in unsere Praxis integrieren. Auch dieser Befund verdeutlicht das Große, das Drängende,

> **Das »vernetzte Denken« als Zukunftsmodell des 21. Jahrhunderts**

die umspannende Veränderung innerhalb der Dritten Transformation.

Die Brisanz des Themas zeigt sich unter anderem auch in der epidemischen Zunahme von »psychischen Störungen« von Burnout über Depressionen, Angststörungen, psychosomatischen Leiden bis hin zu Suizidversuchen. Auch wenn man eine genauere Diagnostik und eine bessere Selbstbeobachtung des Einzelnen in Rechnung stellt, fällt die massive Zunahme im Bereich der psychischen Störungen doch auf. Das Gehirn wird zum zentralen Leidensorgan des 21. Jahrhunderts (nachdem die körperlichen Zivilisationskrankheiten wie Diabetes oder Fettleibigkeit uns nun ein halbes Jahrhundert begleitet haben). Ich behaupte: Geistige Leiden wie Depression oder Burnout werden noch mehr zunehmen, als dies ohnehin bereits der Fall ist. Sprach George Beard während der Ersten Transformation von »Neurasthenie« und Herbert Freudenberger 1974 von »Burnout«, würde ich das heutige Phänomen aufgrund seiner massenhaften Verbreitung »Struktureller Burnout« nennen. Diesen massenhaften Burnout zurückzudrängen und den Menschen ihr Wohlbefinden und ihre Handlungsfreiheit wiederzugeben, ist das zentrale Anliegen, das maximale Bestreben, dem wir uns innerhalb der Dritten Transformation widmen müssen. Erst wenn wir das verstanden haben, können wir die entscheidenden Fragen stellen. Zum Beispiel: Welche Veränderungen bringt die Dritte Transformation für Unternehmen?

Veränderungen durch die Dritte Transformation

Ein kleines Gedankenspiel soll das Modell der Transformation verdeutlichen. Nehmen wir an, Ihr Auto muss in die Werkstatt. Nichts Großes, aber es muss gerichtet werden. Sie fahren hin, geben Ihr Auto ab und warten. Vielleicht sehen Sie Leute in der Werkstatt arbeiten und trinken einen Kaffee. Schließlich nehmen Sie wieder Ihr Auto in Empfang und fahren los. Ohne es zu bemerken, waren Sie Zeuge aller drei bedeutenden Transformationen der jüngeren Industriegeschichte:

- Ein Werkstattmitarbeiter wuchtete mit Muskelkraft Ihre Reifen herunter und anschließend wieder herauf. Die Muskelkraft war das Kennzeichen der Arbeit vor der Industrialisierung: Landwirtschaft, Handwerk, Kriege trugen alle die Handschrift der Muskelkraft; Maschinen spielten so gut wie keine Rolle.

- Dies änderte sich mit der Ära der Industrialisierung Ende des 19. Jahrhunderts (begonnen hatte die Industrialisierung allerdings schon im 18. Jahrhundert, unter anderem mit der Erfindung der Dampfmaschine). Nun rückten Fabriken und Maschinen in den Mittelpunkt. Wo vorher mehrere Menschen nötig waren, um etwas zu produzieren, erledigten das nun Maschinen zu einem Bruchteil der Zeit und der Kosten. In unserem Beispiel bringt der Werkstattmitarbeiter die Schrauben an Ihren Reifen nicht mehr mühsam mit einem

Schraubenschlüssel an, sondern mit einem leistungsstarken Akkuschrauber. Was früher anstrengend war und mehrere Minuten dauerte, ist nun innerhalb von Sekunden mit einer geeigneten Maschine erledigt.

- Während Sie auf Ihr Auto warten, sitzen Sie vielleicht in einem bequemen Sessel, eine Assistentin bringt Ihnen Kaffee und Sie lesen ein wenig in der Zeitung. Dies symbolisiert die Phase der Dienstleistungen und der Wissensarbeit, die Mitte bis Ende des 20. Jahrhunderts immer wichtiger wurden. Nachdem die Maschinen einen enormen Produktivitätsschub gebracht hatten, entwickelten sich für Menschen neue Tätigkeitsfelder, unter anderem alle möglichen Servicetätigkeiten und Beratungsdienstleistungen.

- Die letzte Phase, in die wir erst einzutreten begonnen haben, wird als Vernetzung der Menschen und Maschinen untereinander in den nächsten Jahrzehnten einen Höhepunkt erreichen (»networked mind«). Die Zukunft Ihres Werkstattbesuches könnte daher so aussehen, dass Sie nicht mehr von einem echten Menschen empfangen werden, sondern von einem Hologramm (das natürlich ebenso freundlich ist und dazu immer gut gelaunt). Sie bezahlen auch nicht mehr mit Geld oder Karte, sondern mit einem Chip, der in Ihr Handy eingebaut ist. Sie wischen mit dem Handy kurz über einen kleinen Kasten an der Rezeption und das war's. Auf Wunsch wird von nun an auch Ihr Wagen per GPS geortet, um Sie auf die nächstgelegenen Vertragswerkstätten aufmerksam zu machen. Das Ergebnis wird Ihnen in Ihre Multicodex-Frontscheibe gespiegelt, die seit 2020 zum Standard aller großen Autohersteller gehört.

Wie man sieht, gehen wir aufregenden Zeiten entgegen. Das kleine Beispiel der Autowerkstatt soll zeigen, wie weit wir uns von Pflugscharen und Katapulten wegbewegt haben und wie viel wir bei Modernisierung und Produktivität bereits erreicht haben. Doch natürlich geht diese Entwicklung nicht reibungslos vonstatten. Besonders während der Übergänge von einer Phase zur anderen, den Transformationen, rüttelt es die Gesellschaft ganz schön durch. Worin bestehen nun die gewaltigen Veränderungen, die innerhalb der Dritten Transformation stattfinden?

- **Vernetzung:** Da wäre zunächst einmal die massive Zunahme von Information und Kommunikation zu nennen. Menschen, Unternehmen und Gesellschaften vernetzen sich untereinander in einem Ausmaß, das noch vor zehn Jahren undenkbar gewesen wäre. Facebook, das größte virtuelle Netzwerk auf diesem Planeten, hatte im Oktober 2012 nach eigenen Angaben rund eine Milliarde monatlicher, aktiver Nutzer. Ein durchschnittliches Smartphone hat heutzutage mehr Rechenleistung als ein PC vor zehn Jahren. Diese rasante Technisierung und Informatisierung durchdringt mittlerweile all unsere Lebensbereiche.

- **Unsicherheit:** Während Kommunikation und Information alle Sphären des menschlichen Zusammenlebens durchdringen, wirkt sich die Dritte Transformation natürlich speziell auf den Arbeitssektor aus. Hier sind an erster Stelle die Veränderungen in den Arbeitsformen zu nennen. Bereits heute nimmt die Zahl der Niedriglöhner, 1-Euro-Jobber und der Selbstständigen zu. Es gibt weniger Vollzeitstellen und traditionelle Karriereverläufe. In der Arbeitswelt von morgen muss der Einzelne eine größere Unsicherheit ertragen. Das Berufsleben, die Karriere und damit das Leben an sich wird weniger planbar und unterliegt einer größeren Eigenverantwortung und Flexibilität.

- **Psychische Belastungen:** Mit dieser Unsicherheit und der informationellen Überforderung brechen sich neue Krankheiten Bahn. Die Stressbelastung steigt an, Depressionen und Burnout nehmen zu. Psychische Erkrankungen allgemein steigen an. Offensichtlich halten die Bewältigungsmechanismen der Menschen mit den neuen technischen und organisatorischen Anforderungen im Job nicht Schritt. Viele Menschen fühlen sich zudem – trotz der großen Vernetzung – in ihrer Berufswelt isoliert und alleingelassen. Auch diese »virtuelle Einsamkeit« verstärkt das Risiko psychischer Belastungen und Krankheiten.

- **Sinnsuche:** Nicht zuletzt rückt, mit dem Megatrend Gesundheit im Schlepptau, die Frage nach dem Sinn in der Arbeit verstärkt in den Mittelpunkt der individuellen Lebensgestaltung. Immer mehr Menschen verlangen eine Antwort auf die Frage: Wozu tue ich das? Ergibt diese Tätigkeit für mich Sinn? Das bislang vorrangig gelebte Modell »viel Arbeit, viel Geld, wenig Zeit, wenig Familie« verliert für immer mehr Menschen deutlich an Attraktivität. Arbeit und Beruf sollen nicht mehr die einzig tragende Identitätssäule des Lebens sein, sondern sich einreihen in ein Gesamtkonzept von sozialem Leben, intellektueller Befriedigung, Gesundheit und spiritueller Reifung.

- **Führung:** Auch die Organisationen müssen sich der Dritten Transformation stellen. Eine der wichtigsten Fragen lautet hier: Verändert sich durch die Dritte Transformation das Wesen der Führung, die damit verbundenen Anforderungen? Brauchen wir »neue Chefs«? Brauchen wir Führung im traditionellen Sinne überhaupt noch? Vor allem im Bereich der Wissensarbeit stellen Beschäftigte das klassische Oben-Unten von Führen und Geführtwerden infrage. Hier zeigt sich der Wunsch nach neuen Formen der Organisation und der Zusammenarbeit, nach Produktivität bei gleichzeitig erhöhter Eigenmotivation durch Selbstverantwortung.

Die vernetzte Gesellschaft: Informationsflut und kommunikative Überlastung

Informationen sind eine Schlüsselressource der Arbeitswelt. Je mehr der Anteil der vernetzten Wissensarbeit an der gesamten wirtschaftlichen, kulturellen und wissenschaftlichen Wertschöpfung zunimmt, desto wichtiger wird es auch, schnell an alle Informationen zu kommen, die man für seine Arbeit braucht. Diese Informationen können dann wiederum bearbeitet, verbessert und geteilt werden. In den umfangreichen Möglichkeiten der Informationsbeschaffung, die dem Menschen zur Verfügung stehen und die uns nicht zuletzt das Internet beschert hat, liegt auch ein großer Pferdefuß: Wir produzieren mehr Informationen, als wir aufnehmen können.

Informationen umfassen ja nicht nur Mails oder SMS, also solche, die von Person zu Person direkt gesendet werden und gezielt auf uns einströmen. Sondern genauso das Magazin, das man liest, oder die iPhone-App, das Radio-Gedudel im Hintergrund zuhause oder der Info-Flyer beim Elternabend. Information ist in Form und Qualität unglaublich vielfältig geworden. Bestes Beispiel dafür ist das Internet. Laut einer Studie des Netzwerkausrüsters Cisco soll sich der gesamte Internetverkehr bis 2016 vervierfachen.[14] Das würde bedeuten, dass 2016 so viele Daten im Netz kreisen wie in allen bisherigen Jahren zusammengenommen! Das weltweite Datenvolumen wird bis auf unvorstellbare 1,3 *Zettabyte* ansteigen. Das sind 1,3 Billionen Gigabyte und entspricht in Summe der Datenmenge von über 276 Milliarden DVDs. Eine ganz schöne Sammlung. Würde man die DVDs (nur die Silberscheiben) übereinanderlegen, ergäbe das einen Turm von knapp 332 000 Kilometern (zum Vergleich: Der Mond ist von der Erde

> **Würde man die Datenmenge des Internets auf DVDs brennen und stapeln, würde der Turm von der Erde bis fast zum Mond reichen**

382 000 Kilometer entfernt). Das alles sind so gigantische Zahlen, dass man sie sich im Grunde gar nicht mehr vorstellen kann.

Cisco geht weiter davon aus, dass 2016 45 Prozent der Weltbevölkerung Zugang zum Internet haben. Und diese Menschen werden ja nicht nur konsumieren. Sie werden auch produzieren, kreativ sein,

Dinge erfinden, Nachrichten verfassen etc. Dieser enorme Ausstoß an Informationen wird wiederum zu mehr Kommunikation in einem globalen Maßstab führen. Kurz: Ein Ende der Informationsflut ist nicht in Sicht.

Was bedeutet diese Informationsflut für uns ganz persönlich? Eine Folge: Wir können uns schlechter konzentrieren. Vielleicht kennen Sie das: Früher ging man in den Keller und vergaß manchmal, warum. Man fragte sich: »Wieso bin ich noch mal hier runtergegangen?« Verwirrt schüttelte man den Kopf und ärgerte sich. Heute sitzt man vor dem Computer und fragt sich: »Wieso, zum Teufel, habe ich dieses Browserfenster noch mal aufgemacht?« Es sind diese kleinen Momente, die uns zeigen, dass unsere Aufmerksamkeit, gebündelt in der sogenannten Exekutivfunktion, die Informationsflut nicht mehr bewältigt. Eine intakte Exekutivfunktion ist überlebensnotwendig, um im Alltag zurechtzukommen. Jede Sekunde stürzen enorme elf Millionen Sinneseindrücke auf uns ein, wovon wir jedoch lediglich einen winzigen Bruchteil auswählen – nur etwa 40.[15] Das Allermeiste blendet das Gehirn automatisch aus. Zum Beispiel das Ticken der Wanduhr, das wir nach einiger Zeit nicht mehr hören. Wir wissen irgendwann, dass aus dem Ticken der Uhr für uns keine relevante Information mehr erwächst.

Elf Millionen Sinneseindrücke in der Sekunde verarbeitet der moderne Mensch

Unser Gehirn zieht daraus den Schluss, dass es im Moment Wichtigeres gibt – vielleicht die Seite des Buches, das wir gerade lesen – und wirft das akustische Ticken aus der Exekutivfunktion. So gleiten wir von Sekunde zu Sekunde durch unser Leben, während im Hintergrund still und unsichtbar die Exekutivfunktion in rasender Geschwindigkeit und Komplexität für uns Reize aus der Umwelt wahrnimmt, sortiert, priorisiert, in den Mittelpunkt stellt und wieder verwirft. Die Exekutivfunktion ist wie der Kellner in einem Restaurant, der die Gäste bedienen muss. Bis zu einer gewissen Anzahl von Gästen hat er die Sache im Griff, ab einem bestimmten Punkt wird es dann mühsam. Er beginnt Fehler zu machen, rechnet Posten falsch zusammen oder schüttet den Kaffee über die Hose eines Gastes. Ist das Lokal schließlich komplett mit Gästen (sprich: Informationen) gefüllt, hat er keine Chance mehr. Dann sinkt der Service rapide, und der Kellner kann nur noch still vor sich hin leiden.

Wenn wir unser Gehirn (= Lokal) über längere Zeit unkontrolliert bzw. unkritisch mit zu vielen Informationen (= Gäste) füllen, leidet unsere Konzentration. Dann versuchen wir uns mit Dingen wie Multitasking aus der Affäre zu ziehen – was in der Regel schlecht funktioniert.[16] Multitasking ist der Versuch, das Prinzip der parallelen Maschinenverarbeitung auf den Menschen zu übertragen. Ein Versuch, der scheitern muss. Unser Gehirn ist für serielle, nicht parallele Verarbeitung gedacht – jedenfalls dann, wenn wir von geistigen Aufgaben sprechen, die Konzentration erfordern, von der Benutzung höherer Hirnfunktionen wie Planung oder Kreativität.

Multitasking ist keine Lösung für das menschliche Gehirn

Doch wir leiden nicht nur im kognitiven Bereich, in unserer Konzentration. Auch unser Gefühl, unser Wohlbefinden wird beeinträchtigt. Immer mehr Menschen leiden daher an einem subjektiven Gefühl der Überforderung.

Im Arbeitsleben baut sich das wie eine Welle auf. Immer mehr Informationen branden heran, überlagern und verstärken sich, bis sich die Riesenwelle Information tsunamigleich an der Küste unserer begrenzten Fähigkeiten bricht. Und das passiert nicht nur einmal, sondern eben immer öfter. Nicht wenige Menschen glauben, nur sie hätten ein Problem mit der Informationsflut, wären vielleicht weniger leistungsfähig oder von ihrer Persönlichkeit her anfällig. Doch das ist ein Irrtum. Unsere Umwelt produziert ständig Informationswellen und ab und zu auch eine Tsunami-Welle, unabhängig davon, wie unsere Persönlichkeit aussieht. Deswegen müssen wir uns kollektiv von der Vorstellung verabschieden, wir könnten diese Informationswellen abstellen oder das Meer, aus dem sie entspringen, trockenlegen. Das Meer der Information wird von nun an immer voll sein. Mit diesem Gefühl des ständigen Heranwogens der Wellen bzw. der Information müssen wir leben lernen. Wir können natürlich Dämme einziehen oder unser Haus auf Stelzen bauen. Aber an der grundlegenden Tatsache, dass potenziell immer mehr Informationen auf uns einströmen, als wir verarbeiten können, ändert das nichts. Die Informationsflut wird als Nebeneffekt einer digitalisierten, vernetzten Welt auf Jahre, wahrscheinlicher noch auf Jahrzehnte hinaus unser ständiger Begleiter sein.

Das zeigt sich besonders im Sektor der Wissensarbeit. Dort werden Aufgaben immer virtueller und kommunikationsintensiver. Da in einer technologischen Gesellschaft wie der unseren immer mehr Spezialisten agieren, die auf ihrem Gebiet Experten sind, aber auch die Grenzen ihrer Kompetenz kennen (sollten), brauchen Mehrwerte und kreative Fortschritte meist die intensive Auseinandersetzung mit anderen Spezialisten. Darin erkennt auch die Zukunftsforscherin Lynda Gratton einen entscheidenden Trend: Ihrer Einschätzung nach müssten arbeitende Menschen in der Zukunft »eingehend darüber nachdenken, welche Berufslaufbahnen mit welchen Wissens- und Fachgebieten im Kommen sind. Ihre Herausforderung besteht darin, sich zu spezialisieren und sich mit der Zeit auch auf anderen Gebieten und über neue Netzwerke durch Wechsel und Wandel persönlich weiterzuentwickeln und ein meisterhaftes Können zu erwerben«.[17] Mit anderen Worten: Der Generalist gehört der Vergangenheit an – jedenfalls bei den Wissensarbeitern. Gefragt ist der kommunikationsstarke und gut vernetzte Spezialist.

Wir erinnern uns: Innerhalb der Dritten Transformation haben wir es mit dem Übergang vom Denken des Einzelnen zum vernetzten Denken (»networked mind«) zu tun. Diese Erweiterung unseres Arbeits- und Kommunikationsfeldes macht eine neue Palette von sozialen und technischen Fertigkeiten nötig, die bis vor ein paar Jahren, geschweige denn Jahrzehnten so noch gar nicht absehbar waren. Vieles in der Art, wie wir kommunizieren, uns informieren oder wie wir arbeiten, hat sich verändert. Die Phase des Analogen, der Bakelit-Telefone und der Zettelkästen wurde zunächst von der Phase des Digitalen abgelöst. Diese Phase hat unsere Arbeitswelt – aber nicht nur diese – mittlerweile bis in den letzten Winkel geprägt. Vom »Web 1.0«, den statischen Internetauftritten, über das »Web 2.0«, das Verwenden interaktiver Elemente bis zur kleinteiligen Produktion eigenen Inhalts (»content«) durch die breite Masse der Internet-Nutzer hat sich das Digitale einen immer breiteren Weg in unsere Kommunikations- und Informationsstrukturen gefräst. Dass dabei auch Dinge umstürzen und einige Geschäftsmodelle in ihrer alten Form nicht mehr überlebensfähig bleiben, zeigen das Zeitungssterben und die Krise des Print-Journalismus während der letzten Jahre (die unter anderem die Financial Times Deutschland, die Frankfurter Rundschau und so manche komplette Zeitungsredaktion in Deutschland dahinraffte).

Die nächste Stufe der digitalen Vernetzung stellt das Arbeiten in der Cloud, die gemeinschaftliche Nutzung von Dokumenten, Terminkalendern etc., dar. Obwohl es solche Lösungen bislang innerhalb von Unternehmen gab, als Groupware oder Intranet, bewegen wir uns nun auf Lösungen in viel größerem Maßstab zu. Arbeiten in der Cloud, in der »Wolke« stellt beispielsweise an die Sicherheit der digitalen Infrastruktur in Unternehmen, aber auch auf unseren Laptops und Tablets daheim ganz neue Anforderungen.

Arbeiten in der »Wolke«: den eigenen Gedanken entfremdet?

Man darf gespannt sein, wie sich eine weitere »Auslagerung unseres Gehirns«, wie es ja bereits bei den Smartphones geschieht, auf unsere kognitiven Fähigkeiten auswirkt: »Das Denken wandert nach außen, heißt: Die innere Stimme wird eine äußere, und zwar in einem Umfang, der noch vor wenigen Jahren unvorstellbar gewesen wäre. Schon heute erleben viele Menschen, die im Netz kommentieren, bloggen, in sozialen Netzwerken kommunizieren […], eine sonderbare Abkopplung von sich selbst. Aufmerksamkeit, Zeit und Konzentration reichen nicht aus, die eigenen Äußerungen gleichermaßen innerlich zu verarbeiten.«[18]

Werden wir also dümmer, wie es manche Publizisten und Psychologen prophezeien? Oder kreativer, weil wir uns auf ganz neue Dinge konzentrieren können und den Kopf freihaben? Eindeutig lässt sich das heute nicht beantworten, eben weil die technologische Bewegung ins Digitale und noch einmal in die Cloud so rasend schnell abläuft. Doch solange wir nichts Genaueres wissen, gibt es meiner Meinung nach keinen Grund, allzu pessimistisch zu sein. Immerhin hat sich die Welt im Großen und Ganzen doch erheblich in Richtung Fortschritt entwickelt. Wir leben trotz allem, trotz Kriegen, Hunger und Privatfernsehen in der modernsten und besten aller möglichen Welten und Zeiten.

Wie sehr die digitale Vernetzung im lokalen und globalen Maßstab bereits als Tatsache ins Bewusstsein nicht nur der Wirtschaft gedrungen ist, zeigt eine Studie der Unternehmensberatung Hays.[19] Darin wurden knapp 700 Führungskräfte im deutschsprachigen Raum befragt. Unter anderem stellten die Autoren der Studie fest, dass 79 Prozent der Befragten eine steigende Komplexität der Arbeit registrieren, 77 Prozent eine zunehmende Beschleunigung von Abläufen, 52 Prozent eine erhöhte Mobilisierung der Arbeit und 47 Prozent der Unternehmen mit der globalen Vernetzungsdichte kämpfen. Die Verdichtung durch Kommunikation, Dokumentationswesen und Arbeitslast sorgt nicht nur für eine anspruchsvollere Arbeitsumgebung, sondern in der Folge auch dafür, dass die Forderungen an die Fähigkeiten von Mitarbeitern und Führungskräften entsprechend steigen. Zu diesem Fähigkeiten-Set werden in der Zukunft auch Medien-, Kommunikations- und Netzwerkkompetenz in vorher noch nicht dagewesener Größe gehören. Diese Fähigkeiten werden heute noch als »weiche« Fähigkeiten, als *social skills* belächelt. In der Zukunft einer explodierenden Kommunikation und vernetzten Arbeitsumgebungen können diese Fähigkeiten – selbstverständlich neben einer profunden Sachkenntnis – über Wohl und Wehe eines Projekts, einer Abteilung, gar eines ganzen Unternehmens entscheiden.

Sozialer Kompetenz plus Fachkenntnis gehört die Zukunft

Die Unternehmen spüren das bereits, auch wenn man es sich noch nicht allzu offen eingesteht. Dennoch grassiert die Furcht vor unbesetzten Stellen: Hays zufolge befürchten immerhin 60 Prozent der Befragten für ihr Unternehmen einen Fachkräftemangel und verschärften Wettbewerb um die besten Köpfe. 50 Prozent glauben, dass sie Engpässe beim Heranziehen eigener Nachwuchskräfte haben werden. Diese Zahlen sind insofern interessant, als das Thema hier nicht durch den redaktionellen Filter der Presse gelaufen ist, sondern Hays die aktuelle Stimmungslage direkt bei den »Entscheidern« aufgenommen hat. Die mediale Aufmerksamkeit indessen hat Vor- und Nachteile: Oft bringt ihr Fokus auch Themen auf die Tagesordnung, die sonst unter den Tisch fallen würden. Andererseits kann ein solcher Fokus sich auch zu einem Hype entwickeln, der jedes Maß übersteigt und ein Missverhältnis schafft zwischen der Wahrnehmung einer Sache und deren wirklicher Bedeutung. Mit anderen Worten: Man sollte die Kirche im Dorf lassen. Natürlich ist auch die Agenda eines Unternehmenslenkers aufmerksamkeitsgesteuert. Auch er wird einer Unternehmensberatung wie Hays nicht völlig objektive Antworten liefern können. Doch immerhin bleibt der verzerrende Presse-Effekt außen vor.

Wagt man mit den Ergebnissen der Studie einen Blick in die Zukunft, stellt man fest, dass eine globalisierte Kompetenzverteilung – vor allem bei Konzernen, Non-Profit-Unternehmen und größeren Nichtregierungsorganisationen (NGO) – eine Bereitschaft zur globalisierten Kommunikation zwingend erfordert. Immer mehr spezialisierte Individuen und Experten vernetzen sich in räumlich großen Abständen über unterschiedliche Zeitzonen hinweg. Das wird im großen Stil vielleicht nicht in fünf Jahren passieren, aber in zehn Jahren wahrscheinlich und in 20 Jahren ganz sicher. So sehr diese geballte *brain power* zu begrüßen ist, schafft sie doch logistisch ganz neue Probleme. Schon jetzt gibt es nicht seltene Fälle von Telefonkonferenzen über Zeitzonen hinweg, bei denen Teilnehmer einschlafen. Doch wo der Biorhythmus die Segel streicht, kann kein kollektiver Innovationsturbo zünden.

Virtuelle Konferenzen ersetzen nicht den zwischenmenschlichen Kontakt

Im Moment funktioniert die virtuelle Zusammenarbeit auf dem Papier reibungsloser als in der Wirklichkeit. Damit dieser Zustand überwunden wird, brauchen wir neue Konzepte der Zusammenarbeit. Konzepte, die die technischen Möglichkeiten ausschöpfen und gleichzeitig einen Kontakt von Mensch zu Mensch zulassen. So könnten punktuelle leibhaftige Treffen einen langfristigen Referenzpunkt in der Zusammenarbeit schaffen. Im Vertrieb weiß man schon heute: Nichts geht über den persönlichen Kontakt. Was in der Firmen-Kunden-Beziehung bereits Standard ist, sollte als Organisationskonzept auch in die Gestaltung der Arbeitsprozesse einfließen. Denn Technik kann Wissen transportieren, Kommunikation bündeln und Prozesse verschlanken. Doch menschliche Wärme, die *vibes*, das Schaffen von Beziehungen und das Wahrnehmen des Menschen in seinen Facetten ist rein virtuell schwierig. In diesem Zusammenhang dürfte auch die weitere Erforschung von »Spiegelneuronen« interessant werden.[20] Die bisherige Forschung legt nahe, dass »bei Handlungen mit emotionaler Färbung ebenfalls Spiegelneuronen beteiligt sind und eine wichtige Rolle in sozial kognitiven Aspekten […] übernehmen.«[21] Es stellt sich die Frage, ob in rein virtueller Kommunikation die Funktion der Spiegelneurone beeinträchtigt ist – was eine emotional und sozial stimmige Kommunikation erschweren würde.

So kommt es beispielsweise in sozialen Netzwerken immer wieder zu Missverständnissen, wenn jemand ironisch wird. Ironie scheint etwas zu sein, was schriftlich schwer zu vermitteln ist. Geübte User benutzen daher manchmal ein sogenanntes *irony tag*, ein »Ironie-Schild«, das sich an die Programmiersprache HTML anlehnt: <ironie>…</ironie>. Oder sie setzen einen zwinkernden Smiley, ein Emoticon. Denn wenig ist ärgerlicher, als in einer ansonsten störungsfreien Kommunikation plötzlich – vermeidbaren – Ärger und Missfallen korrigieren zu müssen.

Dieses einfache Beispiel zeigt, dass zur kompletten Wahrnehmung eines Menschen durch einen anderen idealerweise der persönliche Kontakt gehört. Und dieser wird umso wichtiger, je mehr man sich untereinander abstimmen muss. Dann sollte man wissen: Wie tickt der andere? Wie hat man bestimmte Dinge, die er oder sie sagt oder tut, einzuschätzen? Und genau diese »Nase« für den anderen wird in einer kommunikationslastigen Arbeitswelt immer wichtiger. Deshalb muss man den Menschen gerade in einer globalisierten Welt Gelegenheit geben, nicht nur über Facebook oder Firmen-Intranet etc. zu kommunizieren, sondern sich auch gelegentlich Auge in Auge gegenüberzustehen. Denn das schafft Verständnis. Verständnis schafft Vertrauen – und nur auf dieser Basis gibt man Information weiter, ist engagiert und übernimmt Verantwortung für die Gruppe und sich selbst. Abgesehen von der Frage, wie wir Zusammenarbeit über Zeit und Raum hinweg organisieren, sollten wir außerdem überprüfen, wie wir mit Information innerhalb der Zusammenarbeit, am Arbeitsplatz und generell in unserem Alltag umgehen. Die Informationsflut als Tatsache unserer Tage ist bereits dargestellt worden. Auch, dass wir darauf mit Konzentrationsschwierigkeiten und einem Gefühl der Belastung reagieren.

Doch wir können der Informationsflut das Bedrohliche nicht nehmen, indem wir lediglich an die Gestaltung der Arbeitsbedingungen, der Prozesse und der technischen Infrastruktur denken. Die Situation wird vielmehr dadurch verschärft, dass wir uns immer noch wie Jäger und Sammler benehmen – auch was die Informationsaufnahme betrifft. Wir haben noch nicht gelernt, Informationen ihrer Bedeutung und Wichtigkeit nach zu filtern und auszusortieren.

Auch nach 50 000 Jahren sind wir immer noch impulsive Jäger und Sammler. Evolutionsgeschichtlich machte das früher durchaus Sinn. Da man nicht wusste, wann man wieder etwas zu essen bekam, hortete man und aß, bis man nicht mehr konnte. Den Rest warf man nicht weg, sondern packte ihn ein und bewahrte ihn auf. Heute haben wir beim Essen das umgekehrte Problem: Essen steht uns in praktisch unbegrenztem Ausmaß zur Verfügung. Damit kommen manche besser, manche schlechter zurecht. Für alle Menschen jedoch gilt beim Essverhalten: nicht mehr Jagen und Sammeln ist angesagt, sondern Auswählen und Liegenlassen. Beim Essen haben wir das bereits verstanden: Millionen Menschen versuchen jedes Frühjahr, mit einer Diät abzuspecken. Für manche hat Essen sogar ganz die Qualität des Genusses verloren, für sie ist Essen zum Feind geworden, den es zu bekämpfen gilt.

Auf der Jagd nach Informationen nehmen wir alles mit – und überfressen uns

Der Unterschied zwischen unserem Ess- und unserem Informationsverhalten ist deutlich. Wo wir uns beim Essen beschränken, weil wir unsere natürlichen Kapazitätsgrenzen kennen (jedenfalls die meisten von uns), kennen wir bei Informationen weder Maß noch Ziel. Wir konsumieren fast alles. Wir zappen durch Fernseh- und Radiokanäle, surfen stundenlang im Netz, telefonieren und simsen, chatten und liken. Die Deutschen verbrachten 2011 durchschnittlich 225 Minuten vor dem Fernseher, 191 Minuten vor dem Radio, 83 Minuten im Internet und 23 Minuten mit ihrer Tageszeitung – pro Tag, wohlgemerkt.[22] Das macht also bereits im Privatleben 522 Minuten oder 8,7 Stunden. Auch wenn sich manche Nutzung überlagern dürfte (zum Beispiel Radiohören und im Internet surfen), verbringt das Gehirn des Deutschen fast einen ganzen

Arbeitstag (!) damit, Informationen zu verarbeiten. Informationen, die nicht unbedingt zu seinen Arbeitsaufgaben gehören.

Und die kommen ja noch obendrauf: dienstliche Telefonate, das Lesen von Mails, Artikeln und Dokumenten, Meetings, dienstliches Internetsurfen etc. Wie viele Stunden ein arbeitender Mensch nun insgesamt mit Mediennutzung und der entsprechenden Informationsaufnahme verbringt, ist schwer abzuschätzen.

Haben wir eigentlich noch Zeit für Kreativität?

Doch wenn man die Klagen über fehlende Zeit der eigenen Produktivität ernstnimmt – also Zeit, in der man nicht konsumiert, sondern produktiv und kreativ arbeitet –, scheint es nicht übertrieben, von ca. 11 bis 14 Stunden an aktiver Informationsaufnahme auszugehen. Nochmal: pro Tag. Wir widmen dem – bestenfalls konstruktiven – Input zu viel Zeit und dem kreativen oder auch nur administrativem Output zu wenig.

Die Frage der Zukunft lautet deshalb nicht: Wie viel Zeit verbringt man mit Informationsaufnahme und Mediennutzung? Sondern vielmehr: Wann kann man sich der unentwegt prasselnden Informationsflut entziehen? Sich schützen und mental ausruhen? Denn Tatsache ist: Das Gehirn kann sich an Information überfressen. Doch das ist vielen Menschen offensichtlich nicht bewusst.

Unser Gehirn verwendet einen Großteil seiner Kapazität auf interne Verarbeitungsprozesse. Es räumt auf, mistet aus und widmet sich seiner wichtigsten Aufgabe: dem Vergessen. Es ist für uns entscheidend, zu wissen, was gerade wichtig ist und was nicht.

Über mehrere Vergleichs- und Lernstufen hinweg kann das Gehirn dies auch mehr oder weniger zuverlässig leisten – sowohl kurzfristig in akuten Situationen als auch langfristig über ein ganzes Leben hinweg. Für die Verarbeitung von Außenreizen verbleibt nur ein Bruchteil der Hirnkapazität. Diese sollten wir klug nutzen und nicht mit beliebigem Informationskonsum »zumüllen«. Doch genau das tun wir im Alltag zu oft. Auch Information hat eine Qualität: für unsere gerade zu erledigende Aufgabe, für unser Wohlbefinden im Allgemeinen, unser Zusammenleben oder unsere Persönlichkeitsentwicklung.

Geht man von der Notwendigkeit des »Auswählens und Abweh-rens« aus, müssen wir Dämme errichten, die uns erlauben, Informa-tionen abzuwehren, zu filtern und zu kanalisieren. Das war für Menschen schon immer keine leichte Aufgabe. Der Drang zum Hor-ten und Sammeln ist evolutionsgeschichtlich einfach sehr stark, prallt jedoch immer häufiger auf die Verheißungen und Möglichkei-ten komplexer Technik, die wir noch nicht im Griff haben. Ein Bei-spiel: Was früher der Zettelkasten für Adressen war, also eine viel-leicht chaotische, aber physisch überschaubare Angelegenheit, stellt sich heute als Adressverwaltung eines durchschnittlichen Arbeitnehmers mit den üblichen technischen Möglichkeiten als weitaus komplizierter dar.

Im Hintergrund ist das Gehirn ständig mit der Sortierung von Informationen und Eindrücken beschäftigt

Der Einzelne nutzt möglicherweise eine firmenweite Datenbank, auf die er über ei-nen Server zugreift. Zusätzlich hat er viel-leicht ein privates digitales Verzeichnis an-gelegt. Er ist vernetzt auf Plattformen wie XING oder Facebook. Und nicht zuletzt schlummern oft in E-Mails Adressdaten von Ansprechpartnern, die aus Zeitgründen nicht in die eigentliche Adressdatenbank übertragen wurden. In der Realität bedeutet Adressverwaltung daher meist einen Wust aus Daten un-terschiedlicher Quellen und Qualität, auf die man nicht mehr mit dem kleinen schwarzen Notizbuch zugreift, sondern ausschließlich digital. Zwischen uns und einem Arbeitsergebnis steht also immer häufiger eine Technik, die wir zwar wollen und die uns fasziniert, mit der wir jedoch nicht ökonomisch umgehen können. Uns fehlen die entsprechenden Arbeitsabläufe – und die Disziplin zur Entschei-dung.

Wo immer mehr Daten und Informationen auf uns einprasseln, müssen wir den Mut haben, abzublocken und auch mal eine E-Mail zu löschen (und sie nicht im Archiv oder in einem Unterordner der Inbox vergraben). So wie wir unser Gehirn zunehmend in Smart-phones, Tablets oder die Cloud auslagern, müssen wir auch die wert-volle Eigenschaft des Vergessens mit auslagern. Sonst enden wir langfristig in Datenmüll und Resignation. Und bis wir diese Technik des Vergessens aktiv eingeübt haben, müssen wir uns mit der Lernvorstufe begnügen: der bewussten Entscheidung, Informationen zu filtern und abzuwehren.

Diese Entscheidung kann viele Gesichter haben: eine Zeitung abbestellen, die man sowieso nicht mehr liest, E-Mails eines bestimmten Absenders automatisch und konsequent sofort in den Papierkorb umleiten, den Fernseher ausmachen und stattdessen eine Runde um den Block spazieren gehen. Die Möglichkeiten sind vielfältig. Doch die Kernanforderung bleibt: Wir müssen Entscheidungen treffen und Informationen filtern.

Am Anfang steht eine Erkenntnis: Weniger ist mehr

Eines muss uns klar sein: Auch bei optimaler Informationsnutzung, den Mut zur Entscheidung und bewährten Filterprozessen werden wir nie mehr *ohne* Informationen sein – allenfalls in der Wüste Gobi oder den kanadischen Wäldern. Besonders im Arbeitsprozess wird der Informationsdruck nie mehr nachlassen. Viele Menschen wünschen sich eine aufgeräumte Inbox, keine Telefonate auf der To-do-Liste und das Gefühl der Erleichterung, endlich von der Last der Kommunikation befreit zu sein. Doch wir können nicht mehr ins Paradies zurück. Wir müssen vorwärtsschauen und das Beste aus der Situation machen.

Und wir sollten auch ehrlich anerkennen: Der Arbeitsdruck wird nicht mehr nachlassen. Wir können gar nicht so viel wegarbeiten, wie durch den »Arbeitstrichter« nachrutscht. Dieser Tatsache gelassen ins Auge zu sehen ist einer der wichtigsten Punkte für Arbeitsfähigkeit, Selbstmanagement und auch den Schutz vor Arbeitskrankheiten wie Burnout. Denn bei vielen Menschen fängt ja die Überforderung mit dem Gefühl an: Jetzt gehe ich heim, und es liegt noch so viel auf dem Schreibtisch. Und dieser Gedanke begleitet sie Tag für Tag, zermürbt sie und raubt ihnen die Perspektive (siehe auch das Kapitel Selbstmanagement). Und obwohl wir dagegen in Teilen angehen können – durch Informationsfilterung, Prozessoptimierung und angepasste Führung –, bleibt doch die Tatsache, dass wir in kommunikativen Zwängen stecken, unabweisbar.

Das zu akzeptieren fällt uns immer noch schwer. Wir suchen unser Heil nicht in einer veränderten Einstellung, in einer Art »gelassener Disziplin« bzw. »disziplinierter Gelassenheit«, die uns helfen würde, unser Informations- und Kommunikationsverhalten angemessen zu gestalten.

Vielmehr richten wir unser Augenmerk nach außen auf die Technik. Doch die Technik in Gestalt von Smartphones, Laptops, Sozialen Netzwerken etc. ist und bleibt nur ein Hilfsmittel, wenn es um die Organisation unserer eigenen Vernetzung geht. Eine Krücke wird auch nicht von selbst laufen. Sie ist dazu da, um uns zu stützen, wenn wir das brauchen. Nicht mehr und nicht weniger.

Nun benutzen manche Menschen Krücken, auch wenn sie sie nicht mehr brauchen; vielleicht haben sie sich an sie gewöhnt. Andere weigern sich, Krücken zu benutzen, weil sie davon ausgehen, dass ihr kaputter Fuß das Humpeln schon aushält. Beide Haltungen sind nicht sehr klug. Wir brauchen Augenmaß: weder sollten wir vor der Technik kapitulieren noch uns ihr unterwerfen. Ein kleiner Kreis boykottiert beispielsweise Smartphones aus ideologischen Gründen. Der Modezar Karl Lagerfeld hat das so formuliert: »Wer ständig und überall erreichbar ist, gehört zum Personal.« Die andere Fraktion glaubt, mit immer neuerer und ausgefeilterer Technik das Überlastungsproblem und die Informationsflut lösen zu können: mit E-Mail-Filtern, »intelligenten« To-do-Listen und Zeitplänen, angepasster Software etc. Diese Instrumente sind grundsätzlich sinnvoll. Aber sie sind und bleiben vor allem eins: Krücken. Kanäle, die zwischen mir und der Information stehen. Sinnvolles Informationsmanagement lässt sich nun mal nicht ausschließlich mit der »1 oder 0«-Entscheidung einer Software lösen. Ebenso wichtig sind Augenmaß und disziplinierte Gelassenheit. Eigenschaften, die der Mensch mitbringen muss und die ihm kein Smartphone abnehmen kann.

Mit Disziplin und Gelassenheit Übersicht und Lebensfreude erlangen

Im besten Fall kombinieren wir für uns sinnvolle Informationen mit kompetenter Techniknutzung und der persönlichen Fähigkeit zum Auswählen und Aussortieren. Gelingt uns das, können wir unseren eigenen Informations- und Kommunikationsstil entwickeln. Im Arbeitsleben zeigt sich eine derartige Reifung durch individuelle, automatisierte Arbeitsabläufe.

Wir wissen dann sofort, wie wir welche Informationen zu behandeln haben, schalten Informationsquellen bewusst an oder aus, sortieren und kategorisieren schnell und können ebenso schnell wieder zu unserer eigentlichen Aufgabe zurückkehren.

So wie jeder Mensch einen individuellen Fingerabdruck hat oder einen ganz eigenen Gang, wird auch sein Informationsverhalten ganz individuell sein. Individuell nicht nur in einem natürlichen Sinn (das ist es ohnehin), sondern individuell in einem professionellen Sinn. Nicht mehr wie ein Amateurmusiker, der sich noch auf das Instrument in seiner Hand oder die Akkorde konzentrieren muss, sondern wie ein Profi, der bei jeder Note das ganze Stück im Kopf behält und weiß, welcher Sound entstehen soll. Wir brauchen Übung und Routine, die dafür sorgt, dass wir den Kopf frei haben für andere Dinge.

Durch routiniertes Handeln vermeiden wir Selbstüberforderung

Dieses Automatisieren ist ein wichtiger Schritt, für unser persönliches Wohlbefinden und für unsere Arbeitsfähigkeit. Im Lauf der letzten 200 Jahre haben wir als Menschheit einen unglaublichen technologischen, wirtschaftlichen, politischen und mentalen Entwicklungsschub gemacht. Es gab Sternstunden und Katastrophen, doch im Prinzip geht es aufwärts. Weil wir die Fähigkeit haben, uns anzupassen, uns weiterzuentwickeln. Diese Fähigkeit ist innerhalb der Dritten Transformation erneut gefragt, diesmal auf dem Gebiet der Informationsverarbeitung und der Vernetzung. Dass uns das als Menschheit und Gesellschaft gelingen wird, daran habe ich nicht den geringsten Zweifel. Es geht nicht um das Ob, sondern um das Wie. Und wenn man die Tatsache der »globalen Lernkurve« auf den Einzelnen und sein Arbeitsleben herunterbricht, sollten wir Dinge wie persönliche Einstellung, Informationskompetenz oder Verarbeitungsabläufe in den Mittelpunkt stellen und entsprechend Veränderungen starten.

Was bedeutet die massenhafte digitale Vernetzung und die rasant gestiegene Kommunikation eigentlich für die *Qualität* von Information? Subjektiv kann durch die massenhafte Kommunikation das Gefühl entstehen, die Qualität von Information nehme ab. Anders formuliert: Man kann sich nicht nur über Philosophie unterhalten. Das RTL-Dschungelcamp braucht auch seinen Platz. Kommunikation im Alltag ist selbstverständlich dadurch gekennzeichnet, dass viele Informationen weder wahr noch gehaltvoll oder notwendig sind. Trotzdem sollte man sein eigenes Kommunikationsverhalten daraufhin prüfen, es durch verschiedene »Siebe« rinnen lassen, bevor man damit seine Umwelt beglückt. Das Modell der »drei Siebe« wird – fälschlicherweise – dem griechischen Philosophen Sokrates zugeschrieben. Obwohl es mit an Sicherheit grenzender Wahrscheinlichkeit nicht von ihm stammt, macht das Modell ausschließlich unter dem Titel »Die drei Siebe des Sokrates« die Runde: Durch die drei Siebe (Fragen, die man sich selbst stellt) sollte ein Gedanke erst hindurchfallen, bevor man ihn ausspricht. Ein lohnenswerter Impuls – egal, aus welcher Quelle er nun stammt:

■ Das erste Sieb: Ist es wahr? Grundsätzlich darf man nur wahre Dinge sagen. Klingt hart, oder? Psychologen haben festgestellt, dass Menschen Dutzende Male am Tag lügen. Oft sind das keine großen Lügen. Manchmal lügt man aus Höflichkeit, aus Takt. Vielleicht hat die Lüge sogar ihre Berechtigung. Man will den anderen nicht verletzen. Aber es gibt auch niedere Motive: den eigenen Vorteil, Intrigen, Hass. Die Alltäglichkeit der Lüge hat sich sogar im Sprachgebrauch festgebrannt. Politiker bezichtigen sich gegenseitig nicht der »Lüge«, sondern der »Unwahrheit«. Folgt man der Regel des Modells, darf man nie lügen. Unwahrscheinlich schwer, doch es gibt ja noch die beiden anderen Siebe. Will sagen: Bevor ich lüge, habe ich nicht nur die Option, die manchmal schwere Wahrheit zu sagen, sondern – überhaupt nichts.

■ Das zweite Sieb: Hat es Güte? Wir sind über das erste Sieb hinaus. Das, was wir sagen wollen, stimmt. Jedenfalls in unserer Weltsicht. Wirkt es sich aber auch positiv aus, wenn ich es sage? Ist es konstruktiv, im besten Sinne gehaltvoll? Ist es von Respekt und Liebe dem anderen gegenüber getragen? Oder dient meine Aussage nur dazu, mich auf Kosten meines Gesprächspartners besser zu fühlen, ihn zu erniedrigen, während ich mich erhöhe? Das zweite Sieb fordert, meine Haltung gegenüber anderen Menschen zu erforschen und ehrlich zu mir selbst zu sein. Wenn ich mit meinen Aussagen Zwietracht säe, ist es nach dem Modell besser, zu schweigen – auch wenn sie wahr sind.

- Das dritte Sieb: Ist es notwendig? Hier bedeutet »notwendig« buchstäblich »die Not wenden«. Ist meine Aussage sinnvoll für eine Verbesserung der Lage? Hilft sie dem anderen weiter? Schafft sie eine tragfähigere, positivere Beziehung zwischen dem anderen und mir? Man beachte, dass das, was ich sagen will, bereits durch das Sieb der Güte gefallen ist. Einen kritischen Punkt haben Sie bereits gemeistert. Jetzt kommt es auf Ihre Beurteilung an. Auch wenn ich jemanden respektiere, ja liebe, und ich ihm auch etwas Wahres sagen will: Kann er das im Moment brauchen? Oder stülpe ich ihm vielleicht meine Weltsicht über? Dies muss man entscheiden.

Selbstverständlich beschreibt das Modell einen Idealzustand – von dem wir in aller Regel weit entfernt sind. Viele Menschen haben heute das Gefühl, weniger zu sagen, obwohl sie mehr kommunizieren. Auch das ist eine Folge der gefühlt gesunkenen Informationsqualität. Wichtig ist der Gedanke der Informations- und Kommunikationsqualität vor allem im Bereich der Arbeit. Dort reden und verhalten wir uns zielgerichtet. Wir wollen Aufgaben lösen, zusammenarbeiten etc.

Wir müssen fragen: Welche Qualität hat Information?

Auch wenn wir im Privatbereich durchaus »schlechte« oder »gehaltlose« Informationen konsumieren können und daher die Frage nach einer entsprechenden Qualität unnötig oder theoretisch erscheint, spielt Informationsqualität im Berufsleben eine große Rolle.

Die Frage lautet: Kann man Kommunikationsqualität überhaupt messen? Ist Kommunikation nicht zu vielfältig, zu individuell? Eine berechtigte Frage, zu der das Fraunhofer-Institut für Informations- und Datenverarbeitung IITB in Karlsruhe ein interessantes Papier veröffentlicht hat. Unter dem Titel »Messbarkeit der Kommunikationsqualität – Ein neues Paradigma?« entwirft Professor Hartwig Steusloff Kriterien für das Messen von »Qualitätskommunikation«.[23] So sind beispielsweise qualitative informationsgebende Mitteilungen Aussagen, »bei denen der jeweilige Sprecher eindeutig kennzeichnet, dass es sich bei seiner Mitteilung um seine individuelle Meinung, seinen Wunsch, seine Gefühle, seine Einstellung etc. handelt. […] Individualisierte informationsgebende Mitteilungen hoher Qualität sollen begründet sein. Der Mitteilende fördert durch Hintergrundinformation das Verstehen seiner Mitteilung, erhöht die Wahrscheinlichkeit der Akzeptanz seiner Mitteilung und minimiert Missverständnisse auf Grund abweichender Interpretationen durch den / die Zuhörenden. […] Individualisierte informationsgebende Mitteilungen hoher Qualität sollen präzise Zeitangaben, eindeutige Mengenangaben und gegebenenfalls die Angabe von Fremdquellen enthalten.«[24] Auch wenn das Papier noch sehr in Theorie und Abstraktion wurzelt, macht es einen Versuch, an Kommunikation objektivierbare Maßstäbe anzulegen. In fünfzehn Jahren wird es vielleicht Textprogramme geben, die E-Mails oder Artikel auf genau diese Art filtern, Informationen zusammenfassen, andere weglassen und so dem Leser entsprechend Zeit sparen.

Wo Steusloff sich der Qualität von Kommunikation widmet, hat der Kommunikationswissenschaftler Rudolf Stöber die sogenannte »Redundanz«, die Überflüssigkeit im Blick.[25]

Ein Ziel von Kommunikation ist es, Redundanz zu reduzieren. Irgendwann sollen die Kommunikationspartner gleiche Informationen haben, auf dem gleichen Wissensstand sein. Das ist oft genug nicht der Fall, wie man beispielsweise aus der Meeting-Praxis oder aus Projektverläufen weiß. Stöber schreibt dazu: »Redundante Mitteilungen werden […] dysfunktional, wenn sie als Geschwätzigkeit die Kommunikation aufblähen, erschweren und den mit dem Geschwätz Traktierten dazu bewegen, die langweilig werdende Kommunikation ganz abzubrechen. […] Die Redundanz (3. Ordnung) liefert keinen Neuigkeitswert, beseitigt kein Unwissen und stillt keine Neugier; sie ist daher keine Information im kommunikationswissenschaftlichen Sinn.«[26]

Dennoch hat für Stöber auch die Redundanz ihren – begrenzten – Platz in der Kommunikation: »Redundanzen sind mithin nicht überflüssig, sie erfüllen einen wichtigen Zweck: Aktualisierungen, symbolische Kommunikationen, Rituale, Habitualisierung der Nutzung, Routinen der Mediengestaltung, Erinnerung(en) und vieles andere wäre ohne Redundanz, ohne Wiederholungen zur Überbrückung der Zeit, undenkbar. [...] Information und Redundanz bedingen sich wechselseitig und ermöglichen die Kommunikation.«[27] Was lernen wir daraus im Hinblick auf die Informationsflut? Ein Mechanismus der professionellen Kommunikation in unserem Arbeitsleben sollte darauf achten, qualitativ hochwertige Informationen zu produzieren – und ebenso hochwertige Informationen an uns heranzulassen.

Kommuniziert man im Job, sollten wir Redundanzen reduzieren, schnell zum Punkt kommen und unser Wissen abgleichen. Denn Informationen sind – wie Zeit – kostbar.

Weg mit dem Überflüssigen – konzentrieren wir uns auf das Wesentliche

Was passiert, wenn wir Dingen wie Redundanz und Qualität in der Kommunikation keine Beachtung schenken? Wir verlieren das Gefühl dafür, was wichtig ist. Und wenn wir nicht mehr entscheiden können, was relevant ist, können wir unser Verhalten nicht steuern. Überforderung ist das Ergebnis. Deswegen ist es wichtig, diese fatale Kettenreaktion schon am Anfang zu unterbrechen. Wir müssen wachsam bleiben, unseren Blick schärfen, damit wir stets die Informationen um uns herum bewerten können.

So gibt es beispielsweise immer noch Menschen, die eine innere Verpflichtung fühlen, eine Zeitung von vorne bis hinten zu lesen. Oder die ein Buch nicht einfach weglegen können, obwohl sie längst das Interesse daran verloren haben. Denn ein Buch »liest man fertig«. Eine solche Haltung ist vielleicht nobel, vom Informationsmanagement her jedoch eine Katastrophe. Das kann man sich vielleicht noch im Urlaub leisten, aber nicht mehr im Arbeitsleben mit seiner Informationsdichte und dem Arbeitstrichter, durch den ständig Anforderungen nachrutschen. Ein guter Informationsmanager ist jemand, der gekonnt auf den Wellen der Informationen surft und von Zeit zu Zeit gewollt in einzelne Wellen hinabtaucht – nachdem er sich bewusst dafür entschieden hat. Diese Wellen werden an ihn durch die unterschiedlichsten Kanäle herangetragen: E-Mails, Telefonate, Dokumente etc. Das Meer der Informationen umgibt uns ständig. Deshalb müssen wir »Wellenbrecher« errichten, damit Information und Kommunikation eine Freude bleibt – und keine Last, unter der man zusammenbricht.

Die neue Unsicherheit: Vielfältige Arbeitsformen und -biografien

Menschen müssen arbeiten. Mit Arbeit verdient man Geld, und mit Geld kann man sich und seine Familie (hoffentlich) ernähren. Egal, ob Einzel- oder Doppelverdiener, Voll- oder Teilzeit: Arbeit ist immer noch die beste, ja einzige Sicherheit gegen Armut.

Menschen wollen auch arbeiten. Arbeit gibt ihrem Leben Sinn, Struktur, soziale Kontakte. Viele Menschen erleben Arbeit als strukturierend, man »weiß, wofür man morgens aufsteht«. Im besten Fall ist Arbeit daher bereichernd, eine wichtige Facette im Leben des Einzelnen.

Die Rolle, der Stellenwert der Arbeit für das Leben des Einzelnen war daher so gut wie nie umstritten. Ihre Form hingegen hat sich durch die Jahrhunderte gewandelt. Aus der Leibeigenschaft der mittelalterlichen Bauern und dem selbstständigen Handwerker wurde der Fabrikarbeiter der Industrialisierung. Flankiert von Errungenschaften des modernen Staates, zum Beispiel den Bismarck'schen Sozial- und Rentengesetzen, wandelte sich die Form der Arbeit einmal mehr. Das Heer der Angestellten entstand. Der Deutsche wurde Angestellter der Deutschland AG, dem mächtigen Verbund aus Bosch, Siemens oder SAP, der nach dem Zweiten Weltkrieg seine Netze über das Land auswarf und es während der nächsten 40 Jahre zu einem der wirtschaftlich stärksten Länder der Erde machte.

Während der Jahre von 1950 bis 1990 dominierte in Deutschland genau ein Arbeitsverhältnis: die unbefristete Vollzeitstelle. Egal, ob Öffentlicher Dienst oder Privatwirtschaft: Man wurde eingestellt, oft nach Tarif, ausgehandelt von einer starken Gewerkschaft, und blieb lange, manchmal ein ganzes Arbeitsleben, bei einem einzigen Arbeitgeber.

Diese Dauerhaftigkeit kommt dem menschlichen Sicherheitsdenken selbstverständlich entgegen. Warum etwas ändern, sich bewegen, wenn es auch so funktioniert? Das ist nicht einmal störrische Verbohrtheit, sondern ökonomische Klugheit.

Doch jetzt ändern sich die Zeiten. Das Standardmodell der unbefristeten Vollzeitstelle ist ein Auslaufmodell, ein Relikt des 20. Jahrhunderts. Globalisierung, dynamische Märkte und überschnelle Kommunikation zwingen den Menschen eine Flexibilität auf, die diese oft nicht wollen und die verständlicherweise Widerstand auslöst. Es wäre Aufgabe der Politik, hier nicht zu mauern und die Illusion der unbefristeten Vollzeitstelle aufrechtzuerhalten, sondern die Bürger auf die neue Wirklichkeit vorzubereiten. Doch das geschieht oftmals nicht. Die »neue Unsicherheit« sollte begleitet sein von einer »neuen Ehrlichkeit«, damit wir uns als Gesellschaft darauf vorbereiten können und bestimmte Dinge offen diskutieren, bevor uns die Dritte Transformation mit ihren neuen Anforderungen vollends überrollt.

Arbeiten in der Deutschland AG: Vollzeit und ein Leben lang

Der Blogger Sascha Lobo findet dafür ein drastisches Bild: »Der Angestelltenstaat Deutschland hat sein System so eingerichtet, dass es implodieren würde, wenn es zu viele Selbstständige gäbe. So arbeiten die mit der Arbeit befassten Institutionen realitätsunbeeindruckt daran, dass die großen Strukturen bleiben, wie sie sind. Aber vor der Tür steht die Wirklichkeit, und die Wirklichkeit ist wie eine wütende Elefantenkuh, man kann sie nur eine begrenzte Zeit ignorieren, dann trampelt sie alles nieder. Die Wirklichkeit ist: Die allgemeine Fixierung auf das Normalarbeitsverhältnis war eine Notlösung des 20. Jahrhunderts. Es ging halt offenbar nicht anders, die meisten haben das irgendwie eingesehen und so getan, als käme das nächtliche Zähneknirschen von irgendetwas anderem als ihrem Job. Aber das Normalarbeitsverhältnis war nur ein Waffenstillstand, bei dem Existenzangstminderung und Karriereversprechen eingetauscht wurden für acht Stunden Lebenszeit am Tag.«[28]

Lobo plädiert für die Notwendigkeit einer neuen Flexibilität in der Arbeitsgesellschaft, nicht schrankenlos oder neoliberal, sondern mit einer breiten gesellschaftlichen Debatte als Grundlage.

So sollte man in seinen Augen ein bedingungsloses Grundeinkommen ebenso diskutieren wie ein flexibles Renteneintrittsalter oder die Vereinbarung von Selbstständigkeit mit Festanstellung. Warum zum Beispiel ist es in heutigen Arbeitsverträgen immer noch üblich, dem Angestellten eine selbstständige Nebentätigkeit faktisch zu verbieten? Dass ein Arbeitgeber die volle Arbeitskraft eines Angestellten fordert, ist normal und sein Recht. Oft würde eine Nebentätigkeit jedoch das eigentliche Betätigungsfeld des Angestellten gar nicht berühren. Und warum sollte beispielsweise ein in Teilzeit Beschäftigter die restliche Arbeitszeit nicht nutzen, um anderweitig Geld zu verdienen oder sich selbst zu verwirklichen?

Flexibilität kann auch zu neuen Freiheiten führen – vorausgesetzt, es gibt einen gesellschaftlichen Konsens darüber

Dass man auf der anderen Seite Flexibilität als Wert überhöhen und damit Schindluder treiben kann, zeigen die USA. Dort ist der Arbeitsmarkt auf maximale Verfügbarkeit und Flexibilität des Arbeitnehmers ausgerichtet, in seiner schlechten Ausprägung als *hire and fire* bekannt und berüchtigt. Befürworter dieser Taktik führen manchmal an, in den USA verlöre man zwar schnell seinen Job, würde dafür jedoch auch schneller wieder eingestellt als in anderen Ländern mit einem starreren Arbeitsmarkt. Die nackten Zahlen jedoch stützen diese These eher nicht. So war 2011 ein Arbeitsloser in Deutschland im Schnitt knapp 37 Wochen ohne Beschäftigung[29], in den USA dagegen über 41 Wochen (2010: 35 Wochen)[30]. Auch wenn man bedenkt, dass sich die USA momentan in einer wirtschaftlich angespannten Situation befinden, sollten die Beschäftigten in einer derart deregulierten, flexiblen Arbeitswelt doch deutlich schneller einen neuen Job finden als in Ländern wie Deutschland. Daher sollte diese Statistik auch den Befürwortern der reinen Flexibilitätslehre zu denken geben. Auch wenn uns die Wirklichkeit dynamischer Märkte zu mehr Flexibilisierung zwingen mag, reicht es nicht, einfach den Kündigungsschutz zu lockern oder nur von Arbeitnehmern größere Anpassungsbereitschaft und das Akzeptieren von Unsicherheit zu fordern. Die neue Unsicherheit trifft alle – Arbeitgeber und Arbeitnehmer. Deswegen sollten auch die Lasten fair verteilt sein.

Auch die Arbeitgeber haben das Ausmaß der tektonischen Plattenverschiebung innerhalb der Dritten Transformation noch nicht erfasst. Die unbefristete Vollzeitstelle war als Phänomen des Wirtschaftswunders – ideal für die eher langsamen, unflexiblen Märkte, die bis Ende der 90er-Jahre das Bild beherrschten. Die Kreditanstalt für Wiederaufbau (KfW) hat diese Entwicklung 2012 in einem Papier zur Entwicklung des Welthandels skizziert: »In den letzten 60 Jahren ist der Welthandel enorm gewachsen. Das Volumen globaler Warenexporte ist zwischen 1950 und 2008 real nahezu kontinuierlich um mehr als das 30-fache gestiegen […]. 2009 war im Zuge der globalen Finanzkrise ein Ausnahmejahr, die globalen Exporte sanken um 12 Prozent. 2010 konnte dieser Rückgang dann wieder kompensiert werden.«[31]

In den letzten 60 Jahren ist der Welthandel um das 30-fache gestiegen

Vor allem die Schwellen- und Entwicklungsländer hätten während der letzten 20 Jahre die Märkte durch ihren Export enorm dynamisiert: »Im Zeitraum 1995 – 2010 erreichten die Entwicklungsländer im Durchschnitt ein jährliches reales BIP-Wachstum von 5,5 Prozent, die Industriestaaten lediglich 2,2 Prozent. Der Anteil der Entwicklungsländer am Welt-BIP hat sich damit fast verdoppelt (von 18 auf 34 Prozent).«[32] Auf diese Dynamisierung müssen auch etablierte Industrieländer wie Deutschland reagieren. Das Auf und Ab wirtschaftlicher Entwicklung erfolgt nicht nur potenziell immer extremer, sondern auch schneller. Der Wunsch der Wirtschaft nach einer »atmenden« Arbeitsmarktpolitik ist daher durchaus verständlich. Doch das bislang dominante Modell der unbefristeten Vollzeitstelle einfach aufzugeben und die Regulierung und Gestaltung schlicht unter das Dach maximaler Flexibilität zu stellen in der Hoffnung, »der Markt« werde es schon richten, ist fantasielos, naiv und für das soziale Gefüge in Deutschland gefährlich. Denn »die Märkte« regeln grundsätzlich nichts. Menschen innerhalb der Märkte regeln etwas. Und wir sollten uns schleunigst überlegen, wie wir die sozialen Ängste kanalisieren und in moderne Arbeitsformen überführen. Denn ein Zurück zur guten, alten Zeit gibt es nicht mehr.

In die Fußstapfen der unbefristeten Vollzeitstelle treten ab der

Jahrhundertwende allmählich neue Arbeitsformen: Befristungen, Selbstständigkeit, Projektarbeit, Mini-Jobs und Zeitarbeit. Bereits 2007 kommt der Soziologe Ulrich Beck in seinem Buch »Schöne neue Arbeitswelt« zu dem Schluss, dass wir uns, global gesehen, mitten im Sprung von der »ersten Moderne« in die »zweite Moderne« befinden.[33] Für Beck ist die erste Moderne gekennzeichnet von Vorhersagbarkeit und Sicherheit innerhalb der politischen, technischen und wirtschaftlichen Möglichkeiten des 20. Jahrhunderts.

Die zweite Moderne, der fast sein gesamtes Werk gewidmet ist, sei geprägt von immer mehr Risiko und zunehmender Komplexität, die alle Lebensbereiche durchdringe und bis dahin nicht vorhandene Unwägbarkeiten für das Schicksal des Einzelnen mit sich brächte. Beck zeichnet ein relativ düsteres Bild der ökonomischen Entwicklung, das er »Brasilianisierung der Wirtschaft« nennt: mehr Billigjobs, mehr Projektarbeit, weniger Festanstellungen, weniger berechenbare Lebensentwürfe.

Leben in der Zweiten Moderne: So viel Unvorhersehbarkeit war nie

Um in seinem Risikobegriff zu bleiben: Die Auflösung traditioneller Arbeitsverhältnisse geht immer zulasten des Arbeitnehmers. Das unternehmerische Risiko wird demnach immer mehr vom Unternehmen weg auf die einzelnen Menschen, die »Produktivkräfte« verlagert.

Wohin die Reise geht, zeigt der Gigant IBM mit seinem Projekt »Liquid«: Künftig werden Projekte nicht mehr automatisch intern vergeben, sondern ausgeschrieben, und der einzelne Projektmitarbeiter muss sich auf der Liquid-Plattform darum erst bewerben, so jedenfalls die Idee. Bernd Bienzeisler vom Fraunhofer-Institut für Arbeitswirtschaft und Organisation (IAO) stellt ganz richtig fest, »dass hier nicht irgendein Unternehmen mal etwas Neues ausprobiert. IBM gilt seit Jahrzehnten als Vorreiter für neue, kontroverse, aber auch revolutionäre Organisationskonzepte, die nicht nur in den Hochglanzbroschüren des Managements stehen, sondern die tatsächlich praktiziert werden.« Bezüglich der Auswirkungen für die Arbeitnehmer sieht Bienzeisler große Probleme, denn »in letzter Konsequenz bedeutet ›Liquid‹ die Aufkündigung des sozialpartnerschaftlichen Modells der Arbeitsorganisation, welches darauf abzielt,

Chancen und Risiken halbwegs gleichmäßig zu verteilen. Wenn die Beschäftigten sich jedoch selbst jedes Mal um Projekte aktiv bewerben müssen, ist dies kaum noch im Sinne einer abhängigen Beschäftigung zu verstehen.«[34]

Ulrich Beck und Bernd Bienzeisler entwerfen das Bild einer ungewissen Zukunft. Doch das ist nur ein Teil der Wahrheit. Eine größere Flexibilität in der Gestaltung der eigenen Arbeitsleistung kann auch erfüllend sein und Freiheiten schaffen, die den Begriff auch verdienen. Es tut not, sich auch mit diesen positiven Seiten zu beschäftigen. Bislang geschieht das nämlich viel zu wenig, im Gegenteil. So nähren Mainstream-Medien wie der SPIEGEL oder das ZDF nicht selten kritiklos die Angst vor neuen Arbeitsformen wie der Selbstständigkeit. Das habe ich bereits früher an anderer Stelle kommentiert.[35]

Der Arbeitsmarkt hat sich in den letzten zwei Dekaden stark verändert

Eine solche Haltung spiegelt das Denken der Wirtschaftswunder-Vollzeitstellen-Vollkasko-Mentalität, die wir schnellstens abschütteln sollten.

Nicht um sie durch neoliberale Religion zu ersetzen, sondern um uns tatsächlich darüber Gedanken zu machen, wie das bei uns in Deutschland denn nun aussehen soll mit den neuen Arbeitsverhältnissen. Denn die sind längst Realität:

- So explodierte die Zahl der Leiharbeitnehmer von 2000 bis 2010 von 338 000 auf 824 000 – eine Steigerung um fast 244 Prozent![36]
- Ebenfalls deutlich angestiegen ist die Zahl der Selbstständigen in freien Berufen: von 2002 bis 2012 um 64 Prozent, von 761 000 auf 1 192 000.[37]
- Ende 2012 waren knapp 4,9 Millionen Menschen *ausschließlich* geringfügig beschäftigt (»Mini-Jobber«). Dieser Wert ist seit einigen Jahren konstant. Im Klartext: Von den 29,4 Millionen abhängig Beschäftigten in Deutschland verdienen fast 17 Prozent maximal 450 Euro im Monat. (Außen vor bleiben hier die 2,7 Millionen Beschäftigten, die einen Minijob *zusätzlich* zu ihrer Hauptbeschäftigung ausüben).[38]

Insgesamt haben wir es also im Moment mit mindestens 6,9 Millionen Menschen zu tun, die abseits des Modells »unbefristete Vollzeitstelle« ihrer Beschäftigung nachgehen: immerhin über 16 Prozent von aktuell (Dezember 2012) 41,6 Millionen Beschäftigten in Deutschland – Tendenz steigend. Für diese Menschen müssen wir in Wirtschaft und Politik Antworten finden. Denn die unbefristete Vollzeitstelle als Arbeitsmodell wird weiter an Bedeutung verlieren.

In der Folge wird sich das unternehmerische Risiko weiter vom Arbeitgeber auf den Arbeitnehmer verlagern. Besonders krass sieht man das am Phänomen Zeitarbeit, aber auch an kleineren Maßnahmen, zum Beispiel der sogenannten »Ausgliederung«: Eine Firma gründet eine Tochtergesellschaft und überführt eigene Mitarbeiter dann in diese Tochtergesellschaft – zu schlechteren Konditionen. So geschehen beispielsweise bei der Telekom 2007 (50 000 Mitarbeiter) oder 2012 mehrfach in der Print- und Medienbranche. Das kann sinnvoll sein, auch um das Überleben des Unternehmens zu gewährleisten. Doch optimal ist das nicht. Wir müssen den Gesellschaftsvertrag zwischen Unternehmen und Arbeitenden generell neu aushandeln, was die gegenseitige Verantwortung betrifft. Mit der Vielfalt von Arbeitsformen steigt auch die Komplexität der Zusammenarbeit zwischen Mitarbeiter und Unternehmen. Mit all ihren Möglichkeiten und Gefahren.

Zwischen Unternehmen und Arbeitnehmern spielt auch Gerechtigkeit eine Rolle

Hier benötigen wir sinnvolle Impulse aus der Politik, zum Beispiel eine zeitlich befristete Phase der Leiharbeit. So sollte ein Unternehmen meiner Meinung nach keine »Ketten«-Leihverträge mit einem Arbeitnehmer schließen dürfen. Ein Betrieb, der ein- und denselben Mitarbeiter über mehrere Jahre als Leiharbeiter beschäftigt und nicht übernimmt, überschreitet die Fairness-Grenze hin zur Ausbeutung und verletzt den »Gerechtigkeitsvertrag« zwischen Arbeitgeber und Arbeitnehmer.

Darunter leidet nicht zuletzt die Loyalität des Mitarbeiters. Jeder Mitarbeiter und jede Mitarbeiterin geht mit dem Arbeitgeber einen solchen mentalen Gerechtigkeitsvertrag ein. Er hat bestimmte Vorstellungen davon, was er leisten will und kann und wie er dafür behandelt werden will. Dieser Gerechtigkeitsvertrag kann leicht brüchig werden, wenn Arbeitnehmer das Gefühl haben, der Arbeitgeber verstoße gegen dieses Gerechtigkeitsgebot. Daher ist die Mindestanforderung, dass der Arbeitgeber bei einem subjektiven »Verstoß« (zum Beispiel einer Ausgliederung zu schlechteren Konditionen) die Gründe hierfür darlegt und um Verständnis wirbt. Denn lokale und globale Veränderungen am Arbeitsmarkt und in der Wirtschaft schlagen ja nicht nur auf »die Unternehmen« durch, sondern selbstverständlich auch auf die Beschäftigten. Nur wenn wir alle das (ökonomische) Schicksal des Einzelnen im Blick behalten, können Unternehmer und Politiker verantwortungsvoll entscheiden.

Nichts zeigt das besser als die Immobilienkrise in den USA. Dort ging es plötzlich nicht mehr um abstrakte Hypotheken oder »asset backed securities«, sondern um obdachlose Menschen, die ihr gesamtes Hab und Gut verloren hatten und bis an ihr Lebensende auf Schulden sitzenbleiben werden. Natürlich haben diese Menschen ebenso Verantwortung für ihre Situation zu tragen. Sie haben schließlich die Kreditverträge unterschrieben. Doch es ist bezeichnend, dass in den Banken für eine besonders hoffnungslose Variante des Kredits eine eigene Bezeichnung kursierte: NINJA, »no income, no jobs or asset«. So wurden Kreditnehmer bezeichnet, von denen man von vornherein wusste, dass sie keine Arbeit, kein Einkommen oder sonstiges Vermögen hatten: »Durch die US-Politik, dass jeder US-Bürger doch ein eigenes Häuschen haben möge, wurde von den Banken erwartet, eine entsprechende Kreditversorgung zu gewährleisten. Die Banken ließen sich nicht zweimal bitten und boten 100-Prozent-Finanzierungen für Immobilienkäufe an. Bei schlechter Bonität des Kreditnehmers wurden höhere Zinsen vereinbart, um das Risiko auszugleichen. Auch ging die ganze Branche davon aus, dass die Immobilien später gewinnbringend verkauft werden konnten. Die Ninja-Kredite wurden massenhaft unters Volk gebracht, die Verkäufer sahnten dabei reichlich Provisionen ab und wurden dadurch angestachelt, noch mehr Ninja-Kredite zu vergeben – bis irgendwann die Blase platzte.«[39] Dass man diesen Menschen dennoch Kredite gab, ist eindeutig die Verantwortung der Finanzindustrie. Aufgrund der ökonomischen, faktisch gegebenen »neuen Unsicherheit« müssen wir in der Debatte deshalb das tun, woran man normalerweise nicht extra erinnern braucht: Wir müssen in menschlichen Maßen denken, nicht in abstrakten Begriffen. Die Konsequenzen bis hinunter zu den einzelnen arbeitenden Menschen sollten durchdacht werden, ohne sie vorher aus ideologischen oder Bequemlichkeitsgründen auszublenden.

Dass dies nicht immer gelingt, zeigen die arbeitsmarktpolitischen Maßnahmen der letzten Jahre, etwa die Hartz-IV-Gesetze. Die Zusammenlegung von Arbeitslosen- und Sozialhilfe war vor allem eins: ein psychologischer Fehler. Auch wenn es Menschen schlecht geht, schöpfen sie Motivation aus dem Vergleich mit anderen Menschen, denen es noch schlechter geht: »Ich habe Schnupfen, aber mein Nachbar hat sich das Bein gebrochen. Er ist noch schlimmer dran.« Dieser Abwärtsvergleich, downward comparison genannt, ist vielleicht moralisch fragwürdig, aber eine Tatsache. Nachdem sich nun Arbeitslose und Sozialhilfeempfänger plötzlich auf einer Stufe

Hartz IV und die (unbeabsichtigten) Folgen: soziale Abwertung

wiederfanden, fehlte für Erstere dieser Abwärtsvergleich. Plötzlich waren sie selbst »ganz unten«. Dies ist fatal, weil eine Gruppe sich einerseits nach innen ihrer selbst versichern, sich aber auch nach außen ebenso sichtbar abgrenzen will. Diese Abgrenzung nach unten war nun nicht mehr möglich. Die ursprüngliche Gruppe »Arbeitslose« verschmolz mit der Gruppe »Sozialhilfeempfänger«.

Nun setzte ein Mechanismus ein, der in der Sozialpsychologie »labelling« – Etikettierung – genannt wird: »Okay, wenn alle Welt glaubt, dass ich ganz unten bin (einschließlich mir selbst), dann benehme ich mich auch, als wäre ich ganz unten.« Die Bezeichnung »hartzen« entstand und verankerte dieses Label dauerhaft. Für diejenigen, die trotz aller widrigen Umstände versuchen, aus dieser Gruppe auszubrechen und wieder eine Arbeit zu finden, wird es schwer. Denn die Gesellschaft ihrerseits reagiert mit Vorurteilen auf »Hartz-IVler«, nicht zuletzt befördert durch die Boulevardmedien. So stellt die medienkritische Seite BILDBlog fest: »Gegen Hartz-IV-Empfänger zu hetzen, gehörte bei ›BILD‹ ja schon immer zu den Königsdisziplinen.«[40] Und auch der paritätische Wohlfahrtsverband meldete sich zum Thema Hartz IV und BILD zu Wort: »Hier wird ohne jede empirische Grundlage auf unverantwortliche Art und

Weise gegen Millionen Menschen gehetzt und ein Bild der schmarotzenden Massen geschürt, das mit der Realität nichts zu tun hat«.[41] Die BILD-Zeitung verstärkt durch ihre Kampagnen den Abwärtsvergleich in einer gesellschaftlichen Dimension und sorgt so für eine latente Entsolidarisierung breiter Bevölkerungsschichten gegenüber den ökonomisch Schwächsten. Die neue Unsicherheit wird dadurch unnötig verstärkt.

Wenn immer mehr Menschen verunsichert sind und sich auf ihre langfristige ökonomische Versorgung nicht mehr verlassen können, hat das Auswirkungen auf die Lebensplanung insgesamt. Man kennt das aus der Wirtschaft: Praktisch jede Firma unternimmt eine jährliche Budgetierung und versucht, Einnahmen, Kosten, Investition und Gewinn unter einen Hut zu bringen. Was nun für ein Unternehmen die prognostizierten Einnahmen aus Aufträgen etc. sind, das ist für den Normalbürger sein geplantes, vielleicht schon verplantes Einkommen. Und genau wie Unternehmen in schwankenden Märkten oder in Krisen Anpassungen vornehmen müssen, Pläne angleichen oder auch einmal Mitarbeiter entlassen, müssen Menschen ihre Finanz- und Lebensplanung anpassen, wenn sie nicht mehr mit einer festen Arbeitsstelle oder einem festen Einkommen rechnen können. Dass dies immer mehr Menschen betrifft, ist eine Tatsache, mit der wir uns auseinandersetzen sollten. Ich rede weder einer wirtschaftlichen »Vollzeitstellen-Landschaft« das Wort noch einer totalen Flexibilisierung. Wir müssen uns vielmehr als arbeitende Gesellschaft darauf einstellen, dass wir bestimmte Dinge nicht mehr planen können bzw. uns in einem ständigen finanziellen Krisenmanagement befinden (Krise nicht in dem Sinne, dass es uns schlecht geht, sondern im Sinne von ständiger Wachsamkeit und Anpassung).

Auf den Prüfstand müssen notgedrungen als Erstes die Dinge kommen, die eine langfristige finanzielle Planung erfordern und uns binden: Hausbau, Familiengründung, größere Anschaffungen etc. Beispiel Hausbau: Immer noch inszenieren Banken und interessierte Finanzdienstleister Kampagnen, um dem Einzelnen einen

> **Wenn die Lebensentwürfe weniger planbar werden, muss die Vermögensplanung flexibel werden**

Hausbau schmackhaft zu machen. Weil ein Haus ja angeblich »eine Investition in die Zukunft« sei, die sich irgendwann rechne. Doch Fakt ist: Wenn Sie ein Haus bauen oder kaufen, ist das zunächst nur für die Bank eine *Investition* (die Ihnen einen Kredit gibt und dafür Sicherheiten verlangt). Für Sie ist das 20 oder 30 Jahre lang eine *Verbindlichkeit*. Das ist ein enormer Unterschied. Die Bank gewinnt immer: Entweder Sie zahlen den Kredit mit Zinsen zurück oder die Bank kassiert die Sicherheit. Sie dagegen sitzen auf einem Schuldenberg von ca. 250 000 Euro + X, den Sie über die nächsten 25 Jahre langsam abbauen. Dieses Geschäftsmodell harmoniert sehr gut mit einer Wirtschaftswundergesellschaft im Vollzeitstellen-Modus. Dort war auch das Ausfallrisiko für Sie als Kreditnehmer überschaubar. In der Gegenwart jedoch ist nur eines sicher: die Unsicherheit. Daher steigt das Risiko eines Kreditausfalls (weil Sie Ihren Job verlieren) überproportional zum Risiko der Bank. Eigentlich macht ein solches Geschäft heutzutage für die meisten Häuslebauer ökonomisch keinen Sinn, sondern bringt ihnen schlaflose Nächte – was eine völlig normale Reaktion ist. Nur wird man indoktriniert von der Werbung und vom Mainstream, weil »man« sich eben ein Haus baut und damit immer noch gesellschaftlichen Erfolg und Status verbindet.

Hausbau oder -kauf ist nur ein Beispiel dafür, dass wir früher selbstverständliche Denk- und Handlungsweisen überprüfen müssen, wenn sich die ökonomischen Rahmenbedingungen ändern. Der Einzelne muss sich künftig sehr genau überlegen, welchen Betrag er angesichts der neuen Arbeitsmarktdynamik und dem Risiko eines Jobverlusts wie investiert. Das geht über den rein finanziellen Bereich hinaus. Egal, ob es um Familienplanung, Haus, Karriere oder Wohnort geht: In der Zukunft werden wir sehr bewusst über die Bestandteile unseres Lebens entscheiden müssen. Nicht um permanent die Kontrolle zu behalten (ständige Kontrolle ist eine Illusion), sondern um die neue Unsicherheit möglichst gering zu halten. Dies erfordert mehr als die Prüfung der Frage, was die beste Krankenversicherung ist. Wir müssen uns auch fragen nach unseren Träumen und Wünschen, nach unseren Ressourcen und Möglichkeiten.

Die andere – positive – Seite der Medaille liegt in der Chance, im Leben sehr viele, sehr verschiedene Erfahrungen zu machen. Wir haben mehr Freiheit in unseren Lebensentwürfen und können, wenn wir wollen, die neue ökonomische Dynamik für uns nutzen. Die neue Unsicherheit gibt uns Gelegenheit, uns aktiv mit unserem Leben und unserer Zukunft auseinanderzusetzen. Flexibilität ist nicht unbedingt etwas Schlechtes. Wenn wir im Job keine Sicherheit mehr erwarten können, müssen wir uns andere Fixpunkte schaffen: tragfähige Beziehungen, einen Sinn im Leben, eine positive Lebenseinstellung, die Fähigkeit zu bewusstem Genuss und die Bereitschaft zu lebenslangem Lernen.

Durch lebenslanges Lernen der neuen Unsicherheit begegnen

Das lebenslange Lernen ist künftig vielleicht *der* Schlüssel zu einer erfolgreichen Lebensgestaltung. In Zeiten, in denen sich »die Welt in zehn Jahren mehr ändert als sonst in hundert« (Giovannino Guareschi), müssen wir uns anstrengen, um nicht abgehängt zu werden. Noch nie war unsere Fähigkeit zur Anpassung und zum Lernen so gefragt wie heute. Lernen und Bildung werden zur wichtigsten Ressource sowohl für den eigenen ökonomischen Erfolg als auch für die Gesellschaft insgesamt. Denn der nächste Quantensprung in unserer Entwicklung wird ein geistiger sein. Das ist die Essenz der Dritten Transformation.

Die Frage ist, ob Institutionen, Arbeitgeber und der Staat in dieser Flexibilität mithalten können und wo wir als Gesellschaft die Grenze zwischen möglicher Flexibilität und Selbstaufgabe ziehen. Die zentrale Frage lautet: Wofür übernimmt der Einzelne die Verantwortung? Und wofür der Staat? Was ist der Verantwortungsbereich der Wirtschaft? Das sind keine leichten Fragen, und sie lassen sich auch nicht von heute auf morgen beantworten. Doch diese Diskussionen müssen wir führen, weil uns die neue Unsicherheit dazu zwingt. Noch haben wir die Möglichkeit, den Wandel zu gestalten. Denn die Karten werden neu gemischt: Arbeitskräfte werden nach Deutschland einwandern, Arbeitsanforderungen verändern sich oder verschwinden ganz, die Bedeutung von Arbeit für das eigene Leben kommt auf den Prüfstand.

Auch die Familie der Zukunft wird in ihrer Berufswahl, -planung und -gestaltung sehr viel flexibler sein müssen als heute. Dies ist in zweifacher Hinsicht eine Herausforderung. Zum einen gilt es, räumlich und zeitlich das Zusammenleben besser zu koordinieren, allein schon deshalb, weil die Familienmitglieder immer seltener an einem Ort wohnen und arbeiten werden. Gleichzeitig schafft dieses Auseinandcrreißen eine Sehnsucht nach Heimat, nach der »Herde«, nach dem gefühlten Ursprung seiner selbst. Das kündigt sich bereits an. Der Normalfall ist schon lange nicht mehr die Drei-Generationen-Familie auf dem Dorf, sondern der entwurzelte, alleinlebende Großstadtmensch. So lebten 2011 ca. 16 Millionen Menschen allein, in Großstädten über 500 000 Einwohnern sind das 29 Prozent der Bevölkerung (aller Altersstufen). In Gemeinden unter 5000 Einwohnern stellen Alleinlebende dagegen nur 14 Prozent.[42] Diese Zahlen umfassen nicht nur »Singles« im herkömmlichen Sinn, sondern auch Menschen, die sehr wohl einen Partner haben, der jedoch (aus welchen Gründen auch immer) räumlich getrennt lebt. Vor allem der Trend in den Großstädten dürfte sich weiter verstärken:

Ist der Mensch der Zukunft ein Großstadt-Single?

So gehen Zukunftsforscher davon aus, dass die Weltbevölkerung sich noch mehr als heute in den Städten ballen wird. Nach deren Meinung werden 2050 mehr als zwei Drittel aller Menschen in Städten wohnen. Oder wie es die ZEIT formulierte: »Die Menschheit hat sich entschieden: gegen das Leben auf dem Land und für das in der City.«[43]

Das alles bedeutet eine größere Dynamik, auch innerhalb einer Familie: Arbeits- und Wohnort driften auseinander, das Zusammenleben einer Familie muss teilweise neu definiert werden. Auf diese Art dringt die neue Unsicherheit auch in die eigenen vier Wände vor, bestimmt Lebens- und Karriereplanung, finanzielle Vorsorge und wichtige Entscheidungen. Damit zurechtzukommen, ist eine der großen Herausforderungen der Dritten Transformation.

Die neuen Kranken: Stress, Burnout und Co.

Wirft man einen Blick in die Presse der letzten Jahre, in Fachpublikationen, Gesundheitsforen, Blogs und Seminarkataloge zur betrieblichen Weiterbildung, so scheint das Phänomen Stress eines der drängendsten Probleme der modernen Arbeitsgesellschaft zu sein. Der »Stressreport 2012« der Bundesanstalt für Arbeitsschutz und Arbeitsmedizin (BAA) kommt zu dem Ergebnis, dass von 20 000 Befragten 43 Prozent eine Zunahme der Stressbelastung beklagen. Diese Zunahme sagt freilich nichts über die absolute Höhe der individuellen Stressbelastung aus, doch immerhin 19 Prozent der Studienteilnehmer fühlen sich permanent quantitativ, d. h. von der Arbeitsmenge her überfordert (nur 5 Prozent fühlen sich qualitativ, also fachlich überfordert).[44] Auch zum ständigen Zeit- und Termindruck als eine der wichtigsten Stressquellen stellt das BAA fest: »Arbeiten unter Termin- und Leistungsdruck gehört zur zentralen Belastung in der heutigen Arbeitswelt. [...] Von den befragten Beschäftigten geben ca. 52 Prozent an, häufig unter ›starkem Termin- oder Leistungsdruck‹ arbeiten zu müssen. Besonders der Anteil der Befragten, der sich dadurch belastet fühlt, hat in den letzten Jahren zugenommen.«[45]

Woher kommt diese massive Stresszunahme? Die Ursache allein in einer sensiblen Seele zu suchen, greift augenscheinlich zu kurz. Vielmehr wirken hier Rahmenbedingungen, die über die letzten Jahre in unserer Arbeitswelt immer einflussreicher wurden:

- **Kontrollverlust im Zusammenhang mit einer konkreten Aufgabe:** Immer mehr Aufgaben erfordern beispielsweise Computerkenntnisse, die weit über die Fähigkeiten älterer Arbeitnehmer hinausgehen. Außerdem trägt die zunehmende Spezialisierung und Aufteilung von Tätigkeiten zu immer größerer Komplexität bei. Der menschliche Geist kann jedoch nur ein begrenztes Maß an Komplexität handhaben. Dieses Problem kennt man aus der Entscheidungsforschung: Ab einer gewissen Komplexität fühlen wir uns überfordert,

Was lässt uns in Stress geraten?

entscheiden eher »aus dem Bauch heraus« und verlassen die Pfade rationaler Überlegung.

- **Kontrollverlust im Hinblick auf die allgemeine berufliche Entwicklung:** Der Arbeitsmarkt wird zusehends vielfältiger. Es gibt nicht mehr nur unbefristete Arbeitsverhältnisse, sondern auch Leiharbeit, immer mehr Solo-Selbstständige, Teilzeitkräfte etc. Sogar Werkverträge werden in jüngster Zeit wieder aus der Kiste der möglichen Arbeitsverhältnisse geholt. Diese Entwicklungen gehen alle zulasten der Beschäftigten; sie müssen trotz eines Arbeitsplatzes immer mehr auf Sicherheit und Planbarkeit des beruflichen Werdegangs verzichten. Dies schürt natürlich Ängste, welche die Medien wiederum sensibel aufnehmen und publikumswirksam verstärken.

- **Arbeitsverdichtung:** Die mantraartige Wiederholung des Effizienz-Dogmas führt dazu, dass die Leistung des Beschäftigten immer und überall gemessen bzw. »gebenchmarked« wird. Pausen sind verpönt, die »fungible [austauschbare, A. d. R.] Ressource« Mensch soll immer und überall funktionieren. Dies führt beim Einzelnen nicht selten zu vorauseilendem Gehorsam: Irgendwann passen Pausen und Erholung nicht mehr zum Selbstkonzept eines erfolgreichen, leistungsbereiten Menschen. An dieser Stelle haben Wirtschaft und Gesellschaft, indem sie den Einzelnen dergestalt indoktriniert und manipuliert haben, tatsächlich »ganze Arbeit geleistet«.

- **Arbeitstrichter:** Wir haben nicht nur Arbeitsmethoden perfektioniert, sondern auch die ständige Zunahme von Arbeit und Aufgaben. Sobald wir eine Aufgabe erledigt haben, rutscht wie in einem Trichter die nächste Aufgabe nach, sodass wir das Gefühl haben, nie fertig zu werden. Wie ein klassisches »Perpetuum mobile«, also eine Maschine, die sich selbst antreibt, sorgen wir selbst ständig für unseren Arbeitsdruck, können nachts nicht mehr schlafen, weil abends wieder so viel liegengeblieben ist. Aber morgen wird es ja auch nicht besser!

- **Belohnungscharakter:** Stress wird möglicherweise als Trophäe verstanden, als Preis, den man für gesellschaftlichen Erfolg und berufliche Karriere bezahlen muss. In einer Welt, in der sich ein Mehr an Geld und ein Weniger an Zeit als gültige Erfolgsnorm festgeschrieben hat, ist es leicht, Stress für sich und andere als positive Auszeichnung für die eigenen Bemühungen umzudeuten. Im Extremfall verleiht sich der Betroffene, der zum Belohnungscharakter neigt, die »Stress- und Burnout-Medaille« und deutet so sein Leiden zum Heldentum der Arbeitswelt um.

- **Soziale Selbstauflösung:** Der Mensch definiert sich unter anderem durch die sozialen Rollen, die er einnimmt. Erst im Abgleich dieser Rollen (Projektleiter, Mutter, Vater, Fußballspieler im Verein etc.) konstruieren wir unsere Identität. Doch weil heutzutage die arbeitsame Rolle so dominant ist, leiden die anderen möglichen sozialen Rollen und verkümmern. Daher setzt uns eine Gefährdung der einzig verbliebenen wirksamen sozialen Rolle (durch Verlust von Job, Status, Geld etc.) extrem unter Druck. Dass diese Konstruktion wie ein Kartenhaus zusammenfallen kann, spüren manche von uns instinktiv und versuchen mit einer neuen materiellen oder spirituellen Sinnsuche gegenzusteuern.

- **Organisationelle Fehlentwicklungen:** Hier sei beispielsweise an die Einführung von Matrix-Strukturen in Konzernen gedacht, die die Gefahr in sich bergen, mit Überkomplexität und Kompetenzgerangel dem Mitarbeiter jede Orientierung zu nehmen und die Organisation zu lähmen. Bis keiner mehr weiß, »was wer an wen berichten soll«. Auch die manchmal wenig durchdachte Wegrationalisierung von Führungsschichten gehört in diese Kategorie. Denn diese manchmal als »Lehmschicht« geschmähten Führungskräfte sollten ursprünglich ein wertvolles Scharnier bilden, eine Art Transmissionsriemen zwischen der strategischen Ebene und der operativen Umsetzung an der Basis.

- **Überkommunikation:** Während es früher hieß, der Mensch organisiert seinen Job, gilt heute: Der Job organisiert den Menschen. Früher gab es im typischen Arbeitsalltag Telefon, Faxgerät, Post. Heute gibt es: Smartphones, iPads, geteilte Meeting-Kalender, flexible Vertrauensarbeitszeit. Der Mensch ertrinkt im Datenmüll und einer flächendeckenden Informationsflut. Der eigentliche Sinn von Kommunikation, nämlich Verständigung durch gemeinsame Zeichen und die Fähigkeit, Wichtiges herauszufiltern, ist dadurch in Teilen der Unternehmenswelt verlorengegangen. Denn Kommunikation ist zumindest im Wirtschaftsbereich eben kein Selbstzweck, sondern zweckgebunden. Nicht das Medium ist die Botschaft (um mit Marshall McLuhan zu sprechen), sondern die Botschaft ist nun mal die Botschaft.

Diese Aufzählung zeigt einige Entwicklungen der letzten Jahre. Nicht alles ist per se schlecht. So haben gerade kommunikative Entwicklungen oder auch Experimente in der Organisation grundsätzlich das Zeug, die Situation zu verbessern und Menschen die Arbeit leichter zu machen. Doch was machen die oben beschriebenen Dynamiken momentan mit dem arbeitenden Menschen? Fühlen sie sich tatsächlich freier, unabhängiger, glücklicher? Oder werden sie nicht vielmehr von der neuen Freiheit gestresst oder, was schwerer wiegt, genötigt, *zusätzliche* Energie aufzubringen, um zu dokumentieren und abzugleichen, Rundmails zur Kenntnis zu nehmen?

Die Sache wird auch dadurch nicht einfacher, dass Stresserleben etwas Subjektives ist. Was für den einen unüberwindlich scheint, ist für den anderen entspannende Sonntagnachmittagsroutine. Einem Mathematikprofessor sollte es leichter fallen, ein Referat über Einsteins Relativitätstheorie zu halten, als einem Verkäufer. Und einem Verkäufer sollte es leichter fallen, ein kompetentes und einfühlendes Verkaufsgespräch zu leiten, als einem Mathematikprofessor. So hat jeder sein Gebiet, in dem er geübt ist und in welchem er oder sie »Eustress«, also guten anregenden Stress erlebt. Wird man dagegen in ein Arbeitsgebiet versetzt, von dem man inhaltlich keine Ahnung hat, werden psychologische und physiologische Alarmsysteme aktiviert. Die Herausforderung kippt um in eine Überforderung, die mit Besorgnis oder Angst gekoppelt ist.

Stress als Reaktion auf Umweltreize ist ein uralter Mechanismus der Natur. Er war zunächst als Alarmanlage gegenüber lebensbedrohlichen Gefahren gedacht: Raubtiere, giftige Nahrung, Kampf, Naturgewalten. Nun haben wir durch zivilisatorische Fortschritte physische, tatsächlich lebensbedrohende Gefahren wie den Säbelzahntiger gebannt. Und unser Verstand weiß das auch. Unser neurophysiologisches System jedoch nicht. Für unser Kleinhirn durchstreifen wir immer noch die Savanne, mit einem Lendenschurz bekleidet. Das bedeutet: Wir reagieren auf Stress mit einer heftigen körperlichen Überschussreaktion und setzen mehr körperliche Alarmstoffe ein, als wir brauchen. Das Ergebnis: Schwitzen, Herzrasen, trockener Mund. Blut wird aus dem Gehirn abgezogen und in Muskeln und lebenswichtige Organe gepumpt. Flieh oder kämpfe.

Stress regt auf, Eustress regt uns an

Beim Eustress, dem guten Stress, werden wir nur punktuell in diesen Alarmzustand versetzt. Er ist eher leicht und anregend. Und bald kommen wir davon wieder runter. Der Eustress kommt und geht also, ohne dass wir bemerken, dass wir trotzdem »gerade Stress hatten« – physiologisch jedenfalls. Wir haben also oft Stress, selbst wenn wir das nicht mitkriegen, und dieser Stress ist sogar noch gut für uns. Er hält unseren Organismus auf Trab, regt uns an und erhöht unsere Leistungsfähigkeit. Doch im normalen Sprachgebrauch hat sich der Disstress – der negative Stress – als »Stress« etabliert. Und er ist es ja, der uns im Alltag zu schaffen macht – im Extremfall bis zum Burnout.

Am wohlsten fühlen sich Menschen also, wenn sie von Zeit zu Zeit in Eustress kommen, der sie herausfordert und an dem sie wachsen können. Disstress dagegen ist nicht nur wenig produktiv, sondern wirkt auf lange Sicht selbstzerstörerisch, weil Stresshormone langfristig die Immunabwehr absenken und uns anfällig machen erst für leichte Beschwerden und schließlich für schwere Krankheiten.

Wann wir uns nun gestresst fühlen, ist neben bestimmten äußeren Faktoren auch von ganz persönlichen Dingen abhängig:

- **Frühere Referenz-Situationen:** Habe ich so etwas schon einmal erlebt? Welche Strategie hat sich damals als erfolgreich erwiesen – oder nicht?
- **Genetische Prägung:** Welche neuronalen Netze sind bei mir besonders ausgeprägt: die für Flucht, Angriff oder Schockstarre? Dementsprechend schnell feuern auch die dafür zuständigen Botenstoffe.
- **Training:** Beispielsweise in Risikoberufen wie Polizei, Feuerwehr oder Personenschutz werden Reaktionen auf plötzliche Gefahrensituation bzw. »Stress«-Situationen so lange geübt, bis sie »in Fleisch und Blut übergegangen« und damit automatisiert sind. So können sie schnell und instinktiv ablaufen.
- **Ausmaß der Steuerbarkeit:** Habe ich Zeit, die Situation intellektuell einzuschätzen? (Das Strafrecht kennt zum Beispiel die Tat »im Affekt«, bei der die Steuerbarkeit und damit die Schuldfähigkeit des Täters eingeschränkt sein kann. Der Volksmund sagt dazu: »Bei ihm sind in dem Moment die Sicherungen durchgebrannt.«)

Stresserleben wirkt wie ein Katalysator, wie ein Verstärker für unser geistiges Wohlbefinden, im guten wie im schlechten Sinne. Fühlen wir uns ohnehin belastet, verstärkt Stress diese Reaktion. Stress hat hier eine Ampelfunktion: Achtung Rot, nicht weitergehen! Wir können diese Ampel einige Zeit ignorieren, doch nicht permanent. Irgendwann wird der Organismus geschädigt; zahlreiche geistige und körperliche Leiden sind die Folgen: Schlaflosigkeit, Mattigkeit, Unkonzentriertheit, Magenschmerzen, Kopfschmerzen, Tinnitus etc.

Natürlich ist Stress bei der Ausbildung von Krankheiten wie Burnout nur ein Puzzleteil, aber ein sehr wichtiges. Er wirkt wie ein Brandbeschleuniger – bis das Haus in Flammen steht. Und weil die Dritte Transformation vor allem in einer digitalen bzw. virtuellen Vernetzung der Menschen besteht, belastet gerade sie unsere geistigen Kapazitäten: komplexes Denken, Planungsfähigkeit, den Versuch des Multitaskings, Zeitmanagement, Konzentration, Regeneration. Weil uns diese geistigen Anstrengungen (noch) überfordern, schießen seelische Leiden wie Pilze aus dem Boden:

- Nach dem Stressreport Deutschland 2012 können 27 Prozent der Arbeitnehmer nachts schlecht schlafen. 47 Prozent leiden unter Rückenschmerzen und 35 Prozent beklagen stressbedingte Kopfschmerzen.[46]
- Eine Studie der BKK enthüllt, dass von 2004 bis 2011 die Krankheitstage aufgrund von Burnout um das 18-fache zugelegt haben. Seien es 2004 noch rund 6 Krankheitstage pro 1000 Versicherte gewesen, sei diese Zahl bis 2011 auf 110 Krankheitstage pro 1000 Versicherte hochgeschnellt.[47]
- Zum selben Ergebnis kommt die AOK. Dort sind die Krankheitstage wegen Burnout pro 1000 Versicherte von 8 um das 11-fache auf 94 Tage explodiert.[48]
- Auch Depressionen sind auf dem Vormarsch. So haben die Frühverrentungen aufgrund von Depression von 1998 bis 2009 um 124 Prozent zugenommen.[49]

Es wäre zu einfach, diese Zahlen unkritisch als reine Zunahme psychischer Leiden zu werten. Denn hinzukommen noch gewisse begleitende Faktoren: So hat sicherlich die Bereitschaft des Einzelnen zugenommen, mit seinem Leiden aus dem Dunkel herauszutreten und sich Hilfe zu suchen. Das betrifft das Thema Burnout, aber auch das sensiblere Gebiet der depressiven Störungen. Die Deutsche Depressionshilfe bemerkt: »Hinter der Zunahme in den Statistiken dürfte jedoch eher die sehr wünschenswerte Entwicklung stehen, dass sich mehr Erkrankte professionelle Hilfe holen, Ärzte Depressionen besser erkennen und behandeln, und, vermutlich am wichtigsten, Depressionen auch Depressionen genannt und nicht hinter weniger negativ besetzten Ausweichdiagnosen wie chronischer Rückenschmerz, Tinnitus, Fibromyalgie, Kopfschmerz, Chronic Fatigue etc. versteckt werden.«[50]

Was Stresserleben, psychische Leiden wie Burnout oder Depression und andere verbindet, ist das Gehirn als zentrales »Leidensorgan«. In einer Welt, in der Muskelkraft zur Erzeugung von wirtschaftlicher Wertschöpfung immer unwichtiger und Gehirnaktivität in Form von Kommunikation, Kreativität, Planung und Koordination immer wichtiger wird, ist es nur natürlich, dass unser Gehirn irgendwann an seine Verarbeitungsgrenzen stößt. Es muss sich neuen Aufgaben stellen, die seiner evolutionären Konstruktion zuwiderlaufen bzw. sehr anstrengend sind.

Kommunikation, Kreativität, Planung und Koordination werden immer wichtiger

Bei dem Versuch, diese neuen Aufgaben zu bewältigen, spielt Multitasking eine herausgehobene, wenn auch fatale Rolle. Man kann die wissenschaftlichen Ergebnisse in dieser Frage eindeutig zusammenfassen: Es funktioniert nicht, senkt die Produktivität des Einzelnen und beeinträchtigt sein Wohlbefinden. So »zeigt sich auf der Ebene der neurophysiologischen Verarbeitung im Gehirn, dass zwei aufmerksamkeitsintensive Prozesse nicht zeitgleich ablaufen können. [...] Das Gehirn besitzt nicht die Kapazität, während der ablaufenden Fehlerverarbeitung einen weiteren aufmerksamkeitsintensiven Prozess auszuführen.« Als Schlussfolgerung stelle sich klar heraus, »dass die simultane Ausführung aufmerksamkeitsintensiver Prozesse auf neurophysiologischer Ebene nicht möglich ist. [...] Eine adäquate Gestaltung der Arbeitsumgebung, die auf eine Vermeidung von Multitasking-Anforderungen orientiert ist, hat damit oberste Priorität.«[51]

Auch die Konzentrationsfähigkeit des Menschen leidet unter den modernen Arbeitsbedingungen. Von allem gibt es zu viel: zu viel Kommunikation, zu viele Kontakte, zu viele Aufgaben. Nur von einem gibt es zu wenig: Zeit. Die vier Punkte (Kommunikation, Kontakte, Aufgaben, Zeiteinteilung) sind im Übrigen die zentralen Schaltstellen eines erfolgreichen Selbstmanagements, der Fähigkeit, dem stets präsenten Stress und Druck standzuhalten. Schon die französische Wortwurzel »concentrer« (»in einem Mittelpunkt vereinigen«) steht im Gegensatz zur Situation der modernen Arbeitswelt: Wir wählen nicht mehr einen Mittelpunkt aus, auf den wir zusteuern. Vielmehr versuchen wir, gleichzeitig mehrere »Mittelpunkte« zu berücksichtigen. Das muss scheitern. Erst gelungene Konzentration erlaubt Wahlfreiheit. Und diese wiederum ermöglicht bewusstes Ab- und Verarbeiten. Nur wenn wir unser Handeln steuern können, erleben wir Sinnhaftigkeit und Kohärenz.

Burnout indessen ist eine klassische »Transformationskrankheit« und in ihrem aktuellen epidemischen Ausmaß nur mit der Dritten Transformation zu erklären. Der Begriff »Burnout« wurde 1974 vom deutschstämmigen Psychoanalytiker Herbert Freudenberger geprägt, zuerst in den USA publiziert und ist mit der Zeit in unseren allgemeinen Sprachgebrauch eingegangen. Dass sich die psychologische Forschung des Themas annehmen und es als ihre ureigene Domäne betrachten würde, war ein logischer Schluss.

Freudenberger hatte zunächst eine kluge Beobachtung gemacht, indem er das Phänomen Burnout zu greifen suchte. Doch er konnte das Gesamtbild nicht vollenden, da die Dritte Transformation mit all ihren Begleiterscheinungen noch nicht eingetreten war. Erst seit Beginn des neuen Jahrtausends erkennen wir, dass die Fälle von individuellem Burnout in eine Massenkrankheit übergehen und epidemische Ausmaße annehmen.

Burnout wird seit der Jahrtausendwende zum Massenphänomen

Nun hat man zwei Möglichkeiten: Entweder man legt das Konzept Burnout ad acta: Freudenberger hat sich geirrt, es gibt keinen Burnout. Burnout ist ein Platzhalter für andere Krankheiten, die nur nicht genau genug diagnostiziert wurden: Depression, individualisierte Stressreaktion, generalisierte Angststörung etc. Oder man gibt das Konzept von Burnout als rein individuelles Syndrom auf und erweitert es um eine soziologische Komponente. Das Ergebnis ist die Idee des »strukturellen Burnout«: eine Kombination aus persönlichen Faktoren, Umweltfaktoren und individueller Stressdynamik (Resilienz), die man nur in diesem Zusammenhang betrachten kann. Im Moment erleben wir genau diese Bewegung: Der individuelle Burnout als Betrachtung von Einzelfällen geht in eine Massenbewegung, den strukturellen Burnout über. Warum passiert das gerade jetzt? Aktuell erleben wir, was eine potenzielle massenhafte Burnout-Belastung betrifft, den »perfekten Sturm«:

■ Durch die Dritte Transformation verstärken sich die belastenden Umweltfaktoren, vor allem im Arbeitsleben (Arbeitsverdichtung, Zeit- und Termindruck, unsichere Arbeitsverhältnisse, massive Kommunikationszunahme). Auf der einen Seite bieten sich uns dadurch enorme technische Möglichkeiten, auf der anderen Seite können wir noch nicht adäquat mit ihnen umgehen.

■ In einem größeren gesellschaftlichen Kontext erleben wir eine hochdynamische, krisengeschüttelte Welt: Bankenkrise und Eurokrise spielen darin eine Rolle, aber auch die – gefühlte – Bedrohung durch den Terror oder die Unruhen in vielen Teilen der Welt. Wir werden täglich mit Schreckensmeldungen und pessimistischen Prognosen in einer Menge konfrontiert, bei der unsere psychischen Schutzmechanismen irgendwann kapitulieren. Die Folge ist nicht selten eine negativ gefärbte Weltsicht und ein sorgenvolles Gemüt.

■ Die Schnelligkeit wirtschaftlicher und technologischer Veränderung überfordert uns als Gesellschaft und verstärkt in der Summe die Anfälligkeit für seelische Leiden. Beispielhaft für diese technologischen Quantensprünge ist das »Moore'sche Gesetz«: Der Mitgründer der Firma Intel, Gordon Moore, proklamierte bereits 1965, dass sich die Leistungsfähigkeit integrierter Schaltkreise ca. alle 18 Monate verdoppeln werde. Dieses Gesetz ist heute noch gültig und soll das auch noch bis zum Jahre 2029 bleiben.[52]

■ Leistung und Erfolg scheinen für viele Menschen die bestimmenden Werte im Leben zu sein. Und das klassische Feld zur Verwirklichung dieser Werte ist das Arbeitsleben. Dort verbringen Menschen einen Großteil ihrer Zeit und investieren ihre Energie. Das ist grundsätzlich in Ordnung. Bedenklich wird es, wenn individueller Leistungsanspruch und Erfolgsstreben übermächtig werden und andere Ziele im Leben verdrängen. Dann kann die Selbstwert-Falle zuschnappen: Hat man einmal Leistung und Erfolg als *ausschließliche* Quelle des Selbstwerts für sich entdeckt, wird es schwer, darauf zu verzichten. Man ordnet sein Leben diesen Werten unter, da man ansonsten Gefahr läuft, sein Selbstbewusstsein zu verlieren.

Interessanterweise gab es lange vor der Definition von Freuden-berger eine Diskussion über »Burnout«. Der amerikanische Neuro-loge George Miller Beard veröffentlichte 1869 in New York einen Aufsatz zu einem Krankheitsbild, das er »Neurasthenie« nannte – eine »nervöse Überreizung«, die vor allem geistig anspruchsvolle Berufe und die Oberschicht betraf und die starke Ähnlichkeiten mit heutigen Burnout-Symptomen hatte: Kraftlosigkeit, Appetitmangel, Schlafstörungen, Kopf und Gliederschmerzen etc. Neurasthenie ist übrigens als »Neurotische Störung« unter der Kennziffer F48.0 im-mer noch in der *International Classification of Diseases* (ICD) enthalten:

Burnout in der Definition des ICD-10, dem international gültigen Diagnoseschlüssel

»Im Erscheinungsbild zeigen sich beträcht-liche kulturelle Unterschiede.

Zwei Hauptformen überschneiden sich beträchtlich. Bei einer Form ist das Haupt-charakteristikum die Klage über vermehr-te Müdigkeit nach geistigen Anstrengun-gen, häufig verbunden mit abnehmender Arbeitsleistung oder Effektivität bei der Bewältigung täglicher Aufgaben. Die geistige Ermüdbarkeit wird typischerweise als unangenehmes Eindringen ablenkender Assozia-tionen oder Erinnerungen beschrieben, als Konzentrationsschwäche und allgemein ineffektives Denken. Bei der anderen Form liegt das Schwergewicht auf Gefühlen körperlicher Schwäche und Erschöp-fung nach nur geringer Anstrengung, begleitet von muskulären und anderen Schmerzen und der Unfähigkeit, sich zu entspannen. Bei beiden Formen finden sich eine ganze Reihe von anderen unange-nehmen körperlichen Empfindungen wie Schwindelgefühl, Span-nungskopfschmerz und allgemeine Unsicherheit. Sorge über ab-nehmendes geistiges und körperliches Wohlbefinden, Reizbarkeit, Freudlosigkeit, Depression und Angst sind häufig. Der Schlaf ist oft in der ersten und mittleren Phase gestört, es kann aber auch Hyper-somnie im Vordergrund stehen.«[53]

Das hat wahrscheinlich historische Gründe; außerhalb Chinas und Japans wird der Begriff praktisch nicht mehr verwendet. Der Begriff »Burnout« hingegen findet sich lediglich fast am Ende des Verzeichnisses, in der Kategorie Z73 (»Probleme mit Bezug auf Schwierigkeiten bei der Lebensbewältigung«). Burnout ist somit eine sogenannte »Ausschlussdiagnose«. Diese Diagnosen werden bevorzugt verwendet, wenn in den Augen des diagnostizierenden Arztes keine andere Diagnose greift. Auch dieser Umstand macht deutlich, dass eine rein psychologisch-psychiatrische Betrachtung von Burnout zu kurz greift. Erst eine Erweiterung des Konzepts um seine soziologische Facette erschließt das ganze Bild.

Bis zu Beards Tod im Jahr 1883 legte die Neurasthenie als medizinische Diagnose eine erstaunliche Karriere hin. Nachdem Beard das Entstehen der Neurasthenie mit der beginnenden Industrialisierung inklusive Presse, Telegrafentechnik und der aufkeimenden Frauenbewegung in Zusammenhang gebracht hatte, galt es in bestimmten Kreisen fast als schick, an Neurasthenie zu leiden. Zeigte man doch dadurch, dass man sich bewusst an Industrialisierung und Modernisierung beteiligte (sonst würde man ja nicht darunter leiden): »Beard saw neurasthenia as created by the hectic, fast-paced life in American cities – he even called it ›American nervousness‹. The nation's leaders in business, government, and the arts were made ill by the stress and strain of modern life. The only cure was withdrawal from the pressures of urban life, rest, and a simpler, healthy lifestyle. [...] Also, the condition gradually spread to more and more groups of society, not merely the elite. Neurasthenia was almost a badge of social status. Further, anxious, and depressed patients were reassured that their symptoms were caused by a physical disease (exhausted nerves) and not by psychological weakness.«[54]

Neurasthenie hatte um die Jahrhundertwende fast den Status einer Auszeichnung

Was Beard mit der Neurasthenie bzw. der »American Nervousness« beschreibt, ist meiner Meinung nach nichts anderes als eine kollektive »geistige Anpassungsstörung« einer Gesellschaft während der Ersten Transformation, inmitten der Industrialisierung. Und genau wie beim Burnout-Begriff unserer Tage kann man die damalige Diskussion um die Neurasthenie nur verstehen, wenn man psychologische *und* soziologische Aspekte berücksichtigt. Die Ähnlichkeiten sind frappierend: Um 1880, als das Neurasthenie-Konzept entstand, herrschte in den USA ebenfalls Aufbruchsstimmung und gesellschaftliche Verunsicherung zugleich.

Die Frauenbewegung entstand, der Amerikanische Bürgerkrieg lag gerade erst 20 Jahre zurück, die Nachwehen der Sklaverei waren überall präsent. Ebenfalls ab ca. 1880 begann man vor allem in Chicago und New York mit dem Bau von Wolkenkratzern. Das Bild der amerikanischen Großstädte veränderte sich damit fundamental – schwer vorzustellen, dass dies an der Mentalität der Amerikaner spurlos vorbeiging. Wir haben es – genau wie heute – mit einer Gesellschaft im Wandel zu tun, mit wirtschaftlicher, technologischer und kultureller Transformation.

Was bedeutet das für uns? Wir müssen nicht nur »anerkannte« Leiden wie Depression etc. ernst nehmen, sondern auch Burnout als psychisches Leiden und soziologisches Phänomen. Auch wenn der Begriff unscharf definiert ist, stellt er doch für viele Menschen erst einmal eine Hilfe dar, nach dem Motto: »Ich weiß zwar nicht genau, was ich habe, aber ich nenne es erst einmal Burnout.« Das ist immer noch besser, als dass diese Menschen erst gar nicht aus der Deckung kommen und mit ihrem Leid allein bleiben. Auch der Umstand, dass es durchaus Menschen gibt, die das Label »Burnout« wie einen Orden auf der Brust tragen, wiegt in meinen Augen leichter als die durchaus weite Definition, die es vielen Menschen erlaubt, sich darin wiederzufinden.

Burnout und Depression erfordern unterschiedliche Therapien

Es bleibt festzuhalten: Burnout als zusammenfassende Bezeichnung ist sinnvoll, zumindest wenn sie dabei hilft, dass Menschen über ihr Leiden sprechen und die Angst vor einem möglichen Stigma verlieren. Genauso wichtig ist jedoch die Trennung von Burnout und Depression. In den allermeisten Fällen ist ein Burnout keine Depression. Das zeigt sich unter anderem an folgenden Faktoren:

- Burnout-Betroffene agieren oft in einer sogenannten »Aufwärtsspirale«. Sie versuchen, ihr Leiden durch noch mehr Aktivität in den Griff zu bekommen. Im Coaching »überdrehen« solche Menschen leicht, weil sie glauben, sie müssten »aktiv« etwas tun, irgendwie noch produktiver sein, um den Burnout in den Griff zu bekommen. Dabei geht es ja genau um das Gegenteil: ruhig werden, in sich hineinhören. Wie ein Motor, der abkühlen muss. Depressive stecken hingegen in einer »Abwärtsspirale«, sie verlöschen quasi. Ihre Motivation nimmt ab, sie kommen nicht mehr aus dem Bett, wollen keinen mehr sehen. Das bedeutet: Was für den Burnout-Betroffenen eine sinnvolle Maßnahme ist (zum Beispiel Entspannungstechniken lernen oder mehr zu schlafen), ist für einen Depressiven geradezu kontraindiziert. Mehr Entspannung verstärkt nur die Abwärtsspirale. Dieses kleine Beispiel zeigt, wie wichtig hier eine gute Diagnostik (und ein kompetenter Diagnostiker) ist.

- Burnout kann in der Regel auf eine individuelle Kombination von Ursachen zurückgeführt werden, mit einer Ursache als »Initialzündung« (Beruf, private Krise, Todesfall etc.). Depressionen, besonders »endogene« Depressionen entstehen häufig »aus dem Nichts heraus« und sind selbst für den Betroffenen schwer zuzuordnen. Im Gegensatz dazu sehen Burnout-Betroffene sehr wohl das Ursachengeflecht, haben jedoch nicht die Kraft, dagegen anzugehen.

- Burnout-Betroffene können komplexe und dynamische Gefühle während des Burnouts erleben. Phasen des Kampfes wechseln ab mit Hoffnung, Resignation, Trauer oder Euphorie. In der Depression dominiert dagegen das »Einheitsgrau«. Eine mehr oder weniger tiefe Antriebslosigkeit lässt alle Gefühle verblassen, bis nur noch eine »Eiswüste« bleibt. Manche Depressiven berichten gar davon, gar nichts mehr zu fühlen. Das sei »die wahre Hölle«.

- Bei der Depression (zumindest ihrer endogenen Variante) scheint es eine genetische Disposition zu geben. Inwieweit dies auch auf Burnout zutrifft, ist nach heutiger Datenlage unklar.

Genauso wie man die Verbreitung von Burnout aufmerksam beobachten muss, lohnt sich auch eine Betrachtung der Zunah-

me von Depressionen. So stellt der Psychologe Hans-Ulrich Wittchen in einer sehr lesenswerten Zusammenfassung zum Stand der
Depressionsforschung Folgendes fest[55]:

- 60 Prozent des Anstiegs von Depression können auf sogenannte »Sekundärdepressionen« zurückgeführt werden. Das
  bedeutet: In vielen Fällen bestand vor einer Depression bereits eine ähnliche Vorerkrankung.
- Jüngere »Kohorten« haben ein doppelt so hohes Risiko, an
  Depressionen zu erkranken, wie ältere Kohorten. Ein 1980
  Geborener hat über den Gesamtlauf seines Lebens ein statistisch doppelt so hohes Risiko wie jemand, der 1960 geboren
  wurde.
- Die Dauer einer depressiven Episode hat sich im Schnitt verdoppelt.

Die Diskussion um Burnout und Depression, deren Unterschiede und Entwicklungen, ist also durchaus sinnvoll. Zumal in seiner
Spätphase nähert sich ein Burnout in der Symptomatik immer mehr
dem Erscheinungsbild einer Depression an. Aus diesem Umstand
kann es durchaus zu Verwechslungen kommen, wenn ein Betroffe-
ner bei seinem Hausarzt erscheint. Umso wichtiger ist eine möglichst
sorgfältige Differenzialdiagnose: Hat man es mit einer »normalen«
Depression zu tun? Oder mit einem Burnout in ausgewachsenem
Stadium? Oder hat der Betroffene »einfach nur Stress«?

Der Psychologe Nico Niedermeier schlägt darum eine Vierteilung
der Symptomatik vor.[56] Seiner Ansicht nach gibt es das Syndrom
Burnout durchaus, das jedoch noch weiter untersucht und präzisiert
werden müsse. Als Zweites sieht er die Gruppe der Depressiven (die
bislang am besten beforschte Gruppe). Drittens gebe es Betroffene,
die eine Persönlichkeitsstörung hätten. Diese seien in ihrer Symp-
tombildung von einem reinen Burnout oder einer Depression abzugrenzen. Die vierte Gruppe schließlich nennt er »Hyperindividuier-
te«: Menschen, die ein hohes Anspruchsdenken entwickelt hätten
und damit zu scheitern drohten.

Mit diesem vielversprechenden Konzept schließt sich der Kreis:
Stress, Burnout und Depression finden ihren passenden Platz in der

Riege der geistigen Zivilisationskrankheiten: Depression muss als Massenleiden weiterbeforscht und immer differenzierter behandelt werden. Burnout ergibt als Kategorie deshalb Sinn, weil es psychologische und soziokulturelle Faktoren kombiniert. Und unter allem schließlich liegt das individuelle Stresserleben als verstärkender Faktor. Denn individueller und organisatorischer Stress wird durch die Dritte Transformation nicht abnehmen, im Gegenteil. Wir müssen lernen, mit dem Stress einer durchdigitalisierten, hochkommunikativen, sozial und kulturell zersplitterten Welt zu leben. Daher sind Maßnahmen wie Resilienz-Trainings und Stressmanagement-Seminare durchaus wichtig, aber nur ein Baustein unter mehreren. Wir müssen Techniken entwickeln, mit denen wir dem Stress die Stirn bieten können. Das betrifft die eigene Einstellung und die Entspannungsfähigkeit genauso wie unsere Nutzung von Techniken oder die Struktur unserer Organisationen, Arbeitsprozesse und Aufgaben. Um das umzusetzen, müssen wir alle Register ziehen: technologische Hilfen, Persönlichkeitsentwicklung, strukturelle Entwicklung und eine gesellschaftliche Diskussion.

Das neue Ich: Arbeit und die Suche nach dem Sinn

Fast genau die Hälfte der 82 Millionen Deutschen sind in irgendeiner Form berufstätig. Diese knapp 42 Millionen Menschen verbringen im Schnitt acht Stunden pro Tag mit Arbeit: in Büros, auf der Baustelle, in Labors und Ministerien, bei der Müllabfuhr, in der Putzkolonne oder im Bundestag. Für sie alle bedeutet das nicht nur Broterwerb, sondern auch Sinnerfüllung, Selbstbestätigung und Erfolg. Während der letzten 60 Jahre hat die Bedeutung der Arbeit für das eigene Selbstbild einen enormen Wandel durchlaufen: Man arbeitet nicht mehr (nur) um des Geldes willen, weil man den Betrieb geerbt hat oder weil man einfach nichts anderes machen konnte, als Schornsteinfeger in Germering zu werden. Der Beruf als solcher ist zu einer, wenn nicht gar der entscheidenden Stütze des Selbstkonzepts geworden. Die eigene Arbeitsleistung ist heutzutage Ausweis individueller Sinnstiftung und damit wichtiger Teil der eigenen Identität. Der Mensch definiert sich durch Arbeit. Sie umgibt uns, durchdringt uns, hält die Gesellschaft zusammen. Arbeit hat sich längst von ihrem ursprünglichen Zweck, Brot auf den Tisch zu bringen, abgelöst. So wie das Fahrrad ein Lifestyle-Instrument bzw. »Spielzeug für die Beine« (Giovannino Guareschi) geworden ist, haben wir unsere Arbeit mit einer Vielzahl an Bedeutungen, Hoffnungen und Werten aufgeladen, die wir manchmal nur noch schwer rechtfertigen können.

Die Konzentration der Gesellschaft auf Arbeit schafft nicht nur individuellen Sinn, sie verdrängt auch rivalisierende Sinnfindungen. Der Philosoph Alain de Botton schreibt dazu: »Arbeit verwehrt es uns ihrem Wesen nach, sie anders als allzu ernst zu nehmen.« In unserer alltäglichen Arbeit zeige sich »die pure Energie der Existenz, ein blinder Wille, der nicht minder beeindruckend als jener ist, den wir in einer Motte wahrnehmen, die mühselig ein Fenstersims überquert […] und sich weigert, in größerem Rahmen zu denken, da ihr dann klar würde, dass sie den Anbruch der Nacht nicht mehr erleben wird.«[57] Provokant formuliert: Arbeit ist schon allein deshalb sinnvoll, weil sie uns von Gedanken an den Tod oder andere Unannehmlichkeiten ablenkt. Wie ein gigantischer Flipperautomat, dessen Spiel ein Leben lang läuft und der uns mit seinen blitzenden und blinkenden Apparaturen ablenkt, betäubt uns Arbeit, narkotisiert uns, hält uns in einem permanenten Dämmerschlaf. Würden wir aufwachen, stießen wir unweigerlich auf die wahrhaft existenziellen Fragen unseres Lebens, auf die Fragen nach Tod, Transzendenz, Familie und Gemeinschaft, nach Liebe und dem Frieden im Jetzt. So jedoch ertrinken wir im Strudel der Produktivität, rennen im Hamsterrad der modernen Globalisierung und der Informationsflut. Das geht natürlich nicht an uns, der Arbeit und unserer Beziehung zu ihr vorbei. Noch einmal Alain de Botton: »Die Arbeit steht im Zentrum aller Gesellschaften; unsere aber ist die erste, die suggeriert, Arbeit könne mehr als eine Strafe, eine Buße sein. Unsere Gesellschaft ist die erste, die uns zu verstehen gibt, dass wir selbst dann arbeiten sollten, wenn dazu keine finanzielle Notwendigkeit besteht.«[58]

Menschen schlafen sieben, acht Stunden. Sie regenerieren sich, träumen und entspannen, bis es wieder losgeht mit dem üblichen Tagwerk, mit Büroleben oder Schichtbetrieb, mit Home-Office oder

Projektarbeit. Schlaf wird zunehmend wichtig in einer Welt, die sonst keine Ruhepunkte mehr kennt. Wenigstens der Schlaf muss funktionieren, als eiserne Energiereserve und Bollwerk gegen das hektische Leben da draußen. Der deutsche Dramatiker Christian Friedrich Hebbel meinte im 19. Jahrhundert, Schlaf sei »ein Hineinkriechen des Menschen in sich selbst«, eine Konzentration auf das eigene Ich, unwillkürlich, spielerisch, selbstvergessen. Nüchterner, fast brutal drückte es dagegen der Philosoph Schopenhauer aus: »Der Schlaf ist für den ganzen Menschen, was das Aufziehen für die Uhr.« Eine sehr mechanische Betrachtung, nach der der Mensch über den Tag funktionieren solle, mit dem Schlaf als Energielieferant.

Wenn wir mit Arbeit und Schlaf bereits rund 16 Stunden pro Tag verbringen, müssen andere Lebensbereiche mit weniger Zeit auskommen: die Familie zum Beispiel, die Kinder, Freunde, die Pflege eines Hobbys, die eigene Persönlichkeitsentwicklung, der Urlaub, schlichtes Nachdenken etc. All diese Dinge müssen sich pro Tag die verbliebenen acht Stunden teilen. Dabei darf man nicht vergessen, dass von diesen acht Stunden statistisch bereits fast vier Stunden durch Fernsehkonsum wegfallen – pro Tag wohlgemerkt. Dadurch drängen sich unsere Wünsche und Verpflichtungen noch enger im Korsett des Tagesablaufs zusammen, nehmen uns den Atem und überfordern uns.

Auch unseren Tagesablauf richten wir ganz am Arbeitsleben aus. Der Beruf hat so gut wie immer Priorität und ordnet alle anderen Lebensbereiche unter. Wie schwierig das werden kann, zeigt sich dann schon an der simplen Herausforderung, einen Zahnarzt-Termin oder einen Behördengang unterzubringen. Und wenn man auch noch Kinder hat, gewinnt das Zeitmanagement zusätzlich an Komplexität. Schon allein durch diese Dominanz entwickelt sich die Arbeit für fast alle Menschen zum Mittelpunkt des Lebens. So geben 54 Prozent der Männer an, Arbeit sei »das Wichtigste« im Leben (Frauen: 28 Prozent). 57 Prozent der Männer »nehmen Arbeit in Gedanken mit nach Hause« (Frauen: 46 Prozent). Aber: 30 Prozent der Männer machen den Job »nur wegen Geld« (Frauen: 41 Prozent). Und: 37 Prozent der Männer fühlen sich »manchmal erschöpft und ausgebrannt« (Frauen: 44 Prozent).[59]

Männer scheinen nach diesen Statistiken ihr Selbstbild zentral um die Arbeit herum aufzubauen – kein überraschendes Ergebnis.

Dagegen dürfte der Anteil der Frauen, die Arbeit zum Wichtigsten in ihrem Leben machen, in den nächsten Jahren steigen. Ein verändertes männliches Rollenbild, der Fachkräftemangel und eine hochindividuelle Lebens- und Karrieregestaltung könnten dafür sorgen, dass sich Frauen immer mehr für die Arbeit und gegen eine Familie entscheiden. Vorher jedoch müsste sich die Gesellschaft mit einer der zentralen Lügen der Arbeitsgesellschaft auseinandersetzen: dass eine Frau nahtlos Karriere und Familie unter einen Hut bringt. Dies ist – jedenfalls unter den heutigen Rahmenbedingungen – nur in Ausnahmefällen und unter emotionalen Schmerzen möglich.

> **Für 54 Prozent der Männer ist die Arbeit das Wichtigste im Leben, bei den Frauen liegt der Anteil bei 28 Prozent – noch**

Solange ein Paar kinderlos ist, kann es die Berufstätigkeit beider Partner noch leichter managen. Sind jedoch erst einmal Kinder da, wird es um Quantensprünge schwieriger. Jedes Paar mit Kindern, in dem beide Partner arbeiten (müssen), kennt die enormen logistischen Herausforderungen, vor denen man steht. Das fängt bei einer minutiösen Zeitplanung an und hört beim Krisenmanagement im Krankheitsfall nicht auf. Viele Frauen verschieben daher den Zeitpunkt des ersten Kindes immer weiter nach hinten. Sie wollen – verständlicherweise – erst einmal beruflich aktiv sein, ihr Wissen und ihre Motivation einsetzen, nicht nur aus Gründen der Selbstverwirklichung, sondern »weil sich die Ausbildung ja gelohnt haben soll«. Die Folge: Im Schnitt bekommen Frauen heute mit 29 Jahren ihr erstes Kind. Seit den 70er-Jahren habe sich (für Westdeutschland) damit das Alter einer »erstgebärenden« Frau um fünf Jahre erhöht.[60]

Frauen haben es immer noch schwer, Familie und Beruf unter einen Hut zu bringen. Das Arbeitsumfeld ist fordernd, erwartet von ihnen Flexibilität und dass die Arbeit an erster Stelle steht – genau die Haltung, die Männer aufgrund der historischen Entwicklung einfacher einnehmen können. Ihnen fällt es leichter, die Arbeit zur Schaltzentrale ihres Lebens zu machen – obwohl auch bei ihnen ein

Umdenken einsetzt. Auch Männer wollen zunehmend Lebensqualität außerhalb der Arbeit, wollen ihre Kinder aufwachsen sehen und mehr Partnerschaft leben. An dieser Stelle wäre nun die Politik mit klaren Leitlinien und Gesetzen gefragt.

Eine Regierung sollte diese gesellschaftlichen Strömungen aufnehmen und daraus eine klare Handlungsrichtung entwerfen.

Doch genau diese Richtung lässt in Deutschland bislang noch jede Regierung vermissen. Es wird nicht klar: Sollen Frauen nun zuhause bleiben oder arbeiten? Was sind überhaupt die Ziele einer berufsorientierten Familienpolitik? Und sollen Instrumente wie die Frauenquote ordnungspolitisch einfließen? Fragen, die noch immer einer Antwort harren. Doch statt Antworten gibt es Geld, und das nicht zu knapp: 200 Milliarden Euro beträgt das Budget für »familien- und ehebezogene Leistungen«, das der Staat pro Jahr ausgibt – mit bescheidenem Ergebnis, wie eine Regierungsstudie Anfang 2013 feststellte.[61]

Die zentrale Fehlentwicklung im System wird schnell klar: »Bis heute hat das Familienbild der Wirtschaftswunderjahre im Erinnerungsalbum der Republik seinen wärmenden Glanz bewahrt [...], ganz nach dem Motto: Es profitiert, wer brav daheim die Kinder großzieht. Das System funktionierte, solange die Alleinverdienerfamilie die Norm war. Und es versagte, als sich die Frauen eine neue Rolle im Erwerbsleben erkämpften, die zugleich zur Zwangslage wurde: Wollten sie Kinder haben, mussten sie im Beruf zurückstecken. Entschieden sie sich für die Karriere, bedeutete das den Verzicht auf Nachwuchs. Das Ergebnis war das doppelte Debakel der deutschen Familienpolitik: Viele Frauen stiegen nur halbherzig ins Berufsleben ein, zugleich gingen die Geburtenzahlen zurück.«[62] Dieses »halbherzig« korrespondiert mit dem obigen Umfragewert, dass 41 Prozent der Frauen nur arbeiten, um Geld zu verdienen. Berufliche Erfüllung wird zur Nebensache. Hauptsache, die Familienkasse stimmt. Da die Männer schon immer die natürlichen Profiteure der Arbeitswelt waren, können sie es sich kollektiv leisten, nur zu 30 Prozent allein wegen des Geldes zu arbeiten. Männer, die bis-

> Solange es schwierig bleibt, Familie und Beruf zu vereinen, nutzen auch die Familienförderungsmilliarden nichts

lang wenig mit der Frage der Vereinbarkeit von Familie und Beruf konfrontiert waren, haben natürlich mehr Möglichkeiten, sich im Job zu verwirklichen. In diesem Befund hallt die eben beschriebene »Wirtschaftswunder-Mentalität« nach.

Wenn nun unser Tag 24 Stunden hat und wir als Mann oder Frau eine Balance zwischen den verschiedenen Lebensbereichen anstreben, lohnt es sich, eine grobe Kategorisierung dieser Bereiche anzulegen. Ein verbreitetes Modell, dass auf den Psychologen Hilarion Petzold zurückgeht, skizziert fünf Lebenssäulen[63]:

- **Körper & Gesundheit:** Hierunter versteht Petzold nicht nur Gesundheit im Sinne von »abwesenden Krankheiten«. Er bezieht hierin auch eine erfüllende Sexualität mit ein sowie ein befriedigendes Körperbild, mit dem man sich »in seiner Haut wohlfühlt«.
- **Soziale Netze:** Alle sozialen Kontakte, denen wir Wert beimessen, sind hierin zusammengefasst: die eigene Familie, die Ursprungsfamilie, Freunde, vertraute Kollegen, Vereinstätigkeiten etc. (Inwieweit hier die neueren *social networks* wie Facebook oder Twitter dazugehören, ist eine spannende Frage.)
- **Arbeit und Leistung:** Hier sind sowohl die eigentliche Tätigkeit wie auch deren psychologische und manifeste Effekte gemeint: Selbstwirksamkeit, sozialer Status, Geld, persönliche Entwicklung etc.
- **Materielle Sicherheit:** Wie sein Kollege Maslow sieht auch Petzold in materieller Sicherheit in Form von Geld, Wohnraum, Kleidung etc. eine wichtige Lebenssäule. (Bert Brecht kleidete diese Erkenntnis in den berühmten Satz: »Erst kommt das Fressen, dann kommt die Moral.«)
- **Werte:** Menschen entwickeln ein individuelles Koordinatensystem von Werten, das sie wie ein Netz über ihr Leben werfen. Es dient ihnen als Grundlage moralischer Entscheidungen und persönlicher Lebensgestaltung.

Diese fünf Lebenssäulen müssen nicht alle gleich viel Raum einnehmen, im Gegenteil: Genau wie das Leben dynamisch ist, oben und unten kennt, Extreme und Langeweile etc., verteilen sich auch die Lebensbereiche sehr unterschiedlich.

So hat in unserer Gesellschaft der Bereich Arbeit und Leistung eine natürliche Tendenz, zu viel Raum zu beanspruchen. Wir sind nun einmal eine Leistungsgesellschaft, und das ist gut so. Leistung schafft Werte und kann intellektuell und emotional erfüllen. Und solange wir darunter nicht leiden, brauchen wir auch nichts an den Lebensbereichen zu justieren. Doch Unsicherheit und Stress sorgen innerhalb der Dritten Transformation dafür, dass die Lebenssäule Arbeit und Leistung von immer mehr Menschen als Belastung erlebt wird. So wie eine Brücke, auf der zu viel Last ruht und die daraufhin Risse bekommt, kann eine ständige Überbeanspruchung das Selbstbild gefährden.

So haben manche junge Menschen mit Anfang zwanzig bereits Angst, sich für eine Studien- oder Ausbildungsrichtung zu entscheiden. Sie fühlen sich von der Fülle der Möglichkeiten überfordert und kapitulieren vor der »richtigen« Wahl aus knapp 2500 Ausbildungsmöglichkeiten in Deutschland. Solche jungen, hoffnungsvollen Menschen haben mein Verständnis und Mitgefühl. Denn verschärft wird ihre Krise ja durch die Bedeutung, die Arbeit in unserer Gesellschaft einnimmt. Man denkt: »Wenn du das vermasselst, ist dein Leben im Eimer und du wirst nie mehr glücklich.« Auf diese Art erlebt man die eigene Berufswahl als lebenslanges Gerichtsurteil, das entweder auf Freispruch oder lebenslanges Gefängnis hinausläuft.

Ein ähnliches Problem stellt die immer wieder zu beobachtende »Berufungsbewegung« dar. Eine wie auch immer geartete berufliche »Berufung« wird esoterisch verbrämt und von einigen Coaches als Heilsweg ausgerufen. Wenn man nur seiner »Berufung« folge und dementsprechend seinen Beruf wähle, würden Glück und Sinnerfüllung auf einen warten. Quasi das Ticket zur irdischen Erlösung, das man auch noch selbst produzieren und einlösen kann. Nicht umsonst kommt ja das Wort »Berufung« aus dem theologisch-religiösen Kontext und bezeichnet die innere göttliche Stimme, die einen zum Dienst an Gott »ruft«. Berufung bedeutet deshalb vor allem zweierlei: Sie ist in einem existenziellen Sinne prägend, und man kann sich ihr nicht entziehen. Sollte man es trotzdem versuchen, droht Unheil. Dazu muss man nur einmal das Schicksal ungehorsamer Propheten in der Bibel lesen.

So sinnstiftend Arbeit sein kann und in unserer Zeit faktisch auch ist, man sollte sie nicht überhöhen und sie zum allein seligmachenden Gegenstand der Moderne verklären. Beruflicher Sinn ist gut und wichtig. Doch manche Menschen finden ihren Lebenssinn ebenso gut in anderen Bereichen oder finden keine Verbindung zwischen sich und ihrer Arbeit.

Das Gefühl der Selbstwirksamkeit ist wichtig für Anpassungsprozesse in der Arbeit, aber auch im gesellschaftlichen Leben

Das sollte man respektieren und nicht versuchen, solchen Menschen einen wie auch immer gearteten Arbeitssinn aufzupressen. Solange jemand seine Arbeit zufriedenstellend erledigt und sich nichts zuschulden kommen lässt, sollte man ihn in Ruhe lassen. Tut man dies nicht, verschärft man mögliche Konflikte, Stress und berufliche Defizite zusätzlich. In der Konsequenz kann der Einzelne dann das Vertrauen in sich und die eigenen Fähigkeiten vollends verlieren. Psychologen sprechen dann vom Verlust der Selbstwirksamkeit: die Überzeugung, mit eigenen Mitteln Dinge meistern zu können. Wir schätzen eine (berufliche) Situation in der Regel nach unbewussten Kriterien ein: Fordert mich die Aufgabe? Oder überfordert sie mich? Langweile ich mich vielleicht sogar? Wenn man Glück hat, ist die angenommene Selbstwirksamkeit größer als die Aufgabe. Ergo wird man sie bewältigen. Das schafft eine positive Grundhaltung, und wir sprechen nicht mehr von Belastung oder Stress, sondern von »Herausforderung«. Haben wir Pech und sind wir permanent überfordert, lautet die Formel andersherum: Ich habe eine Aufgabe, aber sie überfordert mich. Ich schätze meine Selbstwirksamkeit als gering ein. In der Wahrnehmung vieler Menschen nimmt dieser Zustand im Zusammenhang mit der Arbeitsbelastung spürbar zu.

Dafür sorgt schon die Grundangst eines unsicheren Arbeitsplatzes (siehe das Kapitel »Die neue Unsicherheit«). Unabhängig von eigenem Zutun erlebt man eine ständige Verunsicherung. Man könnte den Job verlieren, vielleicht wird umstrukturiert, neue Methoden und Prozesse könnten eingeführt werden, bei denen man nicht mehr mitkommt etc. Von Zeit zu Zeit wird die Überforderung des Einzelnen kollektiv durchexerziert, quasi als Ventil und Reinigung. So geschehen beispielsweise 2008 im Fall Nokia, das sich vom Standort Bochum zurückzog, um das Werk im rumänischen Cluj wieder aufzubauen (dieses Werk wurde übrigens auch schon wieder aufgegeben). Die »Süddeutsche Zeitung« schrieb 2012 in einem Portrait über die Stadt: »Bochum, die einstige Metropole für Kohle und Stahl mit noch 380 000 Bewohnern, zwischen Essen und Dortmund eingeklemmt, steht wieder einmal vor einer Krise. Opel und die Handy-Fertigung von Nokia, das sollte nach dem Niedergang der Bergbauindustrie die neue Zukunft sein.

Doch vor vier Jahren machte Nokia in Bochum dicht, 2200 Menschen verloren ihre Arbeit. Von Sauerei war die Rede und von einem K.o.-Schlag für die Stadt. Jetzt geht es um das Opel-Werk mit 3200 Jobs. Sollte das schließen, sagen einige, wären bis zu 40 000 Jobs in der Region betroffen.«[64] Wie durch ein Brennglas werden in Bochum die Ängste vieler Menschen deutlich, denen – im Petzold'schen Modell – die zentrale Lebenssäule Arbeit und Leistung wegbricht. Allein die Schließung des Nokia-Werkes sei für die Stadt immer noch ein »Trauma«. Die ständige Angst um ihren Job »mache die Menschen mürbe«, so die Oberbürgermeisterin Ottilie Scholz. Bochum bekommt sozusagen die Breitseite der Dritten Transformation voll ab: Die Globalisierung sorgt für eine Deindustrialisierung, Zukunftsbranchen können nicht angezogen werden, die Stadt wird immer mehr zur strukturschwachen Region. Und das alles unabhängig von der Qualifikation Einzelner.

> Stress entsteht im Kollektiv oder beim Einzelnen dann, wenn das Gefühl entsteht, macht- und hilflos zu sein

Weniger extrem, aber dennoch präsent ist eine andere Erfahrung im modernen Arbeitsleben: Der Blick für das Ganze geht verloren. Man ist nur noch ein Rädchen im Getriebe, das seinen kleinen Beitrag liefert. Doch wozu und mit welchem Gesamtergebnis, bleibt oft im Dunkeln. Dieses Phänomen reicht vom Arbeiter am Band, der ein kleines Industrieteilchen herstellt, bis zum Prozessmanager, der für ein Werk in Brasilien einen von hunderten Messpunkten festlegt, die über Effizienz und einzelne Kosten-Nutzen-Abwägungen entscheiden. Betrachtet man den Sinn der persönlichen Arbeitsleistung als Puzzle, so halten immer mehr Menschen nur einzelne Teile in der Hand. Sie können das Gesamtbild nicht mehr zusammensetzen. Das frustriert und demotiviert. Denn Menschen wollen – in der Arbeit und auch sonst – einen Sinn erkennen, wie schon Viktor Frankl, der Begründer der Logotherapie, feststellte: »Ich würde sagen, was der Mensch wirklich will, ist letzten Endes nicht das Glücklichsein an sich, sondern ein Grund zum Glücklichsein. Sobald nämlich ein Grund zum Glücklichsein gegeben ist, stellt sich das Glück [...] von selber ein. [...] Was aber die gängige Rede von Selbstverwirklichung anlangt, wage ich zu behaupten, dass sich der Mensch nur in dem Maße zu verwirklichen imstande ist, in dem er Sinn erfüllt.«[65]

Dass ein höherer Sinn, eine Aufgabe, die über einen selbst hinausreicht, nicht nur für den Einzelnen wichtig ist, sondern sogar die Produktivität von Unternehmen und einer Volkswirtschaft ankurbeln kann, hat inzwischen auch die ökonomische Wissenschaft erreicht. So konstatiert die Frankfurter Allgemeine Zeitung: »Die Wachstumsskepsis speist sich auch aus einem Wertewandel. Während die Schwellenländer Wirtschaftswachstum forcieren und sich dort Hunderte Millionen gerade erst aus der Armut befreien, betonen in den reichen Staaten immer mehr Menschen nicht-materielle Werte [...].« Dennoch wäre es »völlig unrealistisch«, auf das Bruttoinlandsprodukt (BIP) als Maßstab der wirtschaftlichen Entwicklung zu verzichten.[66]

Vielleicht ist dies zurzeit tatsächlich »unrealistisch«. Dennoch suchen Experten nach Wegen, Wachstum, Wohlstand und auch Sinngebung als Komponente einer geistigen Haltung einzubeziehen und abzubilden.

Immer noch gilt: Der Mensch lebt nicht vom Brot allein

Eine Weiterentwicklung des BIP könnte der »Human Development Index« (HDI) sein, der seit 1990 jedes Jahr weltweit erfasst wird. Der HDI solle »eine Messung des Entwicklungsstandes ermöglichen, die eher den Bedürfnissen der Menschen entspricht und so viele Aspekte der Entwicklung berücksichtigt, wie es einem relativ simplen Index möglich ist. [...] Zu den Entwicklungszielen gehören deswegen beispielsweise auch Werte wie bessere Ernährung, Gesundheit,

Bildung, Freizeit sowie Möglichkeiten der Mitbestimmung der Menschen.«[67] In diesem Sinne stellt der HDI eine Erweiterung des enger gefassten BIP dar. Allerdings fehlen dem HDI zu einem echten, globalen »Glücksindex« noch weitere Dimensionen, zum Beispiel psychologische, ethische und spirituelle Faktoren. Und genau diese sind für die individuelle Konstruktion von Glück und Sinn in der Arbeit sehr bedeutsam. Dennoch ist der Vorschlag zu begrüßen, die rein wirtschaftlich bemessene Berechnungsgrundlage weiter zu fassen, den Kreis größer zu ziehen. Schließlich hört die Wertschöpfung nicht am Werkstor auf, sondern setzt sich fort: in der Schulbildung, in einer geringen Kindersterblichkeit, einer soliden Ausbildung etc.

Das haben auch in Deutschland viele Menschen erkannt und begeben sich ganz neu auf die Suche nach einem Sinn in ihrer Tätigkeit. So verdoppelte sich von 2001 bis 2009 die Zahl junger Menschen, die ein Freiwilliges Ökologisches oder Soziales Jahr machten: von 12 900 auf 25 600.[68]

Auch das Stiftungswesen boomt. 2011 gab es in Deutschland 18 946 »rechtsfähige Stiftungen bürgerlichen Rechts«. Allein 8767 davon wurden von 2000 bis 2009 gegründet, weitere 3651 in den 90er-Jahren. Damit entstanden rund 74 Prozent aller deutschen Stiftungen dieser Rechtsform erst nach der Wende, 55 Prozent gar erst im neuen Jahrtausend.[69] Darüber hinaus gibt es zahlreiche unselbstständige Stiftungen, Stiftungsvereine und -gesellschaften, Stiftungen öffentlichen Rechts und sogenannte »Kirchen- und Kirchenpfründestiftungen«.

Die sogenannte »Engagement-Quote« (Anteil freiwillig Engagierter an der Bevölkerung) hat sich über die letzten Jahre konstant bei ca. 36 Prozent gehalten. Im Ganzen waren 2009 71 Prozent der Deutschen »in Vereinen, Organisationen, Gruppen oder öffentlichen Einrichtungen« ehrenamtlich tätig (1999: 66 Prozent).[70] Allerdings zeigt sich auch die Problematik der zeitlichen Flexibilität im Job: Es »können nur 57 Prozent der Erwerbstätigen ihre freie Zeit unter der Woche verlässlich planen; für 20 Prozent ist das nur teilweise möglich und für 23 Prozent gar nicht. Diese Unterschiede des Zeitregimes haben erhebliche Konsequenzen für das freiwillige Engagement. Diejenigen, die für ihre Freizeit über eine wirkliche Planungssicherheit verfügen, sind weit überdurchschnittlich engagiert

(45 Prozent) […]. Wer diesen Vorteil nur teilweise hat, liegt genau im Durchschnitt (36 Prozent) und diejenigen ohne echte Möglichkeiten zum Planen deutlich darunter (30 Prozent). Das Zeitregime zeigt damit einen Riss in der gesellschaftlichen Kultur an, der es Teilen der erwerbstätigen Bevölkerung schwerer macht, sich mehr in der Zivilgesellschaft zu engagieren. Dass die große Gruppe der Angestellten ihre Freizeit mit 58 Prozent immerhin im durchschnittlichen Maße planen kann, stützt die Engagement-Quote.«[71]

Dies zeigt einen klassischen Konflikt unserer Zeit: Wer im Job flexibel bleiben will oder muss, kann sich weniger in seiner Freizeit engagieren – auch wenn er das möchte. In vielen Fällen richtet sich der Blick des Sinnsuchenden daraufhin wieder zur Arbeitssphäre, da diese naturgemäß vorgeht. Irgendwie muss man ja sich und seine Familie ernähren. Dennoch überstrahlt die Sinnsuche und die Sehnsucht nach dauerhaften Werten inzwischen viele gesellschaftliche Bereiche. Der Nachhaltigkeitsgedanke, ökologisches Bewusstsein und die Bekämpfung des Klimawandels boomen – alles Ziele, die über die Gestaltung des eigenen Lebens hinausreichen. Vielen Menschen ist es nicht mehr genug, das »Puzzle ihres Lebens« zusammenzusetzen. Sie wollen vielmehr Teil eines größeren »Gesellschaftspuzzles« sein, einen Beitrag leisten, etwas Dauerhaftes schaffen.

Wie man an Dingen wie der Entwicklung der Stiftungszahlen oder dem bürgerlichen Engagement sieht, erlebt die Zivilgesellschaft im Moment einen enormen Schub.

Auch wenn durch die Medien oft ein anderer Eindruck entsteht: Menschen sind viel weniger egoistisch, als man denkt

Das Zerrbild des egoistischen Menschen ist eine Fiktion. Evolutionsgeschichtlich gab es immer beide Seiten: den Selbsterhaltungstrieb, der das Ich in den Mittelpunkt stellte, und den Herdentrieb, mit dem man seine Gruppe schützte und ihr weiterhalf. Nicht zuletzt die Krisen der vergangenen Jahre haben das Bewusstsein der Menschen für Moral und Gemeinschaft gestärkt. Nicht umsonst gibt es das alte Sprichwort: »Krankheit und Tod bringen die Familie zusammen.« Wenn es hart auf hart kommt, vergisst man seine Zwistigkeiten, rückt zusammen und zeigt gegenseitige Solidarität. Und im Moment kommt es eher »hart auf hart«.

Die Menschen spüren, dass sich der Wind dreht. Viele haben – berechtigt oder nicht – Angst vor einer geringen Rente und einem Lebensabend in Armut. Die Politik hat hier noch keine befriedigenden Antworten auf die Neugestaltung des Rentensystems geliefert: Soll es auf Umverteilung beruhen oder auf Kapitaldeckung? Was soll vom Staat finanziert werden, was unter privater Vorsorge? Wer soll einzahlen, wer profitieren? Auch deshalb wird Gerechtigkeit zum großen politischen Thema. Auf gefühlte Ungerechtigkeit haben Menschen schon immer sensibel reagiert. Niemand erwartet perfekte Gerechtigkeit; das wäre eine Illusion. Doch im Moment brauchen wir mindestens eine breite gesellschaftliche und politische Diskussion, was wir als gerecht empfinden. Besonders im finanziellen Bereich werden die Fragen immer drängender. Die Schere zwischen Arm und Reich klafft auch in Deutschland immer mehr auseinander.

Die Dritte Transformation in Gestalt von Globalisierung, technischem Fortschritt und intensiver Vernetzung stellt alte Produktions- und Kommunikationswege infrage. Das Internet wird zu einem zentralen Lebensbereich aller Menschen werden. Dort wird man sich nicht nur informieren und Meinungen austauschen. Das Netz wird eine selbstverständliche Plattform für demokratische Entscheidungen werden (siehe die zunehmende Nutzung von ePetitionen) oder für neue Formen des Wahlkampfes. Medizinische Diagnosen werden sicherer werden, da Ärzte an riesige Datenbanken angeschlossen sind, anhand derer sie die Werte ihrer Patienten abgleichen können.

Die Menschen entwickeln auch eine neue Sehnsucht nach Spiritualität – ein untrügliches Zeichen für die neue Sinnsuche. Obwohl die Mitgliederzahlen der beiden großen Kirchen abnehmen, bildet sich auf der anderen Seite ein Sammelbecken für allerlei Alternativströmungen: So geben die Deutschen allein für esoterische Bücher pro Jahr 500 Millionen Euro aus.[72] Knapp 24 Prozent der Deutschen stimmen der Aussage zu, dass »Engel und gute Geister Einfluss auf das Leben haben«.[73] 25 Prozent glauben, dass die Persönlichkeit und das menschliche Leben »ganz bzw. teilweise von den Sternen beeinflusst wird«.[74]

Man kann zu diesen Zahlen stehen, wie man will. Letztendlich drücken sie eine Sehnsucht nach einer höheren, transzendenten

Ordnung aus. Die Menschen suchen Orientierung in ihrer Angst und wenden sich den Kirchen, dem Tarot oder ihrem Shakra zu. Sie suchen in der schnellen Strömung des Lebens einen Anker, ein Erklärungssystem, in dem sie ihren Platz finden, das sie aufhebt und trägt. Denn gerade eine umfassende gesellschaftliche, wirtschaftliche und technologische Transformation mit ihren vielen Veränderungen fordert die Menschen heraus, kann sie ängstigen. Die Suche nach spirituellem Halt ist eine natürliche Reaktion hierauf.

Beschränkt man diese universelle Sinnsuche einmal auf den Bereich der Arbeit, dann stehen wir vor großen Herausforderungen: Das Berufsleben sinnvoll zu gestalten, kann schwierig sein, macht jedoch aus der Not der flexiblen Arbeitsbiografie eine Tugend. Über die nächsten 15, 30 Jahre hinweg wird das Berufsleben und die eigene berufliche Biografie immer mehr zu einem Spiegelbild der persönlichen Entwicklung werden. Auch weil sich viele Anforderungsprofile in den Unternehmen verändern werden: weg vom reinen Ausbildungsberuf hin zu Kompetenzprofilen. Diese Kompetenzen wird man nur noch begrenzt innerhalb einer Ausbildung oder eines Studiums exakt zugeschnitten erlernen. Vielmehr werden im Studium der Zukunft Grundfähigkeiten vermittelt werden; die Details kommen innerhalb einer Unternehmensweiterbildung on top. Auch hier ist lebenslanges Lernen gefragt.

Unter diesem Aspekt macht so mancher hochspezialisierte Bachelor-Abschluss wenig Sinn. Genau diese kritisiert beispielsweise die Karriere-Expertin Svenja Hofert: »Jeder Praktiker, den ich bisher gesprochen habe, sagt: Immer neue und immer speziellere Studiengänge im Bachelor zu schaffen, das ist doch verrückt! Ein Bachelor sollte eine Basis legen, auf der später mit Spezialisierung aufgebaut werden kann. Das ist sein Sinn, nur dann schöpft der modulare Aufbau die Vorteile aus, die er wirklich bringen könnte! Stattdessen sehe ich mittlerweile Fächer, die nicht nur zwei Studiengänge kombinieren, was noch halbwegs nachvollziehbar und zum Beispiel bei Germanistik und Wirtschaftswissenschaften sogar richtig sinnvoll wäre, sondern drei und sogar vier! Jeder didaktisch erfahrene Mensch schlägt bei diesem Gedanken die Hände über den Kopf zusammen: Man lernt doch erst das Allgemeine und dann das Spezielle – und nicht umgekehrt. Warum der Mix immer vielfältiger wird?

Die bunten Studiencocktails sind Ergebnis unflexibler Universitäten mit professoralen Pfründen, die einfach verschiedene Kurse neu zusammenstellen und der Zusammenstellung einen neuen Namen geben.«[75]

Insgesamt werden sich Form und Inhalt der Lebenssäule »Arbeit und Leistung« verändern. Doch wie genau und in welchem Ausmaß, kann man selbstverständlich nur mutmaßen. Fest steht, dass die Dritte Transformation über den Arbeitsbereich hinausgreift. Die Vermischung von Arbeits- und Privatleben wird weiter voranschreiten. Der Arbeitsplatz der Zukunft wird nicht nur ein fester Bereich in einem Bürogebäude sein, sondern auch der heimische PC, die Bahn, das Flugzeug oder das eigene Smartphone. In diesem Sinne hat auch der Begriff der »Work-Life-Balance« ausgedient. Wir sollten ihn durch »Work-Life-Integration« ersetzen. Erstens drückt dieser Begriff besser aus, dass Arbeit schon immer ein Teil des Lebens war und noch ist. Zweitens betont er eine zentrale Anforderung innerhalb der Dritten Transformation: selbstverantwortlich der Arbeit ihren neuen Platz im eigenen Leben zuweisen. Diese Möglichkeit, den Weg der eigenen beruflichen Biografie – inklusive einer Sinnfindung – zu beschreiten, sollten wir nicht als Bedrohung betrachten, sondern als Chance.

> **Gerechtigkeit und Zusammenhalt sind die gesellschaftlichen Themen der Zukunft**

Die neuen Chefs: Führung im Wandel

Keine Organisation ohne Führung. Seit den 1930ern bereits wird das Thema wissenschaftlich und in der Management-Literatur aufbereitet. Forschung, Veröffentlichungen und Seminare zu diesem Thema sind Legion. Und trotzdem sind die Ergebnisse seltsam uneindeutig: Die Suche nach »der« Führungspersönlichkeit verlief bislang erfolglos. Auch das Konzept der »Führungsstil«-Typen verschleiert mehr als dass es erhellt. Nicht zu vergessen die Debatte um den »Mythos Motivation« und die vermeintliche Steuerbarkeit von Mitarbeitern.

Ohne Zweifel ist Führung ein komplexes Geschehen, und nicht umsonst sprechen manche Führungsforscher davon, Führung sei nicht nur Handwerk, sondern eine Kunst. Wie Musik, »deren Qualität man erst beim Zuhören erkenne«[76]. So elegant diese Metapher auch wirkt, bringt sie uns bei der wissenschaftlich-kritischen Forschung von Führung leider nicht weiter. Insgesamt zeigt sich im Forschungsfeld Führung: »Die Forschung zu diesem Thema kann kein überzeugendes Konzept liefern und steht trotz der unzähligen Publikationen erst am Anfang.«[77]

Ein hartes Urteil. Etwas differenzierter sieht es das Team um die Psychologin Maria Stippler. Mittlerweile hätten sich Konzepte etabliert, die man als »klassische Moderne« bezeichnen könne. Viele dieser Ansätze zielten ab auf »die Entwicklung eines ganzheitlichen Verständnisses des eigenen Selbst, der eigenen Werte, Stärken und Schwächen. […] Eine Führungskraft, die einen harten, aufrichtigen und gründlichen Selbsterfahrungsprozess durchlaufen hat, ist besser vorbereitet, mit den Geführten eine tiefe und gemeinschaftliche Verbindung einzugehen.«[78] Zu diesen Ansätzen gehören beispielsweise das Storytelling, die »Fünf Disziplinen« von Peter Senge, Otto Scharmers »U-Theorie« oder die Führung in Netzwerken.

Was also tun? Die Segel streichen sollten wir nicht, denn die Entwicklung der Unternehmen und damit das Wesen und die Anforderungen von Führung wandeln sich stetig. So lauten einige der provokanten Fragen zurzeit: Brauchen wir Führung in der klassischen Form überhaupt noch? Oder hat sich das Prinzip des Oben-Unten von Führer und Geführtem inzwischen erledigt? Was ist vom Trend der selbstorganisierten Teams, von virtueller Führung und der angeblichen Werteorientierung in der Führung zu halten? Wie werden sich die Frauen in der Führung entwickeln? Was bedeutet Führung zu Beginn des 21. Jahrhunderts überhaupt?

Eine meiner Meinung nach sehr schöne Definition von Führung liefert Reinhard Sprenger: »Manager […] müssen […] die symbolischen Wirkungen ihres Handelns, die Spät- und Nebenfolgen für das gesamte Unternehmen mitdenken, die symbolische Streuwirkung auf die Unternehmenskultur auch bei Klein- und Kleinstentscheidungen mit berücksichtigen. Ihre Aufgabe ist es zudem nicht nur, die aktuellen Probleme zu lösen, sondern sich neue, bessere Zustände vorzustellen, Chance und Themen vorauszusehen oder zu schaffen. Insofern erhalten Manager ihr Geld für ›nichts‹ – für das, was (noch) nicht ist. Nicht für die Verwaltung des Status quo, nicht für die Bequemlichkeit bewährter Rezepte, sondern für das aktive Gestalten einer ungewissen Zukunft, für das Suchen und Versuchen.«[79]

Sprenger spricht hier zwar von »Managern«, nicht von »Führungskräften«. Auch in anderen Teilen der Literatur wird zwischen beiden Begriffen durchaus unterschieden.

So hat das Bild des »Managers« oft einen mehr verwaltenden, technokratischen Touch. Nicht selten weckt der Begriff das Klischeebild des Anzug tragenden, MBA-betitelten Zahlenjongleurs, der in Zahlen und Werkzeugen wie der *Balanced Scorecard* denkt. Das zeigt sich beispielsweise in dem Bonmot »Eine Führungskraft hat Anhänger, ein Manager hat Untergebene«. Ein Klischee, selbstverständlich. Die Wirklichkeit ist vielschichtiger und bunter. Für dieses Buch habe ich mich daher entschieden, den Unterschied zwischen »Managern« und »Führungskräften« bewusst zu ignorieren. Ich spreche von »Führungskräften«, wobei ich jedoch »den Manager« mitdenke. Demgegenüber werde ich mich in einem späteren Kapitel explizit dem Begriff »Leadership« widmen. Leadership ist einer der fünf INSEL-Faktoren, die ich beschreibe, wenn es um die Kernkompetenzen eines Unternehmens geht. Doch »Leadership«, wie ich sie verstehe, kann von Managern und Führungskräften gleichermaßen ausgeführt werden. Dazu später mehr.

> **Führen hat etwas mit der Gestaltung des Zukünftigen zu tun, nicht mit der Verwaltung des Status quo**

Unbestreitbar kann man einige mehr oder weniger starke Trends in der Führung beobachten. Trends, die sich entweder aus einer gesellschaftlichen Veränderung heraus bilden oder durch die Erfordernisse des Marktes und der Unternehmen selbst. Doch nicht jedem Unternehmen sind diese Erfordernisse präsent: »Dass sich der Personalbereich nur in zirka jedem fünften Unternehmen regelmäßig mit Megatrends beschäftigt, ist bedauerlich, weil hier eine Chance vertan wird. Denn die tatsächliche unmittelbare Relevanz der skizzierten Megatrends und HR-Trends kann von Unternehmen zu Unternehmen stark variieren. Personalmanager, die ein professionelles

HR-Trendmanagement betreiben, laufen den (Mega-)Trends nicht hinterher, haben diese aber im Blick, um rechtzeitig zu erkennen, welche Entwicklungen für das eigene Unternehmen von Bedeutung sein werden. Wenn die relevanten Trends frühzeitig bekannt sind, können – orientiert an der Unternehmensstrategie – rechtzeitig geeignete Maßnahmen abgeleitet und Ideen für ein innovatives Personalmanagement entwickelt werden, die dem Unternehmen einen Wettbewerbsvorteil verschaffen.«[80] Fragt man im Personalbereich nach *den* einflussreichen Faktoren, die die Personalarbeit der nächsten zwanzig bis vierzig Jahre vermutlich beherrschen werden, so kommen immer wieder die gleichen Phänomene ins Spiel. Einige davon möchte ich in diesem Kapitel kurz beleuchten.

Als eines der dominierenden Themen springt einem der tatsächliche oder behauptete Fachkräftemangel durch demografischen Wandel ins Auge. Der sogenannte Fachkräftemangel ist ein Personalthema, das weit über die Personalbranche hinaus auch in der Tagespresse und der Politik dauerpräsent ist. Dabei reichen die Meinungen von Hysterie und Panik über moderate Analysen bis hin zu Entwarnungen in Buchform, die sich mit »statistischen Lügen«, unter anderem bezüglich des Fachkräftemangels auseinandersetzen.[81] Grundsätzlich kann man mit einem Thema wie dem Fachkräftemangel

Megatrends der Zukunft: Fachkräftemangel, Risikoverlagerung, Frauen in der Wirtschaft

sehr gut Politik und Stimmung machen – obwohl Deutschland seit Jahren mit an der Spitze der Exportnationen steht und selbst die angesehene Wirtschaftspublikation *Economist* 2012 lobt: »Germany looks like a bright exception to the dispiriting rule among developed economies. True, its economy contracted more than those of most rich countries during the 2008-09 world recession [...]. But the jobless rate rose by less than in all the others, peaking at 7.9 %. And nobody talks about downgrading Germany's AAA credit rating; it can borrow money for practically nothing.«[82] Insgesamt dürfte sich der Fachkräftemangel auf einige spezialisierte Branchen beschränken: Informatiker und Pflegeberufe beispielsweise.

Was bedeutet der sogenannte Fachkräftemangel für die Führung und die Chefs in Deutschland? Selbst wenn der Fachkräftemangel nicht existiert, folgen Unternehmen doch in der Regel der Prämisse: »Mehr Arbeit auf weniger Schultern.« Das Gesetz der Ökonomie: Gewinn ist Umsatz (im übertragenen Sinn geleistete Arbeit aller Art) minus Kosten (wovon Personalkosten ein erklecklicher Batzen sind). Daher nutzen Firmen oft Restrukturierungen oder Entlassungen dazu, Stellen nicht mehr zu besetzen, sondern die Arbeit vom verbliebenen Personal verrichten zu lassen. Die würden das schon »irgendwie« schaffen. Oft ist das eine Milchmädchenrechnung, die nur auf dem Papier von Controllern funktioniert. So sorgen die Unternehmen selbst für eine künstliche Verknappung ihres Personals, *zusätzlich* zu eventuellen Engpässen durch Fachkräftemangel. Auch das ist eine Facette ineffizienter Personalplanung.

Auch eine zunehmende Flexibilisierung der Arbeitsverhältnisse ist offensichtlich. Dieser Aspekt der Arbeitsmarktentwicklung wird längst nicht so breit diskutiert wie der Fachkräftemangel. Der Grund hierfür liegt auf der Hand: Wo Arbeitgeber mit dem Fachkräftemangel politische Stimmung erzeugen wollen, möchten sie über ihre Gestaltung der Arbeitsverhältnisse oft lieber den Mantel des Schweigens breiten. Wie im Kapitel »Die neue Unsicherheit« bereits geschildert, zerfasern die Arbeitsverhältnisse immer weiter, weg vom Paradies der unbefristeten Vollzeitstelle. In volkswirtschaftlicher Summe heißt das: Das unternehmerische Risiko wird vom Unternehmen auf den Einzelnen, den Arbeitnehmer, den selbstständigen Dienstleister etc. verlagert. Während Firmen darüber entscheiden können, wem wie viel warum gezahlt wird, hat der Arbeitnehmer der Zukunft nur noch minimale Planungssicherheit, vor allem, was private (finanzielle) Investitionen betrifft. Die Ökonomie greift

Das neue unternehmerische Risiko trägt schon bald der Angestellte oder Dienstleister

mit ihrem langen Arm durch auf alle anderen Lebensbereiche und beeinflusst die Entscheidung über Partnerwahl, Wohnortwechsel, Hausbau oder Kinderwunsch maßgeblich mit.

Der Sozialwissenschaftler Hilmar Schneider schildert das in einem Interview mit der Süddeutschen Zeitung so: »Es gibt einen Megatrend: Unternehmerische Risiken werden auf Arbeitnehmer verlagert. Wir kommen aus einer Welt, die durch klare Hierarchien und

Arbeitsanweisungen geregelt war. Diese Struktur löst sich auf. Es wird nicht mehr gesagt, was zu tun ist, es wird nur das Ergebnis vorgegeben. Wie das zu erreichen ist, bleibt dem Arbeitnehmer überlassen.« Im Endeffekt produziere diese Mechanik viele Verlierer und nur wenige Gewinner: »All jene, die sich wie ein Unternehmen managen, sich vermarkten und in sich investieren. Diejenigen, die vernetzt sind, hohe Qualifikationen und soziale Kompetenzen haben. Wer das alles nicht hat, wird große Schwierigkeiten bekommen.«[83]

Auch für die Führungskraft der Zukunft spielen diese Veränderungen eine Rolle. Im Extremfall ist auch sie nur auf Zeit angestellt, innerhalb eines Projekts oder als Interimslösung. Doch auch falls sie noch festangestellt ist, wird sie mit allen möglichen Beschäftigungsverhältnissen konfrontiert sein – Vor- und Nachteile inklusive. Das erfordert zusätzliche Fähigkeiten, allein was beispielsweise die zeitliche Verfügbarkeit und Steuerung der Mitarbeiter angeht. Künftige Mitarbeiter werden sehr viel unterschiedlichere *mind sets* als heute mitbringen, ein breiter gefächertes Problembewusstsein und heterogene Lebenswege.

Frauen etwa werden stärker in Führungspositionen aufrücken. Auf keinem anderen Feld des Personalmanagements scheinen sich die Verantwortlichen so einig zu sein wie auf dem Gebiet der Frauenförderung. Teile der Politik fordern seit Längerem eine Frauenquote, und auch die in der Wirtschaft tätigen Frauen organisieren sich: So fordert beispielsweise der Verein ProQuote »eine verbindliche Frauenquote von 30 Prozent auf allen Führungsebenen bis 2017 – in allen Print- und Onlinemedien, TV und Radio«[84]. Eine sehr wirksame Lobbyarbeit auf diesem Gebiet betreibt der Verein FidAR (Frauen in die Aufsichtsräte) e. V. In seiner »Berliner Erklärung« heißt es: »Unser erstes Ziel ist, mehr Frauen in die Entscheidungsprozesse der Wirtschaft einzubeziehen – paritätisch und gleichberechtigt. Alle bisherigen Versuche, dieses Ziel mit freiwilligen Vereinbarungen zu erreichen, sind gescheitert.

Die Zeit ist reif für eine verbindliche gesetzliche Regelung zur geschlechtergerechten Besetzung von Entscheidungsgremien der Wirt-

Der Verein FidAR (Frauen in die Aufsichtsräte) fordert eine Quote und wirksame Sanktionen

schaft, wie Aufsichtsräte und Vorstände. Nur so lässt sich Umdenken in den Vorstandsetagen befördern und damit die Besetzungspraxis von Entscheidungsfunktionen verändern. Deshalb treten wir in einem ersten Schritt für eine Quote bei den Aufsichtsräten der börsennotierten, mitbestimmungspflichtigen und öffentlichen Unternehmen ein, die zunächst mindestens 30 Prozent betragen soll. Damit die Maßnahme Wirkung entfaltet, wollen wir flankierend Fristen und empfindliche Sanktionen regeln.«[85]

Allein aus Gründen der Political Correctness erscheint es schlicht unmöglich, *gegen* einen höheren Anteil von Frauen in Führungspositionen zu sein. Doch abgesehen davon: Was spricht für mehr Frauen in Führungspositionen? Zunächst einmal die schiere Masse an intellektuellem Potenzial. So waren 2011 49 Prozent der Universitätsabsolventen männlich, 51 Prozent weiblich. Doch bereits bei den Promotionen ändert sich das Bild: Während 55 Prozent der »Doktoren« Männer sind, sind es nur 45 Prozent Frauen. Ganz finster sieht es bei den Professorenstellen aus: »Prof.« sind zu 80 Prozent Männer, nur 20 Prozent Frauen sind hier zu finden.[86]

Weiterhin werden Frauen mit Eigenschaften assoziiert, die man in einer kommunikativen, komplexen Arbeitswelt braucht: soziale Kompetenz, Einfühlungsvermögen, kooperativer Führungsstil, Orientierung an immateriellen Werten (und weniger an Geld und Macht) etc. Dass dies die Realität abbildet, darf bezweifelt werden. Frauen können genauso machthungrig, egozentrisch oder autistisch handeln wie Männer. Und umgekehrt gibt es die sozial kluge, besonnene männliche Führungskraft, die nicht immer mit dem Kopf durch die Wand will und ihre Mitarbeiter einbezieht. Frauen sind mitnichten die besseren Menschen respektive die besseren Führungskräfte. Wir dürfen gespannt sein, wie Frauen *und* Männer gemeinsam die Arbeitswelt umgestalten werden.

Führung im Wandel bedeutet daher – gerade wenn man oft über Fachkräftemangel räsoniert – mehr Frauen als Führer und Geführte. Das erfordert aufseiten der Unternehmen ein enormes Umdenken, wie es Thomas Sattelberger, der ehemalige Personalvorstand der Deutschen Telekom, beschreibt: »Wenn man an die Frauenförderung rangeht, berührt man automatisch Tabuzonen. So muss etwa die Präsenzkultur infrage gestellt werden, die unmittelbare Verfügungsgewalt des Chefs, die jahrzehntelangen Mechanismen eher informeller Auswahlprozesse. Jobsharing muss auch in Führungspositionen möglich werden, ebenso wie Teil- und Auszeiten.«[87] Diese Tabuzonen auszumisten, ist eine enorme Aufgabe, die vor allem von den »neuen Chefs und Chefinnen« der Zukunft gelöst werden muss.

Thomas Sattelberger, ehemaliger Personalvorstand der Deutschen Telekom: Echte Frauenförderung wird Tabuzonen berühren

Digitalisierung und Virtualisierung der Arbeit werden ungebrochen fortbestehen. Die Arbeit in unserer Gesellschaft werde »immer digitaler«, immer »computerlastiger«, liest man des Öfteren. Doch was bedeutet das eigentlich in Zahlen? Einer schriftlichen Stellungnahme der »Enquete-Kommission Internet und Digitale Gesellschaft« aus dem Jahr 2010 kann man unter anderem entnehmen, dass in 100 Prozent aller Unternehmen mit mehr als 250 Beschäftigten und in 99 Prozent aller Unternehmen mit 50 bis 249 Beschäftigten Computer eingesetzt werden; dass von diesen wiederum 72 Prozent bzw. 45 Prozent ERP-Software (Enterprise Resource Planning) nutzten, um Informationen über Ein- und Verkäufe innerhalb und zwischen den Abteilungen auszutauschen; dass 98 Prozent aller Unternehmen mit mehr als 250 Beschäftigten und 92 Prozent aller Unternehmen mit 50 bis 249 Beschäftigten ein internes Rechnernetzwerk betreiben und 100 Prozent aller Unternehmen mit mehr als 250 Beschäftigten und 99 Prozent aller Unternehmen mit 50 bis 249 Beschäftigten über Internetzugang verfügen.[88]

Natürlich sagen diese Zahlen nur etwas über die *Quantität*, nicht die *Qualität* rechnergestützter Arbeit aus. Doch die Kommission kommt zu dem klaren Urteil: »Auch wenn sich der Computerbesatz und die Internetnutzung in bestimmten Wirtschaftszweigen und Branchen bereits der Sättigungsgrenze zu nähern scheinen, so lässt sich ein ›Abschluss‹ der Digitalisierung der Arbeitswelt – sollte es einen solchen jemals geben können – in absehbarer Zukunft nicht erkennen. […] Die technischen Voraussetzungen – Computer, Internetzugänge, breitbandige Infrastrukturen, kollaborative Software usw. – sind ja gewissermaßen ›eben erst‹ implementiert worden bzw. stehen sogar noch vor ihrer flächendeckenden Durchsetzung. Was mit der nun anstehenden Nutzung des digitalen Potenzials auf breiter Front und im globalen Maßstab passieren wird, dürfte gerade in der Arbeitswelt mit weiteren und tiefgreifenden Umwälzungen verbunden sein.«[89] Die Produktivität, also der Ertrag pro Einheit Arbeitskraft wird damit weiter zunehmen. So können beispielsweise Arbeitnehmer in Projekten synchron in Echtzeit an Dokumenten arbeiten. Computersimulationen können in allen Forschungsbereichen immer schneller immer größere Datenmengen verarbeiten. Die junge Generation schließlich hat das Netz mit der Muttermilch aufgesogen und wird im späteren Arbeitsleben ein ungezwungenes Verhältnis zu den neuen Techniken und ihren enormen Chancen der Vernetzung und produktiven Möglichkeiten aufweisen.

Betrachtet man die Digitalisierung als den »Straßenbau« der Informations- und Kommunikationsgesellschaft, so könnten die Tools der Virtualisierung die feschen Fahrzeuge sein, mit denen wir diese Straßen nutzen. Und diese Fahrzeuge werden immer ausgefeilter und effizienter. So wird das Cloud-Computing an Bedeutung gewinnen. Das internetgestützte Arbeiten »in der Wolke« markiert eine weitere Phase in der Beschleunigung der Arbeitsvorgänge. Mit ihr können Dokumente von mehreren Menschen in Echtzeit bearbeitet oder statistische Daten in Windeseile in globalem Maßstab aktualisiert und abgerufen werden. Obwohl das Cloud-Computing noch an Kinderkrankheiten wie technischer Verfügbarkeit oder Sicherheitsproblemen krankt, wird sein Siegeszug – schon allein aus Bequemlichkeitsgründen – nicht aufzuhalten sein.

Auch der Trend des *mobile access*, des Zugangs zum Internet, zu Firmennetzen, Dokumenten etc. von jedem Ort ist ungebrochen. Der qualifizierte Arbeiter der Zukunft wird autonom darüber entscheiden, wo er arbeitet, wann er arbeitet und welche Ressourcen er dafür verwendet. Dem Arbeitgeber kommt hierbei immer mehr die Rolle des »Providers« zu, der eine entsprechende Infrastruktur, Geräte und Zugang zur Verfügung stellt – möglichst vielfältig und geräuschlos.

Eine der innovativsten Lösungen auf diesem Gebiet liefert ausgerechnet die Firma Blackberry, die in den letzten Jahren im

Der Arbeitgeber der Zukunft ist ein »Provider« von Infrastruktur, in die sich die Mitarbeiter einloggen

stetigen Niedergang begriffen war. Mit ihrem Konzept »Balance« werden auf dem Smartphone zwei vollkommen getrennte Bereiche installiert: einer für den Privatbereich, ein anderer mit erhöhtem Sicherheitsmaßstab etc. für die geschäftliche Infrastruktur und Kommunikation.

Echtzeit-Kommunikation wird teilweise die E-Mail ersetzen. Inzwischen gibt es verschiedene Möglichkeiten, mit Kollegen, Geschäftspartnern oder Privatkontakten in Echtzeit zu kommunizieren. So haben Portale wie Facebook Chat-Funktionen standardmäßig installiert. Es gibt Applikationen und Messenger-Systeme, die inklusive Dateiverschickung kaum einen Wunsch nach Instant-Kommunikation offenlassen. Vor allem in berufsbedingt innovativen Wirtschaftszweigen wie der Informations- und Telekommunikationsbranche wird daher die E-Mail-Nutzung abnehmen. Ob statt der vielzitierten »E-Mail-Flut« dann ein neuer kommunikativer Missstand auf uns wartet, sei erst einmal dahingestellt. Und nicht zuletzt wird man das gute, alte Telefon als direktes Kommunikationsmittel wiederentdecken. Schließlich sind viele Firmen mit dem Problem konfrontiert, dass Mitarbeiter lange E-Mails schreiben, auch wenn das Problem mit einem kurzen Anruf aus der Welt zu schaffen wäre. Doch dies ist kein technologisches, sondern ein soziales Problem.

Eine Führungskraft der Zukunft muss souverän mit diesen neuen Techniken umgehen können. Die Kunst einer modernen Führung besteht dann darin, Technologie sinnvoll mit sozialer Kompetenz zu verbinden. Sodass technologische Kommunikation nicht Selbstzweck wird, sondern Funktion für eine bessere Zusammenarbeit und ein qualitatives Arbeitsergebnis.

Für kommende Arbeitsgenerationen wird die »Work-Life-Integration« immer wichtiger. Ich benutze absichtlich das Wort »Integration« und nicht »Balance«. Der Begriff der »Work-Life-Balance«, also des Gleichgewichts »zwischen Arbeit und Leben«, ist spätestens seit der Jahrtausendwende immer schwieriger anzuwenden. Arbeit und Privatleben durchdringen sich faktisch immer mehr. So sind wir beispielsweise einer immer stärker werdenden Kommunikation und Erreichbarkeit ausgesetzt: »Wir werden eingeladen, uns wieder einzuklinken in den Mahlstrom weltumspannender Kommunikation, von dem wir ein Teil sein wollen. Früher hieß es von New York, dass die Stadt niemals schlafe. Dasselbe können wir heute von den Kommunikations- und Informationsströmen sagen. Sie sind überall, jederzeit um uns herum, erreichbar, verfügbar. Und wir warten darauf, uns einzuklinken. [...] So werden wir vom Gestalter unseres Alltags zum Befehlsempfänger, zum rein Reagierenden.«[90]

Umso wichtiger wird für den Einzelnen eine bewusste Steuerung, eine behutsame Verzahnung von Arbeit und Privatleben. Denn Arbeit ist ein Teil des Lebens und steht ihm nicht diametral gegenüber, wie es der Begriff »Work-Life-Balance« suggeriert. Damit wir nicht von der neuen Strukturlosigkeit und der allgegenwärtigen Überforderung weggeschwemmt werden, sondern aus den unterschiedlichen Lebensbereichen das Beste machen können. Gerade Burnout-Betroffene können ja ein Lied davon singen: Wie die Arbeit immer mehr das Kommando übernahm und von Work-Life-Balance (oder besser: Work-Life-Integration) nicht mehr die Rede sein konnte. Die Work-Life-Integration bezieht alle Aspekte des menschlichen Lebens ein: Beruf, Familie, Gesundheit, Spiritualität, Sozialleben, Kommunikation, Finanzen etc. Der Beruf als allein seligmachender Baustein des Lebens wird zurücktreten und anderen Schwerpunkten mehr Platz einräumen.

Gerade die vielfältigen Familienformen und das Ablösen der »klassischen« Kleinfamilie zeigen, wie bewusst Menschen bereits heute ihre Familie wählen und gestalten. Auch Männer werden ihre Kinder aufwachsen sehen wollen. Immer mehr setzt sich die Erkenntnis durch, dass sich ein erfülltes Leben weniger durch ein volles Bankkonto, sondern durch ein volles Fotoalbum ausdrückt. Denn letztendlich definieren wir unser Ich im Rückblick: Was waren schöne Momente? Wo haben wir gelitten? Wer war uns wichtig? Unsere schönsten Momente erleben wir in der Regel in Gemeinschaft, in der Familie, mit Freunden oder anderen Menschen. Die Werbung setzt schon lange auf dieses Prinzip des »Wir-Gefühls« und aktiviert ständig unsere Sehnsucht nach Gemeinschaft, nach Angenommensein. Dass dieser Wunsch nun auf die Gestaltung der Arbeitsverhältnisse überschwappt, ist nur ein logischer Schluss.

So konstatiert der Unternehmensberater Martin Klaffke im Hinblick auf die vielzitierte Generation Y: »Sie erwarten eine andere Art der Führung, Entwicklungs- und Selbstverwirklichungsmöglichkeiten und sinnstiftende Tätigkeiten. Zudem legen sie Wert auf Transparenz, eine technische Ausstattung, wie sie sie aus dem Privaten gewöhnt sind, und Work-Life-Balance. Restriktive Arbeitsbedingungen wirken sich negativ auf die Wahrnehmung des Arbeitgebers aus.«[91]

Die Generation Y erwartet in der Arbeitswelt vor allem eins: Entwicklungsmöglichkeiten und Sinnerfüllung

Aus dieser Tatsache ergeben sich auch negative Aspekte: Die Werte, die im Privatleben gelten (konkrete, zeitnahe Rückmeldungen, »Authentizität«, Ehrlichkeit, Transparenz der Beziehungen), werden auf die berufliche Sphäre übertragen. Ob dies klug oder realistisch ist, wird sich zeigen. Oft scheinen junge Menschen noch keine Vorstellung von ihrer »Arbeitsrolle« zu haben, von Erwartungen, die andere an sie richten, vom Verhaltenskodex, der eventuell in Unternehmen gilt, und übertragen ihre Erfahrungen aus der privaten Welt 1:1 auf die Arbeitswelt. Martin Klaffke drückt es so aus: »Ihnen wurde vermittelt, dass sie in dieser Welt Premiumkunden sind und eine große Anzahl an Wahlmöglichkeiten haben.«[92]

Information und Kommunikation werden in einer Weise individualisiert, wie wir uns das heute noch kaum vorstellen können. Der Publizist Thomas Koch entwirft für den Bereich Medienkonsum unter anderem folgendes Zukunftsszenario: »Analoges wie auch hybrides Fernsehen ist out. TV ist endlich in der digitalen Welt angekommen. Aus dem realen Lagerfeuer, um das sich früher die Familie versammelte, ist ein virtuelles Lagerfeuer geworden. Es gibt kaum mehr Sender […], die einen ›Programmablauf‹ ausstrahlen. Es gibt unzählige TV-Mediatheken und Pay-TVs. Aus YouTube und GoogleTV sind breitgefächerte Themen-Videotheken geworden.«[93] Insgesamt werden sich Menschen Art und Frequenz ihrer Kommunikation und Information sehr bewusst zusammenstellen. Dies geschieht schon aus Gründen des Selbstschutzes, da die Informationsflut weiter zunehmen wird und immer mehr Menschen unter Konzentrationsstörungen und Schlaflosigkeit leiden werden. Informationen, welche die Arbeit betreffen, werden auch hier immer Vorrang haben, sodass dieser Bereich des persönlichen »Informationsdesigns« durchaus in die Kategorie »Work-Life-Integration« fällt.

Als letztes Beispiel soll hier der Bereich Finanzen und Geld dienen. Da für viele Menschen künftig der Verdienst unsicherer werden wird und sich ehemals sichere Arbeitsverhältnisse mehr und mehr auflösen, müssen Menschen ihre finanziellen Investitionen überdenken und neue Wege der Finanzierung finden, die das geldliche Risiko für sie verringern. So könnte sich auch in Deutschland das Modell des »Mietkaufs« durchsetzen: Ein Haus wird graduell gekauft; ein monströser Bankkredit von einigen Hunderttausend Euro ist nicht mehr nötig. Sollte der Käufer insolvent werden, fällt das Objekt an den Verkäufer zurück. So sinnvoll, weil risikomindernd dieses Modell auch scheint, wird es beispielsweise von Banken bislang überhaupt nicht beworben – verständlicherweise. Sie leben von den Bankkredit-Zinsen und haben kein Interesse daran, das Risiko für einen Hauskäufer zu verringern. Denn im Modell der traditionellen Hausfinanzierung gewinnt die Bank immer: Entweder sie kassiert die Zinsen oder hat das Haus als Sicherheit. Doch nicht nur bei Immobilien dürften sich Menschen kreative Wege ausdenken, um etwa Dinge, die sie zwar besitzen, doch nicht ständig nutzen, mit anderen Menschen zu teilen. Um generell finanzielle Risiken zu minimieren, dürfte das Prinzip des Teilens, das »Sharing« immer populärer werden.

Das Teilen von Dingen, die man nicht ständig benötigt, könnte schon bald zur finanziellen Risikominderung der Menschen beitragen

Die Software-Firma »Salesforce« führte dazu 2011 eine Befragung unter 23 000 Deutschen durch. Ihr Ergebnis: »Die hohe Bereitschaft der Deutschen, sich für Sharing-Konzepte zu öffnen, weist darauf hin, dass eine gewisse Entemotionalisierung im Hinblick auf die Bedeutung von Besitz und Eigentum zu beobachten ist. Warum sollten materielle Dinge, die nicht jeden Tag in Gebrauch sind, nicht mit anderen gemeinsam genutzt werden? Ein ebenso gewichtiger Grund ist sicherlich die ökonomische Komponente. Wer teilt, spart Geld.«[94] Gerade bei vielen jungen Menschen gehört dieses Teilen zur Lebensphilosophie und wird als Element des Zusammenlebens die Work-Life-Integration mitbestimmen.

Diese fundamentale Verschiebung von Lebenswerten und die eben genannten Megatrends – Digitalisierung, Frauen in Führungspositionen, Vermischung von Arbeit und Privatleben, organisatorische Veränderungen etc. – wird auf die Unternehmen und ihre Führungskräfte zurückwirken: »Wie an der Generation Y bereits absehbar ist, will ein immer größerer Anteil an Menschen eine Form von Arbeit, die durch mehr motiviert ist als vornehmlich durch Geld und Konsum. Da die Wahlmöglichkeiten größer und die Konsequenzen von Entscheidungen besser absehbar sind, werden viele darauf setzen, sich ein erfüllendes Arbeitsleben zu schaffen, das sich in ein ausgewogenes Verhältnis zum übrigen Leben bringen lässt.«[95] Im Moment erleben wir noch einen mentalen Konflikt zwischen den aktuellen Entscheidungsträgern (oftmals Männer um die fünfzig) und den (Wissens-)Arbeitern von morgen: Männer und Frauen im Alter von zwanzig bis dreißig. Dieser Konflikt wird noch ca. zehn bis fünfzehn Jahre anhalten, bis wir als Gesellschaft in der Breite ein neues Modell der Arbeit als Teil unseres Lebens ausdiskutiert und installiert haben.

Darüber hinaus ist heutzutage viel von der Partizipation der Mitarbeiter die Rede. Diese sollen von Führungskräften in Prozesse und Entscheidungen eingebunden werden, sollen Arbeitsergebnisse und -umgebungen aktiver als früher selbst gestalten und sich sogar – durch Ausgabe von Aktienoptionen und andere finanzielle Mittel – als Miteigentümer der Firma und damit als noch mehr Verantwortliche erleben. Tatsache ist, dass sich viele Unternehmen bemühen, ehemals vertikal organisierte Prozesse in die Horizontale zu verlagern. Dies geschieht entweder aus Gründen der kreativen Umgestaltung, also aus einer proaktiven Haltung heraus. Oder aus Gründen der Not, weil man die mittlere Management-Ebene aus manischen Spargründen wegrationalisiert hat: »Unter dem Einfluss der Lean-Management-Bewegung in den 1990er-Jahren wurden Hierarchieebenen abgebaut, um Unternehmen effizienter zu gestalten. Davon war insbesondere die mittlere Führungsebene betroffen. […] Auch wenn die Hoch-Zeiten des Lean Managements Anfang der 1990er-Jahre lagen, haben auch in jüngerer Zeit in vielen deutschen Unternehmen weitere Restrukturierungsrunden dazu geführt, dass die Organisationen weiter verschlankt und insbesondere die mittlere Führungsebene rationalisiert wurde. Die negativen Erfahrungen in den 1990er-Jahren und die weiterhin bestehende Furcht vor Arbeitsplatzverlust erzeugen einen ständigen psychologischen Druck auf das mittlere Management. Galt diese Karrierestufe bis dahin als relativ sicherer Arbeitsplatz, so machten die Restrukturierungsmaßnahmen der Lean-Management-Bewegung diese Vorstellung zunichte.«[96]

Welches Motiv ein Unternehmen auch immer hat: Die umfassende Beteiligung der Mitarbeiter hat sich tief in die aktuelle Führungsdiskussion gegraben. Nehmen wir das aus der »Transformationalen Führung« stammende Konzept des »Empowerment«: Mitarbeiter sollen zunehmend zu eigenverantwortlichem Handeln ermutigt werden.

Unternehmen, die Empowerment durchsetzen wollen, gründen nicht selten Qualitätszirkel oder fördern eine offenere Unternehmenskultur in der Hoffnung, durch diese »gekräftigten« Mitarbeiter einen Schub zu bekommen an Kreativität, Produktivität und Motivation. In eine ähnliche Richtung geht auch der Begriff des »Intrapreneurs«, der Unternehmerpersönlichkeit innerhalb eines Unternehmens. Der Intrapreneur soll Verantwortungsbewusstsein und Motivation mit Loyalität zum Unternehmen und

> **Rationalisierungsdruck versus verantwortliche Beteiligung von Mitarbeitern ist der Zielkonflikt im Unternehmen**

innovativen Impulsen verbinden. Dieses Konzept provoziert geradezu das Bild der »eierlegenden Wollmilchsau«, indem es versucht, mehrere menschliche Motive in Einklang zu bringen, die sich in der Praxis oft widersprechen: Autonomie versus Unterordnung, (unangenehmes) Querdenken versus Einhalten der Linie, Koordination in der Gruppe versus eigener Machtanspruch.

Besonders am Machtdilemma werden die Schwächen des Empowerment deutlich. So kommt der Berater Heinrich Kohlmeyer zu der Beobachtung: »Der Schlüssel zum ›eigenverantwortlichen Mitarbeiter‹ ist die Übertragung von Macht. Macht und Verantwortung sind *untrennbar* miteinander verbunden. Das eine kann ohne das andere nicht existieren. Wer die Verantwortung trägt, braucht die entsprechende Macht, und wer die Macht hat, muss auch Verantwortung tragen. Den qualifizierten Arbeitnehmern wurden immer mehr Aufgaben, Zuständigkeiten und Belastungen meist in Form von Kompetenzen auferlegt, aber der dazugehörige Gestaltungs-spielraum wurde zusehends eingeschränkt. Das heißt, die Verantwortung ist gestiegen, doch Einflussmöglichkeit und Macht sind gesunken. Selbst die ›eigenverantwortliche‹ Entscheidungskompetenz hat nur beschränkt mit ›eigenverantwortlicher‹ Macht zu tun. Meistens ist sie ein vorgegebener Ablaufprozess, bei dem lediglich die Rahmenbedingungen definiert sind. Eine adäquate Gestaltungsmöglichkeit im Rahmen der übernommenen Verpflichtung ist selten damit verbunden. Beispielsweise kann die Leiterin einer Kosmetikfiliale zwar die Stückanzahl der einzelnen Produkte im Einkauf entscheiden, jedoch nicht die Zusammensetzung des Sortiments. Trotzdem trägt sie die Verantwortung für den Verkaufsumsatz. Das ist eine Position, bei der sie nur verlieren kann.«[97]

Kohlmeyer sieht den Schlüssel zu erfolgreichem Empowerment in einem Vertrauensvorschuss, der dem Mitarbeiter von seinem Chef gewährt werden muss, eine faktische Machtübergabe. Dies passiert jedoch selten; zu groß scheint die Angst des Managements vor Kontrollverlust.

Ohne Vertrauen in die Mitarbeiter kann ein Unternehmen nicht funktionieren

Daher ist die Grundidee des Empowerment in einer spezialisierten, vernetzten Arbeitswelt zwar sinnvoll. Doch nur eine reife, risikobereite Organisation mit einem reifen, risikobereiten Management kann sie umsetzen. Diesen Lernprozess haben viele Unternehmen noch vor sich. Denn »Empowerment«, also »Ermächtigung«, gibt es nur im Paket: mit Verantwortung. Und damit tun sich Unternehmen in der Regel schwer. Aus diesem Missverhältnis zwischen angeblicher und tatsächlicher Verantwortung des Mitarbeiters entspringen Frust, innere Kündigung oder *Boreout* (Krankheit durch zu viel Langeweile bzw. »Sinnentleerung«). Unternehmen behandeln ihre Mitarbeiter manchmal wie Kinder, nicht wie mündige Erwachsene, sobald es an die Verteilung von Verantwortung und Macht geht. Zu stark ist der Kontrollreflex der Führungskräfte, die Verantwortung für das Gesamtergebnis tragen. Doch genau diesem Reflex müssen sie widerstehen. Nur mit einem tatsächlichen Empowerment können Firmen das volle Potenzial der Mitarbeiter abrufen – auf das sie immer stärker angewiesen sind.

Immer dringender wird daher die Ausbildung von Führungskräften zu »Experten in Menschenführung«. Eigentlich eine Selbstverständlichkeit. Doch viel zu oft gehen gerade Führungskräften in »Sandwich-Positionen« diese *social skills* ab. »Der mittlere Manager ist im Idealfall Mehrfachspezialist: Er ist Personalführender, Kommunikator, Motivator und Fachexperte in einem. [...] Jedoch fehlen dem Mittelmanager häufig [...] die notwendigen Kompetenzen für dieses breite Aufgabenportfolio. Da Karrierepfade im mittleren Management vielfach fachlich ausgerichtet sind, werden nur in begrenztem Maße Management- und Führungskompetenzen erworben. In der Ausbildung (insbesondere in technischen Studiengängen) wird auf die Vermittlung von Management- und Führungskompetenzen weitestgehend verzichtet.«[98] Dabei sind soziale Fähigkeiten der Kitt, der fachliche Zusammenarbeit und effiziente Organisation im Unternehmen erst möglich macht. Wären Menschen Inseln, könnte man Kommunikation und Interaktion als Brücken zwischen ihnen bezeichnen. Diese Brücken jedoch müssen ausgebaut und instandgehalten werden.

Gerade Führungskräfte im mittleren Management stehen unter Druck

Die hier skizzierten Problemfelder zeigen: Führung ist spannend. Sie ist komplex, fordernd, manchmal überfordernd. Vor allem ist sie eins: nie fertig. Führung geschieht permanent. Nicht umsonst wird in der Führungsliteratur vom »Vorbildcharakter« der Führungskraft gesprochen. In diesem Sinne betreibt eine Führungskraft auch dann Führung, wenn sie sich in der Kantine ein Schnitzel kauft. Im besten Fall dient die Forschung zur Führung dazu, aktiven Führungskräften bei der Erledigung ihrer Aufgaben zu helfen. Denn Unterstützung können sie brauchen. Gerade heute wächst der Druck auf Führungskräfte durch unterschiedlichste Anforderungen, durch die Komplexität der Zusammenarbeit oder schlicht eine wachsende Zahl von Anspruchsgruppen, die etwas von der Führungskraft wollen. Führung ist in der Tat im Wandel – und deshalb müssen sich Führungskräfte wandeln, ihre Fähigkeiten und Kenntnisse erweitern, damit sie auch in Zukunft ihre Aufgaben optimal erledigen können. Die in diesem Kapitel beleuchteten Phänomene Fachkräftemangel,

Flexibilisierung, Frauen in Führung, Digitalisierung und Virtualisierung, Work-Life-Integration und Empowerment sollen einen Eindruck von den tiefgreifenden Umwälzungen vermitteln, die uns in der Führung noch bevorstehen. Das bedeutet nicht, dass wir uns (als Führungskraft) Sorgen machen sollten, sondern eher eine neutral-erwartungsvolle Haltung entwickeln. Denn in jeder Veränderung steckt eine Chance, die darauf wartet, ergriffen zu werden.

Teil II

Reif für die INSEL® –
Wie Sie die Dritte Transformation
meistern

Was bedeutet »INSEL«?

Die Dritte Transformation verändert unsere Gesellschaft. Unsere Art zu leben, zu kommunizieren und zu arbeiten. Sie verändert unsere sozialen und kulturellen Werte und bringt uns mit anderen Weltregionen immer näher zusammen. Daher kann die Wirkung der Dritten Transformation auf unsere Lebensweise gar nicht hoch genug eingeschätzt werden. Wollte man die Folgen der Dritten Transformation für jeden Lebensbereich erforschen und darstellen, würde das bei Weitem den Rahmen dieses Buches sprengen. Zu groß und zu vielschichtig sind die sozialen, wirtschaftlichen und individuellen Aspekte, für die man Lösungen erarbeiten müsste.

Was also tun? Für mich waren beim Schreiben dieses Buches zwei Dinge wichtig. Erstens: die Dritte Transformation an sich erkennen und in Grundzügen skizzieren, mit all ihren Aspekten: Vernetzung, biografische Unsicherheit, seelische Belastung, Sinnsuche und Führung als kulturelle Leistung. Zweitens: aus dieser kulturell-ökonomischen Gesamtsituation das Modell der INSEL entwickeln, speziell als Lösungsmodell für den Bereich der Arbeitswelt. Wie unter einer Lupe stellt die INSEL einen Ausschnitt des Gesamtkomplexes der Dritten Transformation dar. Wir zoomen sozusagen hinein in die aktuelle Landkarte unserer Gesellschaft und betrachten einige Details.

Die Dritte Transformation stellt die Arbeitswelt und uns, die wir in ihr arbeiten, vor ganz neue Herausforderungen. Wir müssen die immer größere Informationsflut bändigen, unsere Sozialkompetenzen in Netzwerken ausbauen, unsere Zeit und unsere Ressourcen managen, unsere Mitarbeiter (und Chefs) kompetent führen und wollen nicht zuletzt einen individuellen Sinn in unserer Arbeit erkennen. Das sind eine Menge Aufgaben, in die die meisten von uns schlecht oder gar nicht vorbereitet hineingestoßen werden. Die Dritte Transformation wird das Wie, Wo und Warum der Arbeit als solche verändern.

Natürlich gab es bereits in der Vergangenheit Versuche, Arbeitsbedingungen zu analysieren, sie zu verbessern und generell die Arbeitswelt durch neue Impulse bezüglich Management, Führung, Organisationsentwicklung und ähnliche Gebiete voranzubringen. Diese Entwicklungen waren meist mehr oder weniger von Erfolg gekrönt, wenn sie Antworten auf ganz konkrete Probleme hatten und solange Problem und Lösung sich im Rahmen der Zweiten Transformation bewegten. Diese Lösungen funktionierten sowohl kleinteilig (zum Beispiel in Form eines Anforderungsprofils für eine Stelle) als auch bei großen, komplizierten Sachverhalten (beispielsweise Produktions- und Qualitätsmanagementsysteme wie das EFQM).

Doch nun stehen wir inmitten der Dritten Transformation. Manche Lösungen sind immer noch tragfähig, doch andere müssen wir überdenken: zum Beispiel das Prinzip der permanenten Anwesenheit (Präsentismus), das Arbeitnehmer immer noch zwingt, in ihrem Büro zu bleiben, selbst wenn die Aufgabe längst gelöst ist. Der Präsentismus ist ein gutes Beispiel für eine Entwicklung, die innerhalb der Zweiten Transformation ihre Berechtigung hatte. Er ist nichts anderes als die Übertragung des Zeitprinzips der Fabrik auf das Büro. Genauso wie sich Elemente des Fordismus – der Arbeit am Fließband – in abstrakte Computerwelten verlagert haben, muss sich auch unser Begriff von Produktivität in Abhängigkeit zurzeit verändern. Denn maximaler Zeitbedarf bedeutet nicht maximale Produktivität. Stellen wir darum Dinge wie den Präsentismus nicht zur Diskussion, gefährden wir nicht nur die Produktivität des Unternehmens, sondern auch die Motivation der Mitarbeiter und Führungskräfte.

Die INSEL ist weder eine Lösung für ein einzelnes Problem noch hat sie den alles erklärenden Anspruch eines ganzen Managementsystems. Die INSEL ist schlicht eine Idee, wie der einzelne arbeitende Mensch sich in der Arbeitswelt von morgen zurechtfinden kann.

Das INSEL-Konzept bedeutet: Veränderung setzt beim Einzelnen an

In den fünf Faktoren Information, Netzwerk, Selbstmanagement, Ethik und Leadership spiegeln sich die Herausforderungen der Dritten Transformation. Das INSEL-Prinzip sollte wenigstens teilweise Antworten und Impulse geben auf die Hauptfragen der 5 Bereiche: Wie gehe ich ökonomisch und effizient mit Informationen um? Wie erwerbe ich Sozialkompetenzen und baue tragfähige Netzwerke auf? Wie organisiere ich mich selbst in einer immer komplexeren Arbeitswelt? Wie erkenne und folge ich meinem moralischen Kompass? Wie kann moderne Führung aussehen? Die INSEL ist kein fertiges Konzept zur Organisationsentwicklung. Wer ein standardisiertes Vorgehen auf Management- oder Organisationsebene erwartet, wird also enttäuscht werden. Es gibt kein fertiges Raster, keine definierten Fragebögen, keine Projektpläne, keinen Soll-Zustand. Der Grund hierfür ist einfach, aber nicht banal: *Veränderung fängt immer beim Einzelnen an.* Alle erfolgreichen Entwicklungen folgen diesem Prinzip, egal ob sich jemand das Rauchen abgewöhnt oder sich ein Unternehmen strategisch neu ausrichtet. *Denn Veränderung erfordert Verantwortung,* und zwar von allen. Man kann sie nicht an eine anonyme Organisation delegieren, an eine Funktion oder eine Rolle. Erst wenn die maßgeblichen Personen als Individuen Veränderung *annehmen* und Verantwortung *wahrnehmen,* kommen die Dinge in Bewegung und verpuffen nicht – wie so viele Change-Prozesse in der heutigen Arbeitswelt. Daher sind die Lösungen, die ich beschreibe, Lösungen zur persönlichen Veränderung. Das ist der zentrale Ansatzpunkt. Daher sei er nochmals wiederholt: Die Lösungen des INSEL-Modells sind Lösungen für einzelne Menschen, nicht für anonyme Strukturen oder Organisationstabellen.

Manche mögen die Auswahl und Beschreibung der INSEL-Faktoren für unsystematisch oder willkürlich halten. Dieses Risiko gehe ich ein, da heute niemand mehr guten Gewissens sagen kann, wie Managementtheorien und -systeme aussehen werden, die die Dritte Transformation erfolgreich bestehen. Daher lade ich Sie, liebe Leser, ausdrücklich ein, die INSEL als einen Start für Veränderung zu betrachten. Als Brückenkopf in eine Zukunft der Arbeit, die noch keiner kennt.

Information

Die Banane und die Doppelbindung

Was bedeutet Information? Was heißt es, wenn wir sagen, wir lebten im »Informationszeitalter«? Für verschiedene Menschen hat Information unterschiedliche Bedeutung. Für einen Journalisten oder Fernsehreporter ist Information, also eine Nachricht, sein täglich Brot. Für den BILD-Leser ist sie Unterhaltung und Unterfütterung seiner Vorurteile. Für den Informatiker ist sie der binäre Zustand von 1 und 0. Für den Investmentbanker der Unterschied zwischen Verlust und Gewinn. Sogar die menschliche Zelle ist auf Informationsgewinnung angewiesen. Ohne ihre tägliche Portion DNA könnte sie ihre Funktionen nicht ausführen, nicht wachsen, nicht kommunizieren.

Information ist also mehr als die Zeitungsmeldung oder der Newsfeed einer »Tagesschau«-App. Information ist immer auch das, was wir daraus machen. Wie wir sie verwenden, ob wir überhaupt einen Wert zuerkennen. Denn eine Information zu ignorieren oder sie falsch einzuschätzen, kann für uns Folgen haben: Wenn wir zwei Aspirin nehmen, obwohl wir nur eine hätten nehmen sollen, ist das noch verschmerzbar. Doch wenn rechts der Abgrund gähnt, in den wir sorglos hineinfahren, weil wir uns auf unser Navigationssystem verlassen haben, haben wir tatsächlich zum letzten Mal »unser Ziel erreicht«.

Mit anderen Worten: Ohne Information sind wir nicht lebensfähig. Genauer: Ohne die *richtige* Information sind wir nicht lebensfähig. Das waren wir noch nie. Früher war es wichtig, zu wissen, ob der Wind Schnee mitbringt, ob der Nachbarstamm feindlich gesinnt ist, ob eine Frucht essbar ist. Um solche teilweise existenziellen Probleme richtig einzuschätzen, haben wir nicht nur das Denken entwickelt. Vielmehr sind sogar unsere Sinne darauf trainiert, wichtige Informationen zu filtern und entsprechend weiterzugeben. So hat die menschliche Zunge spezialisierte Sensoren für bitteren Geschmack. Denn »bitter« bedeutete in vielen Fällen »giftig«. Auch die Farbe Blau in Verbindung mit Essen war ein Warnsignal: »Intensiv blau gefärbte Lebensmittel kommen in der Natur so gut wie nicht vor. Zwar gibt es einige Nahrungsmittel, die das Wort ›blau‹ in ihrem Namen tragen: Blaubeeren, Blaukraut, blauer Kohlrabi oder blaue Trauben. Genauer betrachtet sind diese Obst- und Gemüsesorten jedoch eher dunkelrot bis violett gefärbt. Auf der anderen Seite sind satt blau gefärbte Gewächse in der Natur häufig giftig. So haben giftige Pilze oft eine blaue, violette oder blauschwarze Färbung. Schimmel fällt oft durch markante blaue oder grün-blaue Farbe auf. Daher haben wir im Lauf der Evolution gelernt, diese Farbe bei Lebensmitteln als Warnsignal zu betrachten.«[99]

So wie wir uns in der Evolution weiterentwickelt haben und von einer reinen Sinneswahrnehmung weg schließlich Gesten und Sprache entwickelten, wurden auch unsere Systeme zur Erzeugung und Aufnahme von Information immer ausgereifter und differenzierter – bis hin zu unseren heutigen zahllosen analogen und digitalen Informationskanälen. Wobei sich das Gleichgewicht inzwischen eindeutig hin zum Digitalen verschoben hat: zu Social Media, Smartphones, zu Apps und Firmennetzwerken. Wir haben unsere Möglichkeiten, miteinander zu kommunizieren und Informationen zu teilen, so breit ausgebaut und probieren immer wieder neue Formate aus, sodass sich bei manchen Leuten – sogar technikaffinen Exemplaren – inzwischen eine gewisse Technikmüdigkeit einstellt, die sie den Informationskanal schließen lässt.

So schreibt der Kolumnist Sascha Lobo Anfang 2013 über den Twitter-Rückzug des Piraten-Politikers Christopher Lauer: »Der normale Gebrauch sozialer Medien gehört inzwischen zum Allgemeinwissen einer vernetzten Gesellschaft. Aber für die nicht alltäglichen Situationen gilt das nicht. Empörungswellen, Mobbing, eine situative Exponiertheit – diese neuen Phänomene können selbst kenntnisreiche Netzoptimisten schnell überfordern. Es ist sehr wahrscheinlich, dass diese Überforderung Christopher Lauer bloß früher als viele andere trifft, dass sie eher zur Normalität wird als Ausnahme bleibt. [...] Und diese Erkenntnis birgt Sprengkraft. Denn das bedeutet, dass die emotionale Ablehnung sozialer Medien keine Frage mangelnden Wissens sein muss, sondern eine Frage des Gefühls, mit dem man der digitalen Welt und den Menschen darin gegenübertritt.

Für die Kommunikation im Internet gilt: Sie kann abwerten oder unterstützen – und ALLE schauen zu

Wenn ein Vorreiter der politischen, digitalen Öffentlichkeit einen Text über Twitter schreibt, der vom Vorsitzenden eines Vereins zur Brauchtumspflege stammen könnte, ist das ein Zeichen, um sich zu sorgen – nicht um Christopher Lauer, sondern darum, wie die Öffentlichkeit sozialer Medien wirkt, wenn es nicht gerade um Katzenfotos geht.«[100]

Lobo spricht hier eine wichtige Dimension von Information an. Information ist niemals nur etwas Objektives, sondern ist immer in einen kommunikativen Subtext, eine emotionale Botschaft, einen Deutungsrahmen eingebettet. Daher schreibt der Psychologe Paul Watzlawick von den beiden »Inhalts- und Beziehungsebenen«, die jede Kommunikation enthalte: »Jede Kommunikation enthält über die reine Sachinformation (Inhaltsaspekt) hinaus einen Hinweis, wie der Sender seine Botschaft verstanden haben will und wie er seine Beziehung zum Empfänger sieht (Beziehungsaspekt). Der Inhaltsaspekt stellt das ›Was‹ einer Mitteilung dar, der Beziehungsaspekt sagt etwas darüber aus, wie der Sender diese Mitteilung vom Empfänger verstanden haben möchte. Der Beziehungsaspekt zeigt, welche emotionale Beziehung von einem Kommunikationspartner gesetzt wird. Daraus folgt, dass der Beziehungsaspekt bestimmt, wie der Inhalt zu interpretieren ist. Die Art der Beziehung zwischen zwei Kommunikationspartnern ist für das gegenseitige Verständnis von grundlegender Bedeutung.«[101]

Die Inhaltsebene bezeichnet also die »nackte« Information, das digitale 1 oder 0, die Fakten. Doch anders als man denken könnte, tritt die reine Information manchmal hinter die Beziehungsebene zurück. Die subtil gesendete Botschaft der Beziehungsebene wird wichtiger als der Inhalt. Dass Menschen auf der Inhalts- und Beziehungsebene völlig unterschiedliche Dinge zu gleicher Zeit äußern können, ist eine ewige Quelle von Streit, Verwirrung und Missverständnissen. Im Extremfall kommt es zum sogenannten kommunikativen »Doublebind«: Inhalts- und Beziehungsebene widersprechen sich völlig. Ein Beispiel hierfür ist der Appell »Sei doch mal spontan!«: Inhaltlich wird der Empfänger aufgefordert, »spontanes« (also unvorhergesehenes) Verhalten zu zeigen. Doch die Beziehungsebene transportiert ja gerade einen Befehl. Das heißt, der Empfänger soll »gehorchen« und sich eben nicht spontan, das heißt unvorhersehbar verhalten. Ein Widerspruch, den der Empfänger nicht auflösen kann. Genau wie in diesem Beispiel ist unser Alltag gespickt mit Kommunikationen, in denen sich Inhalts- und Beziehungsebene widersprechen:

- der Chef, der sagt: »Sie haben meine volle Aufmerksamkeit« und dabei intensiv suchend in den Schreibtischschubladen kramt,
- der Partner, der tonlos murmelt: »Natürlich steht dir das Kleid, Schatz«,
- das »Raubtier-Lächeln«: der Mund lächelt, doch die Augen lächeln nicht mit.

Der Widerspruch zwischen Inhalts- und Beziehungsebene ist auch ein beliebter Tummelplatz für Comedy und Gags. Gebrochen in den Stilmitteln Ironie, Sarkasmus und Zynismus servieren Kabarettisten und Comedy-Serien Witze und Statements, deren Inhalts- und Beziehungsebene sich widersprechen. So werden beispielsweise Politiker gelobt, während man gleichzeitig abschätzig lächelt oder lacht. Diese Technik wirkt, weil der Zuschauer mit diesen Stilmitteln rechnet. So wird der kommunikative Doublebind zur abendfüllenden Unterhaltung.

Im echten Leben hingegen erschwert der Doublebind Kommunikation teilweise erheblich. Dies hat für die Aufnahme von Information insofern Bedeutung, als wir die

Kommunikativer Doublebind: das eine sagen, das andere tun

Beziehungsebene brauchen, um die Inhaltsebene zu entschlüsseln. Wie bei einer Banane müssen wir die Information erst schälen. Die

Schale (Beziehungsebene) ummantelt den Inhalt. Auch wenn wir die Schale vielleicht wegwerfen, weil sie für uns bedeutungslos ist, kommen wir nicht an das Fruchtfleisch, ohne uns mit der Schale zu beschäftigen. Weil Information also eine komplexe Sache aus Inhalt und Beziehung ist, brauchen wir zwei Grundfähigkeiten: Wir müssen die Beziehungsebene entschlüsseln (die Banane schälen) und die Information verarbeiten können (die Frucht essen). Nur so kann Information für uns ihre volle positive Wirkung entfalten. Die richtige Information muss uns erreichen, wir müssen ihren Bedeutungskontext entschlüsseln, die Beziehungsebene managen und schließlich die Sachinformation richtig erfassen. Und im Idealfall auch noch verarbeiten und in weitere Information oder Handlungen umsetzen können. Dieser Prozess der Informationsverarbeitung läuft jeden Tag millionen-, ja milliardenfach auf der Welt ab: zwischen Menschen, zwischen Mensch und Maschine, sogar zwischen Maschinen untereinander (wobei die komplizierte Beziehungsebene natürlich wegfällt).

Unternehmen verwenden darum völlig zurecht einen Teil ihrer Energie darauf, diesen Informationsfluss zu kontrollieren, zu reglementieren und zu verbessern. Genau wie bei Menschen ist es für Unternehmen äußerst wichtig, die richtige Information zur richtigen Zeit weiterzugeben und entsprechend zu handeln. Ein Beispiel: Der Fahrer eines Industrieunternehmens kann bei einem Kunden seine Waren nicht abliefern. Er hat den LKW voller teurer Teile und kann nichts tun. Er ruft die Logistik-Abteilung seiner Firma an und gibt das entsprechend durch. Doch was tut die Abteilung? Sie kommuniziert die Information nicht weiter, sie wandelt diese wichtige Information nicht in eine entsprechende Handlung um. Die Geschäftsführung erfährt davon erst am nächsten Tag. Dem Unternehmen entsteht dadurch ein finanzieller Schaden, weil der oben angesprochene Prozess der Informationsverarbeitung nicht geklappt hat. Und gerade dieses Beispiel zeigt sehr schön, dass gelungene Informationsverarbeitung in Organisationen in erster Linie keine Sache der Technik ist. Egal, wie hoch entwickelt die Kommunikationstechnik im Unternehmen ist; egal, ob Mail, Telefon, Intranet oder Rauchzeichen benutzt werden: Entscheidend ist die Mentalität der Mitarbeiter. Erkennen sie wichtige Informationen? Können sie entscheiden, was weiterverarbeitet oder -geleitet werden muss und was nicht? Das ist eine Fähigkeit, die man mit reinen E-Mail-Schulungen wenig fördern kann. Dies ist eine kognitive Metafähigkeit, ein Mitdenken, ein Über-den-Tellerrand-Schauen, das einen unternehmerisch denkenden Mitarbeiter von einem klassischen »Arbeitnehmer« unterscheidet.

Welche Fähigkeiten also braucht der informationsverarbeitende Mensch von morgen? Auf einer ersten Stufe muss er eine Information einschätzen können und sich selbst fragen: Brauche ich diese Information? Jetzt? Hat sie Relevanz und / oder Qualität? Das Beantworten dieser Fragen erfordert im Grunde nur einiges Training und Disziplin in der Ausführung. Meist weiß man, was im Arbeitskontext gerade wichtig ist. Nur der Fokus, die Disziplin fehlt manchmal. Der Klassiker ist dann die wertvolle, verlorene Zeit, die man beispielsweise mit dem Surfen auf Nachrichtenportalen verbringt, statt sich der E-Mail des bekannt schwierigen Kollegen zu widmen. Denn Klicken und Konsumieren ist weniger anstrengend als in der langatmigen E-Mail des Kollegen »die kommunikative Banane zu schälen«.

Angemessenes Kommunizieren ist keine Frage der Technik, sondern der Haltung und des Engagements

Brauche ich diese Information? Brauche ich sie jetzt? Hat sie Relevanz und Qualität? Das sind Fragen, die den inhaltlichen Kern von Information betreffen. Diese kann man nur kompetent beantworten, wenn man schlüssig mit der Beziehungsebene von Information umzugehen gelernt hat. In der Arbeitswelt von morgen wird derjenige im Vorteil sein, der möglichst viele Beziehungsebenen (sprich Menschen) genau einordnen und verarbeiten kann. Die Grundlage dafür wiederum ist eine hohe Reflexionsfähigkeit und das Wissen um die eigene Wirkung und das eigene Eingebundensein in die Beziehungsebene, die man meist in Gesprächen oder in technischer Kommunikation unbewusst aufbaut und mitsendet.

Für Unternehmen bedeutet die Banane und die Doppelbindung: Investieren Sie nicht in erster Linie in die neueste Technik, sondern in die Kommunikationsfähigkeit Ihrer Mitarbeiter. Suchen und fördern Sie Menschen, die »die Banane schälen können«, und kombinieren Sie sie mit den Spezialisten in der Sache.

Wenn die Deiche brechen

Für unseren Alltag und mehr noch für unser tägliches Berufsleben könnte die nächste wichtige Frage lauten: Wo finde ich die Bananen, die ich brauche? Wo sind die für mich wertvollen Informationen versteckt? Eine solche Frage erscheint zwar, nach allem, was wir bisher gehört haben, logisch. Ist sie aber nicht. Denn anders als zu jedem anderen Zeitpunkt in der menschlichen Geschichte müssen wir die Banane bzw. die Information nicht mehr mühsam suchen. Im Gegenteil. Wir stehen in einem Regen von Bananen, der nur so auf uns niederprasselt. 24 Stunden, sieben Tage die Woche, 365 Tage im Jahr. Wir waten in einem Fluss von Informationen, der uns umzureißen droht, der zur Flut, zum tatsächlichen *information overload* führt.

Dabei dürfen wir eines nicht vergessen: Information aufzunehmen, bedeutet nicht nur reines »Faktenfressen«, sondern auch Wahrnehmung und Einordnung der Beziehung, des Subtextes, des Interpretationsrahmens. Das ist oft nicht leicht, ja, es kann ungeheuer anstrengend sein. Daher gibt es in Geheimdiensten den Beruf des »Analysten«, der klare Fakten interpretiert, deutet, sie zueinander in Beziehung (!) setzt und so über die reine Datenlage hinaus Schlüsse zieht und eine Ordnung herstellt. Das Gleiche geschieht übrigens auch in der Wirtschaft: Dort arbeiten »Business Analysten«, die den Markt beobachten, die Konkurrenz. Die Szenarien bauen und versuchen, relevante Daten in Modelle für die Unternehmensstrategie zu verwandeln. Das alles können diese Leute nur tun, wenn sie gut darin sind, Inhalts- *und* Beziehungsebene einer Information richtig zu bewerten.

Der nächste technologische Schritt in diese Richtung steht gerade vor der Tür. »Big Data« nennt sich der Versuch, die mittlerweile riesigen Datenberge der Unternehmen so zu analysieren, dass bislang versteckte Zusammenhänge sichtbar werden und man aus den neuen Erkenntnissen im wahrsten Sinne des Wortes Kapital schlagen kann. Der Wissenschaftler Viktor Mayer-Schönberger sieht sogar einen ganz neuen Beruf im Entstehen: die »Algorithmiker«, die – ähnlich wie die Mathematiker und Physiker im Investmentbanking – darauf spezialisiert sind, wirksame Algorithmen und Programme für das Auffinden relevanter Daten und mehr oder weniger unwahrscheinlicher Muster zu schreiben.

Ein solches unwahrscheinliches Muster habe beispielsweise der Paketdienstleister UPS entdeckt. Dessen Fahrer »biegen in den USA, sooft es geht, rechts ab, auch wenn sie links abbiegen müssten, um ihr Ziel zu erreichen. Sie folgen damit einer Anweisung ihrer Geschäftsleitung, und auch wenn diese Anweisung unsinnig erscheint, ist sie doch ökonomisch rational. Der Paketdienst spart damit jedes Jahr zehn Millionen Dollar. UPS hat diesen Zusammenhang mithilfe einer sogenannten Big-Data-Analyse entdeckt. Dabei führt eine spezielle Software mehrere Datensätze zusammen, in diesem Fall: Unfallstatistiken, Statistiken über den Benzinverbrauch und die Aufzeichnungen über Millionen Touren der UPS-Fahrer. So stellte sich heraus, dass die UPS-Transporter deutlich seltener in Unfälle verwickelt sind, wenn sie nicht links abbiegen und somit den Gegenverkehr kreuzen, sondern stattdessen dreimal rechts abbiegen und dann geradeaus die Straße überqueren, von der sie ansonsten links abgebogen wären.«[102]

Big Data: Erkennen, was zunächst gar nicht zu sehen ist

Wie man sieht, sind wir kollektiv in der Erzeugung, Analyse und Interpretation von Information schon relativ weit. Doch die Datenmenge will auch beherrscht sein, sie einfach nur horten reicht nicht aus – man denke an die Giga-, manchmal Terabyte an Urlaubsfotos und -videos, die wir nie anschauen, oder an lückenlose Archive von Zeitschriften, die manchmal über Jahrzehnte zurückreichen, endlos wuchernde E-Mail-Archive mit dem tausendsten Unterordner etc. Unser Sammeltrieb ist mächtig und schlägt auch auf dem Gebiet der Information und Kommunikation zu. Wir stopfen wahllos jede Information über jedes Medium in uns hinein, egal ob »nahrhaft« oder nicht. Wir wissen nicht, wann wir aufhören sollen. Eine der zentralen Funktionen für unser Informationsmanagement ist jedoch – so paradox das klingt – das Vergessen.

Der Management-Berater Fredmund Malik nennt das ganz profan eine »Müllabfuhr«, die man von Zeit zu Zeit bei sich selbst durchführen müsse: »Diese Idee, die man auf einfache Weise zu einer Methode ausbauen kann, macht den entscheidenden Unterschied aus zwischen fetten und schlanken Organisationen, zwischen ineffizienten und effizienten, zwischen langsamen und schnellen und zwischen faulen und vitalen. Menschen und Organisationen neigen dazu, zu viel zu tun – zu viel Verschiedenartiges und zu viel, das keinen Nutzen stiftet. Man trägt zu viel Ballast mit sich.«[103]

Eine solche Maßnahme der persönlichen Müllabfuhr ist nichts anderes, als den erfolgreichsten Mechanismus des Gehirns auf unsere tägliche Arbeit zu übertragen.

Die wichtigste Funktion des Gehirns ist: das Vergessen. Denn »unser Wunsch ist in der Tat, all das zu bewahren, was wir bewahren können, all das zu erinnern, was wir erinnern können, aber vor allem deshalb, weil wir biologisch gesehen das meiste, was wir erfahren, was wir denken, was uns geschieht, vergessen. Im digitalen Zeitalter aber hat sich diese Balance umgekehrt. Es wird nicht mehr das meiste vergessen und weniges, aber Wichtiges erinnert, sondern im digitalen Zeitalter wird alles erinnert oder fast alles, was digital gespeichert werden kann. […] Wir sollten wieder vergessen lernen, weil das Vergessen eine ganz wichtige Funktion für uns Menschen hat. Zum einen erlaubt das Vergessen uns, Neues zu lernen, uns mit Neuem auseinanderzusetzen. Würden wir uns ewig erinnern, würden wir uns ständig an das Vergangene erinnern, dann hätten wir Schwierigkeiten im Jetzt, im Heute zu entscheiden.«[104]

Erinnern und Vergessen: Beides ist im Umgang mit Informationen absolut notwendig

Ignorieren wir die Chance, die das Vergessen bietet, tun wir unserem Gehirn damit nichts Gutes. Saßen Sie schon einmal vor Ihrem PC, wollten im Internet surfen und wussten auf einmal nicht mehr, wonach eigentlich? Vor einer Sekunde hatten Sie es doch noch genau im Kopf. In solchen Momenten setzt unsere Konzentration aus, die »Exekutivfunktion«, wie die Psychologen sie nennen. Die Exekutivfunktion managt unser Bewusstsein und sorgt dafür, dass das Gehirn Wichtiges von Unwichtigem trennen kann. Dieses Management kann man sich wie einen Jongleur vorstellen. In dem Moment, in dem die Exekutivfunktion aussetzt und Sie nicht mehr wissen, was Sie eigentlich im Internet wollten, verliert der Jongleur – bildlich gesprochen – den Ball. Solange das nur manchmal passiert, ist das nicht weiter tragisch. Doch immer mehr Menschen passiert das immer öfter. Es gibt zum Beispiel Burnout-Betroffene, die ihre Konzentration bis zum Gedächtnisverlust verlieren. Spätestens dann wird es Zeit, auf Informationsdiät zu gehen. Daher ist es für ein sinnvolles Informationsmanagement entscheidend, sich selbst einen individuellen Mix von Informationen zusammenzustellen unter der Hauptfrage: Worauf kann ich verzichten?

Von vornherein Informationen einzuschränken, hat einige Vorteile. Die Exekutivfunktion wird entlastet. Sinnvoller wäre es daher, nicht so viele Informationen über die Brücke zu lassen. Eben bewusst auswählen anstatt kritiklos alles auf sich einstürmen lassen. Konzentration ist nicht nur wichtig für Ihre Arbeit, sondern auch für Ihr Wohlbefinden und Ihre generelle Selbststeuerung. Informationsbeschränkung ist eine der leichtesten und dabei effektivsten Methoden, die Informationsflut um uns herum zu beherrschen.

Sind Sie konzentriert, setzen Sie sich zugleich bewusster mit Ihrer Umwelt auseinander. Jeder von uns lebt im Austausch und in Kommunikation mit seiner Umwelt. Doch wenn wir unsere Informationssuche willentlich einschränken, haben wir die Chance, Informationen nicht nur aufzunehmen, sondern zu genießen. Denn Informationsaufnahme braucht Zeit. Zeit, um den Inhalts- und Beziehungsaspekt zu entschlüsseln. Analog zu der »Slow Food«-Bewegung, die Essen à la McDonald's ablehnt, könnten wir eine »Slow Information«-Bewegung einläuten, die sich gegen die allgegenwärtige Berieselung mit Informationen wehrt. Oder kennen Sie ein Kaufhaus, in dem Sie keine lästige Musik bedrängt? Oder eine Stadt, in der Sie nicht von greller Werbung belästigt

> **»Slow Information«: Städte ohne Werbebanner, Orte ohne Fahrstuhlmusik, Postfächer ohne Spam**

werden? Keinen Tag, an dem Sie sich nicht über Spam-Mails ärgern? Solche Dinge individuell auszublenden, ist das eine. Genauso nötig ist jedoch eine neue Kommunikationskultur – weg vom »geschmacklosen Einheitsbrei« hin zu gehaltvoller »Slow Information«.

So entsteht ein Gleichgewicht zwischen Senden und Empfangen. Die Informationsflut gibt es ja nicht nur, weil wir zu viel empfangen. Irgendwoher muss die Information ja kommen, die kollektiv empfangen wird. Und zwar von uns. Wir sind sowohl Opfer als auch Produzenten der Informationsflut. Der gleiche Selektionsprozess, den wir beim Empfang von Informationen anlegen, sollte deshalb auch für das Senden gelten. Bevor man Kommunikation in den Äther hinausbläst, sollte man sich fragen, ob sie sinnvoll ist, ob sie einen Zweck erfüllt (der auch ein emotionaler Zweck sein kann). So kommen wir wieder ins Gleichgewicht. Auch die Natur kennt Prozesse, um ins Gleichgewicht zurückzukommen, etwa die »negative Rückkopplung«: Wenn von Tier A zu viel da ist, schafft die Natur Bedingungen (vielleicht einen natürlichen Feind Tier B), die dafür sorgen, dass es weniger von A gibt. Doch weil es weniger der Gattung A gibt, gibt es für B weniger zu fressen und in Folge auch weniger B. Nun kann sich A wieder ausbreiten und das Spiel beginnt von vorn.

Das Auswählen und Abwehren von Informationsquellen ist somit vielleicht der wirksamste Schritt auf dem Weg zur persönlichen Informationsökonomie. Wenn wir Information nicht an uns heranlassen, kann sie uns auch nicht verwirren. Natürlich muss man hier mit Bedacht auswählen, keine Frage. Eine reine Blockadehaltung ist sicherlich die falsche Politik. Schließlich sind wir auf die richtige Information zur richtigen Zeit angewiesen. Am Ende sollte deshalb ein individuelles Informationsdesign stehen. Der eine verzichtet vielleicht auf Fernsehen, der andere auf eine Zeitung. Der Dritte wirft sein Notizbuch auf den Müll, weil er herausfindet, dass er mit einem Smartphone seine Informationen besser bündeln und verwalten kann. Hier gibt es keinen Königsweg nach dem Motto: Liebe Leute, X ist schlecht. Verzichtet auf X, dann seid ihr entlastet und könnt wieder entspannen. (Für X kann man wahlweise einsetzen: Fernsehen, Computerspiele, Internet, E-Mail etc.) Nein, es geht um eine ganz individuelle Mischung, um ein Informationsportfolio, das man genauso sorgfältig hegen und pflegen sollte wie ein Wertpapier-Portfolio. Auch dort schaut man von Zeit zu Zeit hinein, prüft es, wirft vielleicht manches hinaus, anderes kommt hinein. Und da gehen die Menschen eben verschiedene Wege – auch in Unternehmen. Der eine holt sich seine Informationen aus der Kaffeeküche, der andere liest Rundmails. Während ein Mitarbeiter sich die E-Mails auf sein Smartphone weiterleiten lässt, checkt seine Kollegin nur zweimal am Tag ihre Inbox. Und so weiter. Menschen handhaben Informationen ganz unterschiedlich – auch in ihrem Arbeitsbereich und in ihrem Unternehmen.

Informationen müssen kursieren und alle Bereiche etwa des Unternehmens mit Wichtigem versorgen. Erst dann sind sie nützlich und können ihre Wirkung entfalten; ansonsten sind sie Datenmüll, der behindert und nichts nützt. Diesen Datenmüll produzieren jedoch immer mehr Unternehmen: Gerade in wirtschaftlich schwierigen Zeiten klammern sich manche Organisationen noch an das letzte Fitzelchen Information in der Hoffnung, dort die rettende Botschaft zu entdecken. Nur so kann man sich informationelle Auswüchse wie Excel-Tabellen erklären, die teilweise hundert oder mehr Kennzahlen enthalten. Ganze Heerscharen von Assistenten in aller Welt tun tagelang nichts anderes, als diese Kennzahlen-Tabellen in wichtige Präsentationen zu packen, die dann dem Vorstand schmackhaft gemacht werden. Sind solche Zahlenwerke erst einmal in der Welt, wagt kaum jemand mehr, Sinn und Zweck einer solchen Zahlenorgie zu hinterfragen. Dabei stellte der Statistiker Glass bereits 1976 fest: »Our problem is to find the knowledge in the information.«[105]

Auch bei Informationen gilt: So mancher sieht den Wald vor lauter Bäumen nicht

Genau hier liegt auch das Problem. Immer weniger Menschen können kompetent unterscheiden: Was ist reine Information ohne Gehalt und was ist tatsächlich wichtig – wichtig für mich? Diese Entscheidung sollten Menschen in einem Unternehmen theoretisch jeden Tag mehrmals treffen können. Eben, damit möglichst wenig Datenmüll produziert wird und man sich auf die Körnchen Wissen konzentrieren kann, die einen selbst, das Team oder die Firma tatsächlich weiterbringen. Und das wird immer schwieriger. Um im Bild von Information als »Blutkreislauf« des Unternehmens zu bleiben: War früher die Thrombose das Problem, ist es heute der Blutsturz. Dabei hat zu viel Information denselben Effekt wie gar keine Information: Es fehlen wichtige Arbeits- und Entscheidungsgrundlagen für ein sauberes, qualitatives Arbeitsergebnis, das, was die Engländer eine *informed decision* nennen: eine Entscheidung auf der Grundlage möglichst gültiger, präziser Information. Daher sollte der Informations- und Wissensarbeiter von morgen von Zeit zu Zeit eine individuelle Informations«müllabfuhr« durchführen:

- Misten Sie Ihre E-Mails aus. Machen Sie den »Löschen«-Button zu Ihrem Verbündeten. Denken Sie daran: Auch wenn Sie Ihr »kommunikatives Gehirn« in Form von E-Mails ausgelagert haben, gehört zum Mechanismus des Gehirns das Vergessen. Gönnen Sie sich den Luxus des Vergessens. Verfallen Sie nicht der Taktik, die der Internet-Experte Nico Lumma »Cover Your Ass« nennt: »Man schreibt immer E-Mails an alle, die man kennt, dann wissen auch alle, dass man gerade etwas arbeitet. So macht der einzelne Mitarbeiter nichts falsch und kann immer sagen ›Ich habe Sie doch informiert!‹, sollte es mal zu Schwierigkeiten im Projekt kommen. Andersherum bestehen Vorgesetzte gerne darauf, immer ins cc: genommen zu werden, damit sie stets informiert sind. Was für ein Unfug. Die einen schreiben E-Mails, um zu zeigen, dass sie produktiv sind, und die anderen wollen die E-Mails haben, um zu zeigen, dass sie alles im Blick haben. Im Endeffekt schreiben sich alle fleißig überflüssige E-Mails und wissen nicht mehr, wie sie das Relevante herausfiltern sollen. Folgerichtig werden die E-Mails ignoriert, die eigentlich hätten gelesen werden sollen, oder man wühlt sich stundenlang durch einen Thread, nur um festzustellen, dass die relevante Info irgendwo im AW:-Nebenthread gelandet ist.«[106]

- Durchforsten Sie Ihre Sozialen Netzwerke (XING, Facebook etc.) und haben Sie den Mut, Karteileichen zu beseitigen. Dass das in der Regel nur nach innerem Kampf geschieht, beschreibt humorvoll Andreas Dauerer auf dem Portal »Philibuster«: »Beim Geschäftemachen ist der Satz ja recht beliebt, dass man über nur sieben Ecken wirklich jeden kennen kann. Geld regiert schließlich die Welt und das ist der Punkt, der die Leute hoffen und mich zögern lässt. Kann ich es mir überhaupt erlauben, mir unbekannte Kontakte aus der Liste zu schmeißen?«[107] Doch, das können Sie: Auch Beziehungen unterliegen einer Dynamik. Manchmal ist es einfach Zeit, sich zu trennen – und damit vielleicht auch Platz zu schaffen für neue Kontakte.

- Sehen Sie Ihren Medienkonsum durch eine sportliche Brille und fragen Sie sich: Wo kann ich reduzieren, ohne an Genuss zu verlieren? Gibt mir die abendliche Fernsehberieselung wirklich etwas oder ist sie einfach nur Gewohnheit geworden? Will ich Radiogedudel vielleicht durch eine CD oder ein Hörbuch ersetzen? Ein Selbstversuch auf süddeutsche.de liest sich dazu so: »Was wäre, wenn ich das Ding, auf das ich mein Wohnzimmer ausgerichtet habe, nun für immer abgäbe? An die Nachbarn verschenken, im Internet verticken? Ich schaue mal kurz rüber, da steht er: dunkel und ganz still. Klar will er eingeschaltet werden, weil so ein dunkler und stiller Fernseher irgendwie trostlos wirkt. Die Fernbedienung hat Staub angesetzt, mein Freund hat sich meinem TV-Boykott angeschlossen. Auch er hat nun offenbar mehr Zeit …«[108] Man sieht: Macht man den Schritt zu weniger Medienkonsum, muss man in der Regel meist eine gewisse kurze Phase der Entwöhnung durchschreiten. Da heißt es, stark bleiben. Sie geht schneller vorbei, als man denkt.

- Investieren Sie Zeit in gute Gespräche mit Menschen, die Sie schätzen. Wenn Sie gut drauf sind, erweitern Sie Ihren Gesprächskreis um Menschen, die anders sind als Sie, vielleicht deswegen auch anstrengend, die aber etwas zu sagen haben und Ihren Blickwinkel erweitern. Information ist immer auch eine Frage der Vielfalt.

- Ordnen und kategorisieren Sie Ihren Terminkalender. Berufliches sollte auch unter »Beruf« oder »Büro« zusammengefasst werden, ebenso »Privates«. Diese Vorgehensweise zeigt Ihnen übrigens auch gut, worin Sie das Wertvollste investieren, das Sie haben – Ihre Zeit.

- Produzieren Sie relevante Information. Zwar fällt es uns leichter, Informationen passiv zu konsumieren. Doch selbst wenn wir Informationen produzieren, laufen wir Gefahr, das wenig konstruktiv zu tun. Werden Sie daher zum Informationsexperten und versuchen Sie immer wieder, hochklassige Information für Ihre Umwelt zu produzieren. Das können elegante Twitter-Beiträge sein oder nachdenkliche Kommentare in Blogs, durchdachte Vorschläge für Ihren Betrieb oder ein Telefonat mit einem lange nicht mehr besuchten Freund. Das Entscheidende ist: Machen Sie es bewusst und versuchen Sie, Qualität herzustellen. Angenehmer Nebeneffekt: Mit der Zeit wird Ihnen die mangelnde Qualität mancher Information auffallen. Und von einigen Informationslieferanten werden Sie sich dann vielleicht trennen. Weil es eben ein Unterschied ist, mit was man seine Zeit verbringt.

Das Filterproblem

An dieser Stelle ist es interessant, einmal verschiedene Informationsquellen und -kanäle zu betrachten. Die Informationsflut hat nämlich auch in der Vielzahl der Kanäle ihre Ursachen. Die Möglichkeiten der Informationsaufnahme sind in den letzten Jahren geradezu explodiert. In früheren Zeiten hatten Menschen und Organisationen eher das Problem, nicht schnell genug an Informationen zu kommen. Bismarck ließ sich seine Zeitung noch per Boten bringen; im Wilden Westen wurde oftmals eine ganze Stadt über eine einzige Telegrafenleitung versorgt. Auch heute hat man noch, besonders bei kleineren Firmen, manchmal nur einen einzigen Telefonanschluss für den gesamten Betrieb.

Doch das ist eher die Ausnahme: Mit den Segnungen moderner, digitaler Kommunikationssysteme haben sich die Schleusen der Kommunikation nun auch im Businesskontext geöffnet. Es wird gemailt, getwittert, gesimst und gebrabbelt, was das Zeug hält. Viele Unternehmen wollen nicht als unmodern gelten und stürzen sich beispielsweise auf das Phänomen Social Media, als würde ihnen allein die Anmeldung einer Facebook-Fanpage neuen Umsatz in Millionenhöhe bringen. Bleiben wir im Unternehmenskontext, können wir zwei Arten von Informationsquellen unterscheiden: externe und interne Information. Externe Information kommt tatsächlich »frisch« aus der Umwelt der Organisation: herkömmliche Nachrichten aus Politik, Wirtschaft etc., externe Wissensquellen (Wikipedia, externe Datenbanken), aber auch Gespräche mit organisationsfremden Personen (Kunden, Lieferanten, aber auch der Mann vom Zeitungskiosk um die Ecke). Alles, was von außen die Grenze der Organisation durchbricht bzw. von dort mitgebracht wird, können wir als externe Information einordnen.

Interne Information dagegen ist ein Produkt der Organisation selbst. Sie dient naturgemäß dazu, Probleme zu lösen, Produkte und Dienstleistungen zu entwickeln, Meetings zu koordinieren etc. Doch einmal innerhalb der Organisation verfasst, beginnen Informationen nicht selten, unkontrolliert zu zirkulieren und ein Eigenleben zu entwickeln (Flurfunk!). Aber auch in der strukturierten Variante in Form von Excel-Tabellen, Präsentationen und Ähnlichem werden Informationen oft jenseits ihres eigentlichen Zweckes hin- und hergeschoben, ohne dass sie je wieder an die Außenwelt gelangen.

Zu unterscheiden sind weiterhin Informations*quellen* von Informations*kanälen*. Hält der Vorstand eine Rede, ist er eine Informationsquelle. Diese Rede kann den Mitarbeiter aber auf verschiedenen Kanälen erreichen: Man kann sie live bei der Betriebsversammlung hören, später das Video anschauen oder den Wortlaut einfach per Mail nachlesen. Eine Informationsquelle – drei mögliche Kanäle. Ein anderes Beispiel, das den »Kanalwechsel« zwischen Medien drastischer beschreibt, ist die aktuelle Zeitungskrise. Menschen konsumieren reine Nachrichten als Information nicht mehr morgens mit einer Zeitung aus Papier, sondern elektronisch via PC, Tablet oder Smartphone. Diese Menschen verzichten nicht auf Information an sich, aber sehr wohl auf den veralteten Kanal.

Eine Betrachtung der unterschiedlichen Kanäle, auf denen man – auch beruflich – Information empfangen kann, lohnt sich. Grob kann man diese Informationskanäle in zwei Kategorien einteilen: technische und personelle Informationskanäle. Zur technischen Information gehören E-Mail, alle Social Media wie XING, Twitter oder Facebook, »normale« Internetseiten (Homepages, Suchmaschinen), RSS-Feeds, Presse und Medien, das firmeneigene Intranet und noch einiges mehr. Die Liste wird sich in Zukunft sehr wahrscheinlich noch verlängern, da wir immer ausgefeiltere Techniken der digitalen Informationsaufbereitung und -weitergabe erfinden. Zur personellen Information gehören das Meeting, das Telefonat und natürlich das persönliche Gespräch (unter Kollegen, von Chef zu Mitarbeiter im Mitarbeitergespräch), Betriebsversammlungen, Flurfunk etc. (Das Telefon ist ein Grenzfall, ich rechne es jedoch zu den personellen Informationsquellen.) Bringt man nun beide Informationsdimensionen (Quelle und Kanal) in eine Ordnung, ergibt sich folgendes Raster:

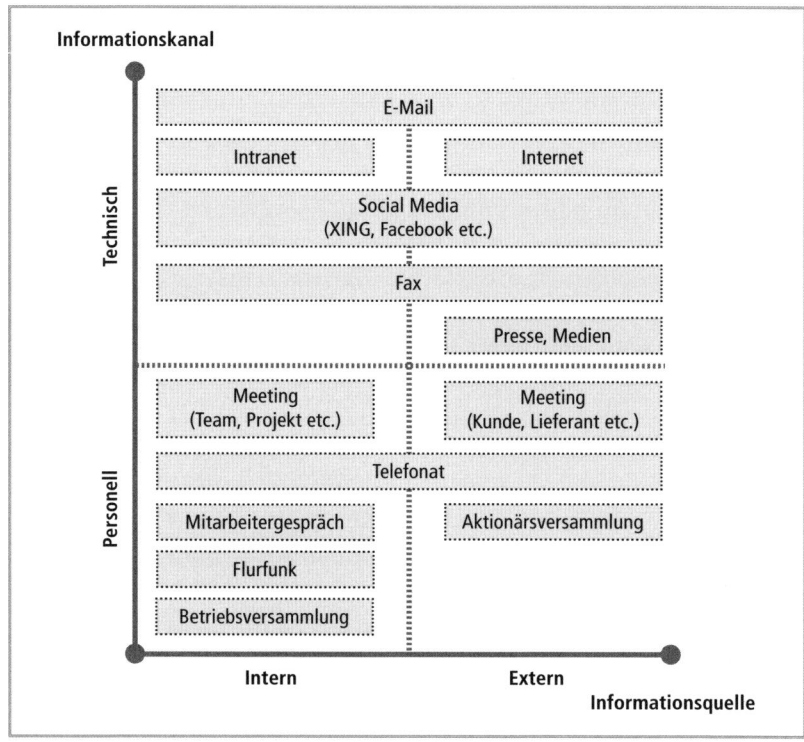

Abbildung 1: Informationsquellen vs. Informationskanäle

Diese Einteilung ist selbstverständlich nicht erschöpfend. Sie soll lediglich deutlich machen, dass es nicht »die« Information gibt. Man kann Informationen nach Quelle und Kanal einteilen, sie vorsortieren. Doch auch wenn wir Quellen und Kanäle sortiert haben, benötigen wir Informationsfilter, die uns helfen, die Informationsaufnahme zu steuern. Wenn man schon moderne Techniken zur Informationsgewinnung nutzt, sollte man auch kompetent genug sein, den Informationsfluss so zu steuern, dass man ein gutes »Signal-Rausch-Verhältnis« erzeugt, wie die Techniker sagen. Die Information, die man braucht, muss so deutlich hervortreten, dass der irrelevante Datenmüll, das »Hintergrundrauschen«, nicht stört. Bei der E-Mail kann man Spamfilter installieren, auf XING kann man konfigurieren, dass bestimmte Nutzer keine Nachrichten schicken können (oder überhaupt niemand), bei Facebook kann man Nachrichten und Nutzer-Statements ausblenden etc. Sogar komplette Werbeblocker für Internetbrowser sind längst üblich geworden, um ganze Klassen von Informationen auszublenden. Man kann also in gewisser Weise die Informationsaufnahme steuern – wenn man technisch versiert ist und weiß, wie das geht.

Digitale Kommunikation heißt auch: Einstellungen vornehmen, Sicherheitsstandards beachten, Hierarchien des Zugangs festlegen

Genau das wissen die meisten Beschäftigten jedoch nicht. Die meisten Menschen haben zu ihrem PC das gleiche Verhältnis wie zu ihrem Auto: Solange der Motor anspringt, ist alles okay. Man muss als Autofahrer nicht wissen, wie der Motor genau funktioniert. Leider ist bei der Informationstechnologie die Sache etwas anders: Sie bestimmt in so vielen Bereichen unser Leben und unsere Kommunikation, dass man sehr wohl gezwungen ist, zu wissen, »wie der Motor funktioniert«. Leider gibt es hier noch erhebliche Defizite. Selbst eine konservative Kraft wie die CSU hat die Zeichen der Zeit erkannt und diagnostiziert, »dass Menschen jeden Alters die Kompetenz zu eigenverantwortlichem Handeln im Netz erlangen und wissen, welche Chancen und Risiken die digitalen Medien mit sich bringen. Wir verstehen die Vermittlung dieser Kompetenz als Lebenszyklus, der spätestens in der Schule beginnt und einen lebenslangen Lernprozess darstellt. […] In einer veränderten Arbeitswelt sehen wir das Wissen um den richtigen Umgang mit modernen Kommunikationsmitteln als besten Schutz vor Überlastung der Arbeitnehmerinnen und Arbeitnehmer. Eigenverantwortung ist besser als ›Funkstille‹ und starre Bürozeiten. Wissen ist besser als Angst vor einem vermeintlich Unbekannten.«[109]

Technische Kommunikation und Information kann man filtern. Die direkte personelle Kommunikation hingegen läuft ungefiltert ab. Man kann im Meeting nicht auf einen Knopf drücken und der Chef wird stumm (auch wenn sich das so mancher vielleicht wünscht). Wenn Sie das am Telefon machen, unterbrechen Sie zwar die Kommunikation, aber zugleich auch die Informationsaufnahme. Die Filtergrenze wird somit quasi in den Kopf des Empfängers verschoben und ist den üblichen Anfälligkeiten wie Missverständnissen, emotionaler Bewertung oder fehlender Aufnahmekapazität ausgesetzt. Denn vom Sender einer Information zum Ohr und Verstand eines Empfängers muss die Nachricht einige Klippen überwinden. Aus der Kommunikationstheorie und vor allem dem Sender-Empfänger-Modell wissen wir, dass das Risiko dafür, buchstäblich aneinander vorbeizureden, enorm ist. So brauchen Sender und Empfänger beispielsweise einen gemeinsamen sogenannten »Zeichenvorrat«, dessen sie sich bedienen.

Ein Finne und ein Italiener, die beide nur ihre Muttersprache sprechen, haben nur einen begrenzten Zeichenvorrat zur Verfügung. Sprachliche Verständigung fällt aus; es bleibt die nonverbale Kommunikation mit Gesten und Mimik. Da müssen sich beide darauf verlassen, dass der jeweils andere für die gleiche Geste (zum Beispiel die Hand zum Mund führen) die gleiche Bedeutung gespeichert hat (»ich habe Hunger«).

Erfolgreiche Kommunikation basiert immer auf einem Vorrat geteilter Bedeutungen

Auch auf Grundlage dieser begrenzten Zeichenvorräte lässt sich kommunizieren, allerdings nur eingeschränkt und ohne große Differenzierung. Für unser modernes Alltagsleben und natürlich auch unseren Arbeitsalltag müssen wir daher einen möglichst großen Zeichenvorrat anlegen: für unterschiedliche Situationen, Gedanken, Gefühle und Ausdrucksvariationen. Je besser man differenzieren kann, umso kleiner werden die Missverständnisse. Andersherum ist es, als ob man versuchte, mit einer Gabel Suppe zu essen: sehr mühsam, unerfreulich und eher unproduktiv. Daher muss man in der Informationsaufnahme und für ein gelungenes Informationsmanagement diese Klippen kennen und entschärfen. Denn schon der Verhaltensforscher Konrad Lorenz wusste: »Gedacht ist nicht gesagt. Gesagt ist nicht gehört. Gehört ist nicht verstanden!«[110]

Der menschliche Faktor

Aus dieser Perspektive sollte man meinen, die technische Informationsaufnahme sei ein Segen für die Arbeitswelt: steuerbar, mit allerlei Filtermöglichkeiten versehen, allzeit verfügbar und weniger nervig als der neugierige Nachbar im Hausflur. Doch weit gefehlt. Das Ächzen über die E-Mail-Flut ist groß. Unternehmen debattieren darüber, Social-Media-Seiten im Firmennetzwerk zu blockieren. Die Wirtschaft verliert angeblich Millionen durch sinnloses Surfen ihrer Mitarbeiter. Was ist da los?

Ein Grund liegt beispielsweise in fehlenden Regeln und Übereinkünften, einer »Netiquette« (also Einigung darüber, wie man sich im Netz anständig bewegt). Im richtigen Leben gibt es die »Etikette«, den »Knigge« oder ganz banale Verhaltensregeln (zum Beispiel, dass man den anderen ausreden lassen sollte). Man kann das Fehlen sozialer Normen im Netz sehr gut am »Troll«-Phänomen demonstrieren: »Trolle« hat die Netzgemeinde jene Zeitgenossen getauft, die in Foren und Blogs ausschließlich stänkern, pöbeln und andere Nutzer heruntermachen. Und das nicht als einmaligen Ausrutscher, sondern permanent und vorsätzlich.

Die Trolle sind die digitalen Gören einer Gesellschaft, die als Kollektiv im Netz noch erwachsen werden muss. Dass sie es noch nicht ist, zeigt auch die – durchaus berechtigte – Diskussion um einen Klarnamenzwang im Netz oder der Beschluss des völlig verfehlten Leistungsschutzgesetzes. Insgesamt stehen wir als Gesellschaft und mit ihr die Unternehmen vor der paradoxen Situation,

> Auch im Netz und in der Massenkommunikation muss es Regeln geben, um Verbalattacken und Verleumdungen zu vermeiden

dass uns eine unbeschränkte Welt an Informationen zur Verfügung steht, wir aber (noch) nicht effizient damit umgehen können. Wir sind wie der Mensch in einem Boot auf einem riesigen Ozean, dem das Paddel fehlt.

Doch ganz gleich, ob eine Information zunächst durch einen technischen Filter gegangen ist (wie zum Beispiel dem Spamfilter der E-Mail) oder redaktionell in einem Online-Forum entfernt wurde: Der einzelne Mensch muss die Information selbst bewerten. Ist sie relevant? Wertvoll? Für die Tonne? Wofür kann ich sie verwenden, wenn überhaupt? In der Betriebswirtschaftslehre gibt es das Prinzip des Homo oeconomicus, des rein rational handelnden und entscheidenden Menschen. Dieses Prinzip wurde inzwischen widerlegt, weil man festgestellt hat, dass bei Entscheidungen immer Gefühle im Spiel sind – bewusst oder unbewusst. Genau wie das Prinzip des Homo oeconomicus bei Kaufentscheidungen versagt, versagt es auch in der Beurteilung von Information. Das macht die Sache kompliziert. Würde nur das Prinzip des rein Rationalen gelten, könnte man einen Kriterienkatalog definieren, ähnlich einem technischen Filter: Alles von Sender A kommt prinzipiell in den Müll. Bei Sender B werden zusätzliche Prüfungen geschaltet (zum Beispiel Wortfilter). Informationen von Sender C werden grundsätzlich durchgewunken. Leider – oder Gott sei Dank – erfolgt die Informationsbewertung durch das menschliche Gehirn nicht rein rational.

Wir erinnern uns: Die Beziehungsebene einer Kommunikation, die »Bananenschale«, wird immer mitgeliefert und muss erst vom Empfänger entschlüsselt werden. Dazu braucht man feine Antennen, Übung und Reflexionsfähigkeit. Nur in der Kombination von Beziehungsebene und relevantem Inhalt kann eine Information für uns die volle Wirkung entfalten. Dass wir Informationen jedoch falsch bewerten, ihnen zu viel oder zu wenig Gewicht beimessen, liegt nicht nur an einem ungenügenden Filtervermögen. Vielmehr hat dieser Umstand auch genuin psychologische Gründe: Es kommt aufgrund von ganz normalen emotionalen Bedürfnissen zu Beurteilungsfehlern.

Emotionale Bedürfnisse steuern die Art und Weise, wie wir kommunizieren

Da wäre zunächst das Bedürfnis nach Absicherung. Wir Menschen spielen ungern auf Risiko. Lieber ist es uns, planen zu können, Gefährliches zu vermeiden oder möglichst genau einzuschätzen. Das geht manchmal so weit, dass wir entsprechende Informationen über Risiken und Gefahren gar nicht wahrnehmen (wollen). Nach dem Motto »Es kann nicht sein, was nicht sein darf« spielen wir mental »Blinde Kuh« und blocken die Auseinandersetzung mit unerfreulichen Informationen ab. So weigern sich zum Beispiel manche Menschen standhaft, ihre finanzielle Situation detailliert zu beleuchten, auch wenn ihnen das Wasser bereits bis zum Hals steht. Oder Führungskräfte filtern kollektiv schlechte Nachrichten auf dem Weg nach oben heraus, weil sie wissen, dass der Überbringer »einen Kopf kürzer gemacht wird«. Aber auch das Gegenteil ist denkbar: Informationen werden hysterisch mit Bedeutung aufgeladen, bis die vergleichsweise geringe Relevanz vollkommen verblasst.

Ein weiteres Grundbedürfnis ist Zugehörigkeit. Geteilte Information symbolisiert die Zugehörigkeit zu einer Gruppe. Wer bestimmte Dinge weiß, ist »drin«, wer nicht, »draußen«. Diese Dichotomie des Wissens ist uralt und reicht von den mittelalterlichen Geheimbünden über Insider-Zeichen von Graffiti-Sprayern bis zu exklusiven Informationszirkeln in modernen Organisationen. Auch die Zugehörigkeit kann dafür sorgen, dass bestimmte Informationen nicht dort landen, wo sie gebraucht werden; dies zeigt sich unter anderem im »Silo«-Phänomen von Organisationen: Informationen werden einer anderen Abteilung vorenthalten, um sich selbst einen Vorteil zu verschaffen oder die andere Abteilung schlecht aussehen zu lassen. Auch das vermeintlich Exklusive einer Information kann man so wahren – nach dem Motto: »Was, das hast du nicht gewusst? Das pfeifen bei uns die Spatzen von den Dächern.«

Schließlich bewerten wir Informationen auch noch nach ihrem Ablenkungs- bzw. ihrem Unterhaltungspotenzial. Surfen im Internet ist anregend und verspricht Abwechslung. Vielleicht finde ich etwas Neues, Unerhörtes oder etwas, das mir einen kleinen Informationsvorsprung verschafft. Nur noch schnell den Artikel lesen, dann geht es auch bestimmt gleich mit der Arbeit weiter. Gerade weil sich viele Wissensarbeiter ohnehin ständig im Netz bewegen, sind sie vor der Versuchung des Entertainment natürlich nicht gefeit oder nur einen Mausklick entfernt. Was früher der Dorfplatz war, ist heute die Kaffeeküche und die Facebook-Timeline. Man holt sich den neuesten Klatsch und lässt sich davon beeinflussen. Zum Beispiel in der Meinung über den neuen Kollegen, den man noch gar nicht persönlich getroffen hat, der aber angeblich »ein ganz seltsamer Typ« sei. Hat man erst einmal diese Filterbrille aufgesetzt, muss sich der Neue ganz schön anstrengen, um uns vom Gegenteil zu überzeugen.

Die drei emotionalen Grundbedürfnisse – Absicherung, Zugehörigkeit und Ablenkung – führen unter anderem dazu, dass wir Informationen selten neutral bewerten. Insgesamt ist also der Ruf nach technischen Filtern, um der Informationsflut Herr zu werden, verständlich, aber nicht zielführend. Der menschliche Faktor bzw. die Fehlinterpretation von Information aufgrund eigener emotionaler Bedürfnisse spielt in der Informationsverarbeitung eine entscheidende Rolle. Denn die »Bananenschale«, die Beziehungsebene, besteht eben nicht nur aus den Signalen, die ich vom anderen aufnehme. Sie treffen auf meine individuelle Empfängerlandschaft, und die muss ich kennen, damit ich Botschaften, die mir gesendet werden, trennen kann von eigenen Befindlichkeiten. Das bedeutet Reflexionsfähigkeit. Wenn der andere mich wütend macht, muss ich mich fragen: Gibt es dafür einen objektiven Grund? Würden das andere auch so sehen? Oder hat mein Gegenüber gerade einen »roten Knopf« gedrückt? Hat er oder sie mich an einem wunden Punkt getroffen, an einem individuellen Bedürfnis, das nur mit mir etwas zu tun hat und nicht mit ihm? Diese letzte Prüfung ist eine Frage der Persönlichkeit und das letzte Glied in der Kette eines modernen Informationsmanagements.

Für den arbeitenden Menschen von morgen gibt es darum klare Empfehlungen für ein gelungenes Informationsmanagement:

> **Dabei sein ist alles: Kommunizieren im Netzwerk entscheidet über »drin oder draußen«**

1. Zunächst muss man generell entscheiden, welchen Informationen man sich aussetzt. Hier ist nicht mehr sammeln und horten gefragt, sondern auswählen und abwehren. Denn wir leben in einer Zeit der Informationsüberfülle, nicht des Informationsmangels.

2. Hat man seine Informationsquellen gewählt, muss man diese aktiv managen: durch die Wahl des angemessenen Kanals, durch Medienkompetenz und ein ausgewogenes Verhältnis von Senden und Empfangen. Dazu gehört auch eine periodische Daten-Müllabfuhr.

3. Weiterhin sollte man fähig sein, Beziehungs- und Inhalts-aspekt zu erkennen. Der Beziehungsaspekt dominiert oft die Information, vor allem wenn es um Abstimmungen oder Konflikte geht. Man sollte »die Banane schälen können«.

4. Und schließlich sollte man sich und seine emotionalen Be-dürfnisse kennen, dass sie keine Quelle für Verstimmungen und Missverständnisse sind. Dieser letzte Schritt ist mithin kein technischer, sondern einer der persönlichen und kom-munikativen Reife.

Netzwerk

Netzwerke sind »in«. Soziale Netzwerke wie Facebook, XING oder Twitter haben immensen Zulauf. Dort, im virtuellen Raum, tauschen sich die Menschen aus, posten Fotos ihrer Familie oder ihrer Katze, planen gemeinsame Grillabende, verbreiten Nachrichten oder organisieren Firmen-Events. Was früher die Dorfkneipe oder noch früher das Lagerfeuer war, sind nun potenziell den Globus umspannende Kontaktmaschinen, die uns mit anderen Menschen vernetzen, fast von jedem Punkt der Erde aus. Sich austauschen, Dinge miteinander teilen, Informationen und Klatsch weitergeben: Das sind menschliche Grundbedürfnisse. Wir brauchen das Gefühl der Herde, das Versichertsein einer sozialen

Netzwerke stillen unsere Sehnsucht nach Gemeinschaft

Schutzzone, in der wir uns wohlfühlen, der wir vertrauen und in der wir uns entwickeln können. In diesem Sinne ist die massive Entwicklung vor allem von Social Media eine Art subtile Gegenbewegung zur »kalten« durchökonomisierten Berufswelt: Wo nur noch Leistung und Geld zählt, wird die Sehnsucht wach nach Momenten ohne Druck, Freundlichkeit ohne Hintergedanken und solidarischem Schulterklopfen in Form von »Like«-Buttons.

In beruflichen Netzwerken am Arbeitsplatz treffen nun diese beiden Welten aufeinander: ökonomisiertes Umfeld und der soziale Wohlfühl-Faktor. Berufliche Netzwerke existieren daher in einem grundsätzlichen Spannungsfeld: Sie sind eingebettet in die gewinnorientierte, zweckgebundene Wirtschaft, in der Menschen schon mal als »Humanressource« bezeichnet werden. Auch die bekannten Phrasen wie »der Mensch im Mittelpunkt« verstärken in einem unauthentischen Unternehmen nur das Bewusstsein für das Problem, ganz schnell an die Grenzen der Menschlichkeit zu stoßen, wenn die Bilanz nicht stimmt. Andererseits erfordert die Entwicklung moderner Produktionsmethoden und vernetzter (!) Arbeitsweisen, sich immer mehr auf Kollegen und andere Netzwerkpartner verlassen zu müssen. Ohne Informationen, Unterstützung von anderen und eine Zusammenarbeit des Gebens und Nehmens können wir in einer Wissensgesellschaft viele Arbeitsaufgaben gar nicht mehr erledigen. Daher ist für den Einzelnen die Fähigkeit zur Bildung, Aufrechterhaltung und zum Management seines beruflichen Netzwerkes essenziell. Die Pflege des Netzwerks wird zu einem wichtigen, im besten Fall selbstverständlichen Teil des Anforderungsprofils.

Nun muss man kein Smalltalk-Meister sein, um sein Netzwerk einigermaßen intakt zu halten. Es gilt, einige Grundregeln zu beachten und ein wenig in seine sozialen Kompetenzen zu investieren. Mit Augenmaß und etwas Übung kann man sein Netzwerk nicht nur für sich nutzen, sondern selbst wiederum der Gemeinschaft etwas zurückgeben. Echte Netzwerkpflege bedeutet daher auch hier wieder persönliche Reife.

Netzwerken wird zu einer Grundfähigkeit der Arbeitswelt

Von Influencern und Silodenkern

Was bedeutet eigentlich der Begriff »Netzwerk«? Wir verwenden ihn inzwischen inflationär und etwas kritiklos, dabei lohnt es sich, hier einmal genauer hinzuschauen. Die Online-Enzyklopädie Wikipedia definiert Netzwerke als »Systeme […], deren zugrundeliegende Struktur sich mathematisch als Graph modellieren lässt und die über Mechanismen zu ihrer Organisation verfügen. Der Graph besteht aus einer Menge von Elementen (Knoten), die mittels Verbindungen (Kanten) miteinander verbunden sind.«[111]

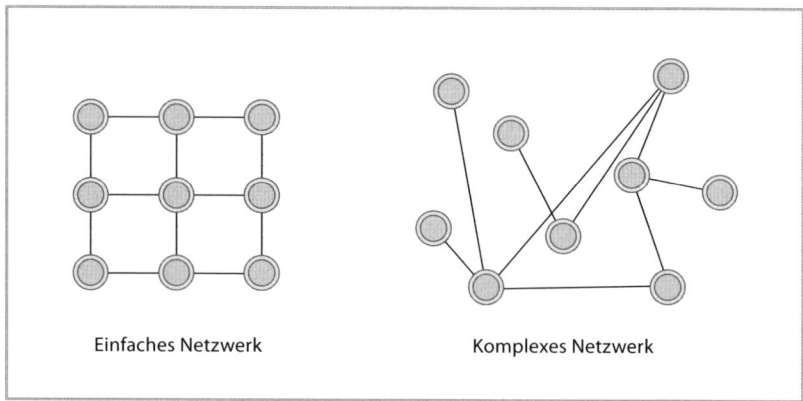

Einfaches Netzwerk   Komplexes Netzwerk

Abbildung 2: Einfaches vs. komplexes Netzwerk

Bezogen auf menschliche Netzwerke könnte man diese Definition leicht umformulieren. Damit wären soziale Netzwerke Systeme, deren Strukturen aus menschlichen Kontakten (= Netzknoten) bestehen, wobei die Beziehungen zueinander die Netzkanten darstellen. An sich kein sehr origineller Befund. Was die Sache spannend macht, ist das Wesen sozialer Verbindungen in Form komplexer Netzwerke. Man versucht, der menschlichen Vielfalt und den komplizierten sozialen Beziehungen Rechnung zu tragen, indem man genauer untersucht, auf welche Weise sich diese komplexen Netzwerke innerhalb von Gruppen – beispielsweise in Unternehmen – bilden. Dabei werden unterschiedliche Eigenschaften und Dynamiken erzeugt, nicht willentlich durch die Teilnehmer, sondern vielmehr als Charakteristikum eines Netzwerks. Komplexe Netzwerke in Unternehmen zeichnen sich unter anderem durch folgende Eigenschaften aus:

■ **Potenzgesetz:** In einem komplexen menschlichen Netzwerk haben nie alle Kontakte gleich viele Verbindungen untereinander. Manche Kontakte sind sehr gut vernetzt und bilden sogenannte *hubs* oder *influencer*. Andere Kontakte hingegen haben nur wenige andere Kontakte. Netzwerke haben nun die Eigenschaft, diese Unregelmäßigkeit nicht etwa auszugleichen, sondern im Gegenteil zu verstärken. Im Extremfall bilden sich regelrechte »Gravitationskräfte« um einen einflussreichen Kontakt auf. Unabhängig von ihrer hierarchischen Stellung können solche »menschlichen Leuchttürme« enormen Einfluss auf das Arbeitsklima und die Zusammenarbeit haben.

- **Horizontale vs. vertikale Vernetzung:** Die Vernetzung zwischen Menschen geschieht vor allem auf der horizontalen Ebene (beispielsweise innerhalb von Projektteams oder in der Kunden-Lieferanten-Beziehung). Dies läuft dem Prinzip der vertikalen Hierarchie zuwider, wie sie offiziell in Organigrammen festgeschrieben wird. Die Entwicklung der Matrixorganisation kann man als Versuch bezeichnen, dieses Richtungsdilemma (vertikale Vernetzung vs. horizontale Vernetzung) abzumildern. Ganz auflösen lässt es sich aber nicht. Organisationen ohne horizontale Vernetzung bilden das berüchtigte »Silodenken« aus, und in Unternehmen ohne vertikale Vernetzung brodelt die Gerüchteküche permanent bei gleichzeitiger Führungsschwäche.

- **Fehlende Zufälligkeit:** Die Kontakte eines komplexen Netzwerks verknüpfen sich nicht zufällig, sondern innerhalb einer gemeinsamen Zielfunktion (Unternehmen, Projekt, Verein etc.). Mit dem Menschen, der neben mir im ICE reist, verbindet mich vielleicht das gleiche Fahrtziel, aber kein berufliches, vereinbartes Arbeitsziel (außer es ist ein Kollege). Somit kann dieser Mensch vielleicht in mein Zufallsnetz von Bekanntschaften passen, nicht jedoch in die Grundmenge meiner *beruflichen* Netzwerk-Kontakte. Die Zielfunktion definiert das Netzwerk. In der Arbeit sind das vielleicht die Abteilung oder die Schichtkollegen. Im Privaten ist das der Freundeskreis, der zusammen ins Kino geht, ja sogar Veranstaltungen wie das Speed Dating. Innerhalb dieses Events verknüpfen sich ansonsten zufällige Kontakte zu einer gemeinsamen Zielfunktion (nämlich einen Partner zu finden).

- **Transitivität:** Vor allem in kleineren Netzwerken ist die Wahrscheinlichkeit hoch, dass sich Kontakte untereinander kennen – auch wenn sie nicht direkt miteinander verbunden sind. Als Klassiker kann man hier die Dorfgemeinschaft nennen. Die Transitivität nimmt ab, je größer das Netzwerk ist und je mehr Subgruppen sich bilden (wie es zum Beispiel in Konzernen der Fall ist).

- **Professionalität der Beziehungsebene:** In jeder Kommunikation gibt es die Sach- und die Beziehungsebene. In privaten Gesprächen beispielsweise kann man sich auf der Beziehungsebene sehr breit ausdrücken: Vom Flüstern über normale Tonlage bis zum Weinen oder gar Schreien ist – selbstverständlich situationsbezogen – sehr vieles erlaubt. Der Korridor des emotionalen Ausdrucks ist relativ weit. Im beruflichen Kontext muss ich diesen Korridor enger fassen. Herumschreiende Führungskräfte sind dann nicht mehr authentisch, sondern nur noch cholerische Persönlichkeiten mit wenig Sozialkompetenz. Daher zeichnen sich berufliche Netzwerke idealerweise durch eine professionelle Beziehungsebene aus, die man durch Rituale, Regeln und einen eher eingeschränkten Verhaltenskorridor kennzeichnet.

Diese Eigenschaften oder Gesetze von unternehmensinternen Netzwerken haben Auswirkungen auf praktisch alle Dimensionen der Organisation. So wird beispielsweise das Arbeitsklima in hohem Maße von der informellen Kommunikation innerhalb von Netzwerken und über deren Grenzen hinweg bestimmt. Erinnern wir uns: Der Mensch gibt innerhalb eines Netzwerks oft einen gewissen Vertrauensvorschuss. Dieser Vertrauensvorschuss sorgt dafür, dass die Beziehungsebene meist wichtiger ist als die Sachebene – vor allem in Zeiten der Krise oder wenn die offiziellen Informationen (als reine Sachebene) nur spärlich fließen. Das bedeutet: die virale Beziehungsebene, die im Extremfall Informationen wie ein Lauffeuer innerhalb der Belegschaft verbreitet, muss permanent durch eine offene und ausgewogene Informationspolitik vonseiten des Managements ausgeglichen werden. Geschieht dies nicht, übernimmt die subjektive Wahrnehmung der Belegschaft das Ruder: »In der Folge [...] werden alle Mitteilungen der obersten Ebene von den Mitarbeitern [...] besonders kritisch analysiert. Jetzt wird nicht nur analysiert, *was* und *wann* kommuniziert wird, sondern auch genau hinterfragt, *wer* es *wie* mitteilt. [...] Alles wird gesehen und gespürt, alles wird analysiert und interpretiert und nichts zum Nennwert genommen.«[112]

Unmittelbar verbunden mit dem Arbeitsklima ist das Thema Unternehmenswerte (zur ausführlichen Diskussion von Unternehmenswerten siehe das Kapitel Ethik). Die tatsächlich gelebten Unternehmenswerte, der »Beziehungscode«, sind im Grunde nichts anderes als die Essenz der Beziehungsebenen aller Netzwerke im Unternehmen. Es sind implizite Kommunikations- und Verhaltensregeln, die es geschafft haben, von allen Sub-Netzwerken akzeptiert zu werden. Bricht ein Mitarbeiter den Code, versucht die Gruppe nicht selten, ihn »zurück auf Linie zu bringen«. Manchmal entstehen so Mobbing-ähnliche Zustände. So gab es einmal einen Angestellten aus der Energiebranche, der nach einem Burnout und einer längeren Reha-Phase wieder versuchte, in seine alte Position hineinzugelangen. Allerdings hatte er seine persönlichen Prioritäten verschoben: Nicht mehr maximale Leistung zählte, sondern der Erhalt seiner Gesundheit. Daher war er auch nur noch in Teilzeit beschäftigt. Seine Arbeitskollegen jedoch folgten weiterhin dem Gruppencode »maximale Leistung« und konnten auf Dauer die Abweichung des Kollegen nicht akzeptieren. Die Folge waren Mobbing und ein Abteilungswechsel. Ein zugegeben krasser Fall, der jedoch zeigt, wie stark Beziehungs- und Verhaltensnormen auf der Beziehungsebene innerhalb eines Netzwerks das »Drin« oder »Draußen« regeln.

Der nächste wichtige Bereich, in dem die Eigenschaften und Wirkungen von Netzwerken eine Rolle spielen, ist die Anwerbung und Auswahl des Personals. Viele Bewerber glauben nach wie vor, dass sie in einem Bewerbungsgespräch vor allem ihre Kompetenz darstellen und beweisen müssten.

Dabei geht es vielen Arbeitgebern vor allem um die Bereiche Persönlichkeit und Motivation. Sie stellen sich Fragen wie: Passt diese Person in mein Team? Welche Sozialkompetenzen kann ich erkennen? Was motiviert diese Person und ist diese Motivation im Sinne meines Unternehmens? Oft ignorieren Bewerber diese »unsichtbaren« Fragen; im Ergebnis reden der Bewerber und der neue potenzielle Arbeitgeber aneinander vorbei. Man bekommt sich gegenseitig schlecht zu fassen, und der Bewerbungsprozess scheitert an dieser Stelle. Übrigens sind manche Arbeitgeber ihrerseits auf dem Beziehungsauge erstaunlich blind und rekrutieren nur »nach Aktenlage«.

Bewerber aufgepasst: Nicht allein auf Fachkompetenz kommt es an, sondern auf eine passende persönliche Ausstrahlung

Dann geschieht es, dass Mitarbeiter nur aufgrund von fachlichen Fähigkeiten engagiert werden und in ihrer neuen Position wegen fehlender sozialer Passung und ungenügenden Netzwerkfähigkeiten scheitern. Wenn man den Bereich der Personalentwicklung insgesamt betrachtet, sind daher wenige Punkte so entscheidend wie die richtige Auswahl der Mitarbeiter – bei deren Einstellung, aber auch bei Projektteams etc. Im Idealfall sollte der neue Arbeitgeber hinter alle drei Bereiche (fachliche Fähigkeiten, Persönlichkeit und Motivation) einen begründeten Haken setzen können.

Auch die Arbeitsproduktivität ist von der Qualität der Netzwerke betroffen. Da immer mehr Aufgaben arbeitsteilig erledigt werden, besteht ein großer Teil der produktiven Arbeit in Kommunikation und Abstimmung. Je besser die Kommunikation innerhalb eines Netzwerkes ist, je schneller die Informationen fließen und je feiner die Abstimmung der verschiedenen Netzwerke untereinander ist, desto schneller und produktiver können die Netzwerke arbeiten. Unter diesem Aspekt ist das Silodenken, das schon angesprochen wurde, ein echter Produktivitätskiller. Die Netzwerke innerhalb einer Abteilung mögen sich noch leidlich abstimmen (internal network productivity index, INPRO), während die Kommunikation nach außen heruntergebremst oder / und verfälscht wird (external network productivity index, EXPRO).

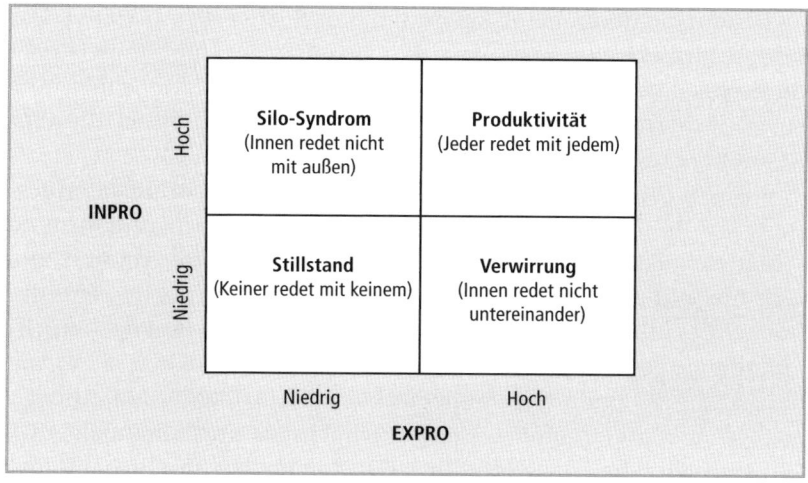

Abbildung 3: Auswirkungen von INPRO und EXPRO

Last, but not least ist auch das Image eines Unternehmens betroffen, wenn es innerhalb der unternehmensinternen Netzwerke gärt. Auf Internetportalen wie kununu bewerten Arbeitnehmer inzwischen ihre Firmen, deren Arbeitsklima, Aufstiegschancen, Unternehmenskommunikation und mehr. Gerade in Zeiten von Social Media werden die – berechtigten – Sorgen von Unternehmenslenkern immer größer, die Imagepflege, der Wert ihrer Unternehmensmarke und die Kommunikation generell über Produkte und die dahinterstehende Organisation könnten ihnen entgleiten. Dass das passieren kann, zeigt der mögliche Internet-«Shitstorm», der ein Unternehmen, das sich in den Augen seiner Kunden falsch verhält, äußerst schnell treffen kann. Das erfordert eine ganz neue Art Krisenkommunikation.

Reden, aber richtig

Wenn Menschen in Unternehmen zusammenarbeiten, bilden sich automatisch Netzwerke unterschiedlicher Komplexität. Aus diesem Grund brauchen Menschen, die in Netzwerken arbeiten – also praktisch jeder außer Einsiedlern und Leuchtturmwärtern – gewisse Fähigkeiten, die ihnen beim Agieren in den Netzwerken helfen. Diese führen idealerweise dazu, dass den Beteiligten keine Stolpersteine hinsichtlich des Projekts, des Teams oder der Karriere in den Weg gelegt werden. Eine der wichtigsten Fähigkeiten in dieser Hinsicht ist emotionale Professionalität.

Ein Volk, das im Umgang miteinander höchste emotionale Professionalität an den Tag legt, sind die Japaner. Japan ist, gemessen an seiner Bevölkerung, ein kleines Land; die Menschen wohnen und arbeiten sehr dicht gedrängt. Die einzige Möglichkeit, angesichts der hohen Bevölkerungsdichte zivilisiert miteinander umzugehen, ist emotionale Professionalität. Japan hat sich buchstäblich als »Land des Lächelns« einen Namen gemacht, da man überall mit einem – zugegeben maskenhaften – Lächeln empfangen und behandelt wird. Die Menschen haben gelernt, ihre Gefühle in der Öffentlichkeit und je nach situativem Kontext stark zu kontrollieren und insgesamt nur einem kleinen Kreis von Menschen zugänglich zu machen.

Emotionale Professionalität bedeutet, nicht immer und überall die gesamte Skala an Gefühlen zum Ausdruck zu bringen. Im Privaten kann ich ruhig wütend sein und gegebenenfalls herumschreien (auch wenn das kein guter Stil ist). Im Business ist der cholerisch herumbrüllende Chef jedoch zur Karikatur mutiert. Jeder weiß, dass man niemanden vor versammelter Mannschaft zur Schnecke machen sollte. Wer das tut, ist kein Chef, sondern ein Primat im Anzug. An dieser Stelle sehe ich auch die neue Authentizitätswelle kritisch: Berufliche Positionen, das Ausüben von Macht, sollten mit emotionaler Selbstkontrolle einhergehen, sonst wird aus Authentizität schnell Schikane und Übergriffigkeit. Man sollte authentisch nach innen sein und emotional professionell nach außen.

Emotionale Professionalität speist sich aus Selbsterkenntnis und Glaubwürdigkeit

Authentisch nach innen bedeutet: Man weiß, welche Gefühle man hat, welche zu einem selbst gehören und welche vom Mitarbeiter oder Kollegen ausgelöst werden. Emotional professionell bedeutet: Man kann sich so weit steuern, dass man seine Gefühle filtern kann und nur das äußert, was man auch äußern will. Man bewegt sich also in einem vergleichsweise engen »Gefühlskorridor«

und klammert die Extrembereiche aus. Der diplomatische Dienst etwa ist mit der Berufszweig, in dem man am meisten emotional professionell sein muss. Alles ist verklausuliert, Drohungen und Ausfälligkeiten sind verpönt. Man spricht in festgesetzten Runden und Ritualen; sogar entschiedene Rüffel sind in Watte gepackt – aus gutem Grund. Die Diplomatie ist oft die letzte zivilisatorische Linie, bevor Soldaten ins Feld gehen. Daher muss hier Nüchternheit und Zurückhaltung regieren und nicht »authentische« Dramatik.

Die gute Nachricht: Emotionale Professionalität lässt sich lernen – bis zu einem gewissen Grad jedenfalls. Wie gelingt das? Zunächst sollten Sie bei sich eine »Gefühlsinventur« machen. Am besten gelingt das mit einer professionellen Fremdeinschätzung, zum Beispiel mithilfe des »Big Five«-Persönlichkeitsprofils von Costa & McRae. Dieses Modell ist die »Mutter aller Persönlichkeitstests« und wissenschaftlich vielfach weiterentwickelt worden. In fünf Skalen misst es Extraversion (Reaktion auf Belohnungen), Neurotizismus (Reaktion auf Belastungen), Verträglichkeit (Ausmaß von Empathie und Mitdenken), Gewissenhaftigkeit sowie Offenheit (Kreativität & Assoziation). Wer sich näher mit dem Big-Five-Modell auseinandersetzen will, dem sei das Buch von Daniel Nettle[113] ans Herz gelegt.

Auch wenn Sie gerade kein Big-Five-Modell zur Hand haben, können Sie Ihre Gefühlsinventur dennoch durchführen. Beobachten Sie sich zunächst über einen Zeitraum von mehreren Wochen ganz be-

Mit dem Big-Five-Modell können Sie Ihre persönliche Gefühlsinventur machen

wusst. Wie groß ist Ihr Gefühlskorridor? Sind Sie eher ein emotionsloser Typ oder jemand, der das ganze Spektrum abdeckt – von »himmelhoch jauchzend« bis »zu Tode betrübt«? Bei Menschen mit großem emotionalem Spektrum liegt die Herausforderung in der Regel darin, aus dem Ballon der emotionalen Wucht die Luft herauszulassen. Auch wenn das emotionale Klima gefühlsintensiven Menschen dann oft flach oder herzlos vorkommt, wird dieses in den Augen der Kollegen oder Mitarbeiter oftmals als entlastend und weniger anstrengend erlebt.

Versuchen Sie in einem zweiten Schritt Ihre Gefühle zu benennen. Hier stellt sich sofort die wichtige Frage: Finden Sie überhaupt Wörter für Ihre Emotionen? Frauen fällt die Zuordnung von Gefühlen zu Worten meist leichter als Männern. Mir begegnen jedoch immer wieder Menschen – auch Frauen –, die gerade das nicht können. Sie haben keine Worte für das, was sie gerade fühlen. Nur *dass* sie etwas fühlen, das wissen sie. Daher gilt es, den emotionalen Wortschatz zu erweitern. Sie können zum Beispiel im Alltag Gefühlswörter notieren, die Sie registrieren. Oder Sie lesen viel Belletristik, Romane etc. Werke von Edgar Allen Poe zum Beispiel – ein Schriftsteller mit einer dichten emotionalen Sprache: »Ich betrachtete die Szenerie [...] mit einem Gefühl fürchterlichster Trostlosigkeit, die ich mit keiner anderen Stimmung dieses irdischen Daseins vergleichen könnte, es sei denn mit dem schmerzhaften Erwachen aus einem Opiumrausch, mit der trostlosen Rückkehr in den grauen Alltag, dem schrecklichen Augenblick, da das duftige Gewebe des Traumes zerreißt. Eisige Kälte, Mutlosigkeit und ein unbeschreibliches Weh erfüllten mein Herz [...]«.[114] Zugegeben: starker Tobak. Doch bei Poe lernen Sie im Schlechten wie im Guten die Extreme von Gefühlen kennen und wie man sie ausdrückt.

Auch Shakespeare eignet sich sehr gut – oftmals ungefilterte, wunderschön formulierte Gefühlsfacetten. Stellen Sie sich vor, Ihre Sprache wäre ein Werkzeugkasten. Bestimmte Wörter setzen Sie jeden Tag ein; Sie brauchen nur kurz in den Werkzeugkasten zu greifen und wissen genau, wo was liegt. Dann gibt es Werkzeuge, die brauchen Sie vielleicht nur ab und an. Wenn Sie nun wissen, dass Sie ein solches Werkzeug in Ihrem Koffer haben, suchen Sie – obwohl Sie noch nicht genau wissen, wo es liegt. Aber Sie wissen, dass es da ist. Wenn Sie jedoch glauben, Sie hätten ein Werkzeug nicht, fangen Sie erst gar nicht an zu suchen.

Trauen Sie sich was: Die Weltliteratur aller Zeiten bietet einen Fundus für das Sprechen über starke Gefühle

Wenn Sie nun Poe oder andere gehaltvolle, gefühlsstarke Literatur lesen, füllen Sie Ihren Werkzeugkasten mit immer mehr Werkzeugen. Ihr Sprachvorrat wächst, und mit der Zeit können Sie immer mehr Gefühlszustände differenziert ausdrücken.

Das ist sehr wichtig in einer Welt, die auf Kommunikation aufgebaut ist. Denn die Grenzen unserer Sprache sind zugleich die

Grenzen unserer Vorstellungskraft. Ich kann nicht über etwas sprechen, das ich nicht benennen kann. Höchstens mit »ich habe da so ein komisches Gefühl«. Doch das ist genauso exakt wie (um im Werkzeugkasten-Beispiel zu bleiben): »Ich brauche irgendeinen Schraubenschlüssel.« Es wäre besser, zu wissen: »Ich brauche einen 16er-Schlüssel« bzw. zu artikulieren: »Ich bin enttäuscht, glücklich, siegesgewiss, verzweifelt, neidisch, angespannt, verwirrt, in froher Erwartung, erregt, niedergeschlagen, amüsiert, ...« Solche literarischen Zugänge bringen Ihnen mehr, als krampfhaft nach Wörtern in Ihrem Innern zu suchen. Denn wenn Sie das könnten, würden Sie es ja schon tun. In diesem Fall ist Lernen durch Vergleich der bessere Weg. Und zwar der Vergleich mit Extrempositionen. Sie müssen erst einmal ausloten, wie weit der Gefühlskorridor sein kann. Das lernt man eben nicht von »Verbotene Liebe«, sondern eher aus »Vom Winde verweht«. Wenn Sie erst einmal die Extreme an Gefühlen kennen, fällt es Ihnen leichter, sich irgendwo auf diesem Gefühlskontinuum zu positionieren.

Schließlich: Erkennen Sie gefährliche Schlüsselsituationen bzw. Menschen. Manche Situationen und Menschen lösen bei uns immer die gleichen Reaktionen aus. Manchmal wissen wir, warum. Manchmal nicht. Die emotionale Reaktion ist jedoch eine Tatsache, mit der wir umgehen müssen. Wenn wir solche Situation erkennen und zuordnen, können wir unsere emotionale Reaktion auch besser abfangen und uns Strategien überlegen, wie wir uns in dieser Situation bzw. diesem Menschen gegenüber professionell verhalten. Man wirkt so dem Gefühl, überwältigt zu werden, entgegen: Gefühle lassen sich im ersten Impuls schwer vom Gehirn zensieren. Damit »schädliche« Gefühle nicht in schädliche Handlungen umschlagen, sollte man sich für spezielle Situationen wappnen, von denen man weiß, dass sie einen in der Vergangenheit emotional überrumpelt haben. Manche Menschen leiden unter ihrer Impulsivität; im Kino sind Situationen, in denen eine Frau einen Mann impulsiv ohrfeigt, Legion. In einem solchen Fall erkennt die Frau zwar eindeutig ihre Gefühle, kann sie aber nicht kontrollieren und verhält sich emotional unprofessionell. Im Privaten kann man eine solche Handlung schon schwer verstehen oder verzeihen – im Business erst recht nicht. Unsere Arbeit erfordert inzwischen ein Ausmaß an abwägender Kommunikation, das keinen Spielraum mehr lässt für Rambos, Diven oder Mimosen. Dafür steht zu viel auf dem Spiel.

Die meisten Menschen konzentrieren sich in ihrer Business-Kommunikation darüber hinaus auf die Sachebene. Diese ist wichtig, zweifellos. Man sollte nicht über X reden, wenn man U meint. Doch für den Erfolg der Kommunikation – ob die Botschaft ankommt, ob sie verstanden, akzeptiert und weiterverarbeitet wird –, entscheidet die Beziehung. Mitarbeiter und Führungskräfte in Unternehmen haben durch Weiterbildung ein ganzes Arsenal von Kommunikationswissen mitbekommen: angefangen bei den verschiedenen Ebenen der Kommunikation über das Johari-Fenster oder das Modell der »Vier Seiten einer Nachricht« von Schulz von Thun. Bei professioneller Kommunikation, wie ich sie verstehe, geht jedoch eher um grundsätzliche Einstellungen und persönliche Lernschritte.

Der wichtigste Rat, den man Menschen geben kann, die in einem Netzwerk aufeinander angewiesen sind, lautet: Hören Sie zu! Das ist weniger banal, als man vielleicht glaubt. Wie es ein Kollege einmal treffend ausdrückte: In Kommunikationsseminaren bringt man den Teilnehmern bei, *so zu tun, als ob man zuhört*. Das verstünden die Teilnehmer dann unter der Methode des »aktiven Zuhörens«. Der Kollege schmunzelte und meinte: »Seitdem weiß ich: Immer, wenn mir jemand gegenübersitzt und ständig ›Aha‹ oder ›Tatsächlich?‹ murmelt und dauernd zustimmend mit dem Kopf nickt, versucht er sich in der Methode des aktiven Zuhörens. Nur eines tut er damit ganz sicher nicht: mir zuhören.« Wie recht der Kollege hat.

Zuhören und Smalltalken: Grundlagen gelingender Kommunikation

Mit dem Zuhören ist es wie mit dem Autofahren: Zuerst muss man sich konzentrieren und die Bewegungen koordinieren. Alles ist neu, man macht Fehler. Irgendwann läuft es automatisch. Im Gespräch ist das die Stufe, in der man ganz selbstverständlich redet und hört. Nur, ob man tatsächlich *zuhört*, weiß der Gesprächspartner nicht. Der Punkt ist: Zuhören ist eine Haltung. Interesse am anderen Menschen ist eine Haltung. Erst auf dieser Stufe hören Sie wirklich zu – und tun nicht nur so, als ob. Diese Haltung erreichen Sie nur durch eine menschenfreundliche Grundeinstellung. Derjenige, der Ihnen gerade gegenübersitzt, muss nicht Ihr bester Freund werden. Aber er hat es verdient, dass Sie sich mit ihm auseinandersetzen.

Wenn Sie gut zuhören können, sollten Sie als Nächstes Smalltalk üben. Oh Gott – Smalltalk? Ist das nicht dieses seichte Gebrabbel, das unter der eigenen Würde ist? Nein, ist es nicht. Smalltalk ist wie Händeschütteln: Man kommt sich näher und zeigt, dass man keine Waffe in der Hand hat. Das ist die evolutionäre Funktion von Händeschütteln. Oder denken Sie an klassische Musik. Viele klassische Werke bauen einen längeren Spannungsbogen auf; Symphonien brauchen ihre Zeit, Opern auch. Niemand käme auf den Gedanken, bei einer Oper die Ouvertüre auszulassen und sich gleich ins Finale zu stürzen. Smalltalk ist Ihre persönliche Ouvertüre – und damit ein Stück, das Sie beherrschen sollten. Wie das Händeschütteln ist Smalltalk eine zivilisatorische Errungenschaft, eine Möglichkeit, stilvoll und gepflegt in ein Gespräch einzusteigen. Sie brauchen für Smalltalk nur zwei Voraussetzungen: ein echtes Interesse am anderen (siehe den obigen Abschnitt über das Zuhören) und ein wenig Energie für das Training. Denn Smalltalk lässt sich lernen. Sie müssen keine Spaßkanone sein, um Smalltalk zu beherrschen. Halten Sie sich vielmehr an folgende einfache Regeln:

- Themen, die *nicht* gehen und tabu sind: Religion, Sex, Politik, Geld, Krankheit.
- Auch Humor ist ein zweischneidiges Schwert. Wenn Sie nicht sicher sind, wie Ihr Humor bei anderen Menschen ankommt: besser darauf verzichten. Und schon gar keine vorfabrizierten Witze vom Stapel lassen.
- Starten Sie mit dem Offensichtlichen: dem Wetter, der Reise zu dem Ort, an dem Sie sich mit Ihrem Gesprächspartner gerade aufhalten, dem Termin, der vor Ihnen liegt, dem guten Kaffee etc. Das sind geeignete Eisbrecher. Denken Sie daran: »Banalität« ist im Moment genau das, was Sie brauchen: eine unangestrengte Sachebene, die Ihnen und Ihrer Runde erlaubt, gegenseitig die Beziehungsebene zu testen.
- Vermeiden Sie die Zurschaustellung von Kompetenz. Das gehört zur Sachebene eines Gesprächs, und die ist im Smalltalk

nicht gefragt. Im Gegenteil erleben Gesprächspartner eine solche »Ich hab's drauf«-Haltung meist als störend und angeberisch.

- Gehen Sie in Vorleistung; der andere hat wahrscheinlich genauso viel Muffensausen wie Sie. Das bedeutet in der Regel, mutig den ersten Schritt zu machen. Und jede Wette: Man wird Ihnen dafür dankbar sein.

- Halten Sie die Balance zwischen Selbstoffenbarung und zu privaten Themen. Über Ihren Hund reden ist okay, über die ernsthaft erkrankte Tochter nicht. In Einzelfällen kann ein Smalltalk durchaus bei einem solch intimen und ernsthaften Thema landen. Das ist aber bei Weitem nicht die Regel und sollte auch erst einmal nicht Ihr Handeln bestimmen. Die Balance zwischen Selbstoffenbarung und Privatem ist eine Erfahrungssache, die Einfühlungsvermögen erfordert – eine Fähigkeit, die beim Smalltalk mitgelernt wird, aber ihre Zeit braucht.

- Und schließlich: Beenden Sie das Gespräch bewusst und lassen Sie es nicht »in der Luft hängen«. In der Regel gehen irgendwann alle Beteiligten sowieso zusammen in den Konferenzraum, die Tagung etc. Oder Sie ziehen sich mit dem diskreten Hinweis aus der Affäre, dass Sie noch kurz telefonieren müssten (oder noch kurz zur Toilette). Das ist glaubhaft und erfordert keine große Kreativität Ihrerseits.

Um ein bisschen Souveränität und Zuversicht zu tanken, können Sie zum Beispiel vor einer Smalltalk-Situation auch eine kleine Gedankenübung durchführen. Atmen Sie tief durch und fragen Sie sich: »Was würde George Clooney tun?« Clooney ist von seiner Ausstrahlung her der ideale Smalltalker. Er drängt sich nicht auf, besitzt das, was die Amerikaner *Understatement* nennen, gibt dem Gegenüber keine Blöße, hat Stil und vermittelt eine gewisse Coolness. Bei Clooney fühlt man sich einfach gut aufgehoben. Und genau das muss im Smalltalk Ihr Ziel sein: Ihr Gegenüber soll sich bei Ihnen gut aufgehoben fühlen. Dazu müssen Sie weder witzig noch intellektuell brillant sein. Es reicht völlig, tatsächlich ernsthaft zuzuhören und sich auf den anderen zu konzentrieren – nicht auf sich selbst.

Natürlich können Sie auch jemand anderen als Vorbild nehmen. Es muss nicht mal ein Prominenter sein, sondern vielleicht Onkel Hans aus Berlin oder die coole Cousine aus Stuttgart. Bei Frauen käme als Vorbild vielleicht Julia Roberts infrage. Schauspieler und Prominente generell eignen sich deshalb gut für diese Übung, weil man durch ihre Medienpräsenz auch Dinge in sie hineinprojiziert. Daher ist es nicht wichtig, wie George Clooney wirklich *ist*, sondern, wie Sie ihn sich in der Smalltalk-Situation *vorstellen*. Und wenn Sie sich schließlich Richtung Bistro-Stehtisch bewegen, an dem bereits drei Leute stehen, spüren Sie, wie ein wenig von Clooneys Coolness oder Roberts' Anmut auf Sie übergeht.

Smalltalk ist natürlich nicht alles beim Netzwerken. Es geht im Geschäftsleben, im Büro oder Labor nicht immer harmonisch zu. Manchmal geht es richtig zur Sache und es gibt Streit und Meinungsverschiedenheiten. Beziehungen in Netzwerken sind gelegentlich belastet. Manche Menschen schmollen dann oder brechen die Beziehung ab – beide Varianten sind im Business nicht zu empfehlen. Also muss man Konflikte lösen und auch mal streiten können. Das ist eine dritte und sehr wichtige Fähigkeit im Aufbau und der Pflege von beruflichen Netzwerken.

> **Stellen Sie sich vor, Sie seien George Clooney oder Julia Roberts. Das entlastet und regt die Fantasie an**

Die meisten Menschen streiten sich nicht gern. Es setzt sie unter Stress, und das bedeutet: Herzklopfen, erhöhter Puls, ein flaues Gefühl im Magen, vielleicht Schweißausbrüche. Obwohl das ganz normale Reaktionen sind, die mit jeder urtümlichen Stressreaktion verbunden sind – also Kampf, Flucht oder Totstellen –, interpretieren manche Menschen das falsch und glauben, diese rein körperliche Reaktion habe etwas mit ihrer Persönlichkeit zu tun. Sie sagen dann: »Ich bin harmoniebedürftig. Ich kann und will nicht streiten.«

Es ist sehr wichtig, sich die Normalität dieser körperlichen Reaktion klarzumachen. Nochmal: Die genannten Symptome zeigen nicht, dass Sie nicht streiten können, sondern nur, dass sich Ihr Körper automatisch auf einen erhöhten Stresspegel einstellt. Das aber wird als unangenehm empfunden und daraus der Schluss gezogen: »Weil ich so gestresst bin, zeigt das doch, dass ich nicht streiten kann.« Die richtige Schlussfolgerung müsste indessen lauten: »Weil ich im Begriff bin, mich zu streiten, erhöht sich mein Stresspegel.« Dieser Effekt betrifft grundsätzlich alle Menschen und lässt sich durch Übung verringern.

Stellen Sie sich einen Feuerwehrmann in Bereitschaft vor, der nachts in der Wache auf seiner Pritsche liegt. Plötzlich reißt ihn die Sirene aus dem Schlaf. Er weiß, es muss jetzt alles sehr schnell gehen. Er stürmt zu seinem Spind, zieht seine Montur an, rutscht die Stange herunter und springt auf den Löschwagen. Er kann das alles, obwohl beim Klang der Sirene eine Stressreaktion erfolgt. Doch er hat sie durch Training gebändigt. Ein Nicht-Feuerwehrmann hätte sich wahrscheinlich erst einmal die Augen gerieben und sich zwei Minuten gefragt, wo er eigentlich ist. Da wäre das halbe Haus schon abgebrannt. Der Feuerwehrmann denkt nicht: »Ich habe Herzklopfen und Schweißausbrüche, also bin ich wohl für den Feuerwehrdienst ungeeignet.« So etwas käme ihm nicht in den Sinn. Er weiß vielmehr: Der Stress, den er spürt, gehört zu dieser Situation einfach dazu und hat nichts mit seiner Persönlichkeit zu tun.

Ohne Konflikte geht es nicht, und ja: Der Puls beschleunigt sich – alles ganz normal

Besonders Frauen jedoch sind, was das Streiten angeht, für diese gedankliche Fehlinterpretation anfällig, da sie auch heute noch schon als Mädchen dazu angeleitet werden, Beziehungen intakt zu halten. Das geht dann etwa so: »Wenn ich Britta meinen Pullover leihe, was hält wohl Sabine davon? Ist sie dann noch meine Freundin? Wie erkenne ich, ob Sabine sauer ist?« etc. Mädchen bemühen sich von klein auf, die Gedanken und Gefühle anderer Menschen zu berücksichtigen. Das macht sie einerseits zu Experten in der Wahrnehmung, Interpretation und Wiedergabe von Gefühlen (siehe die emotionale Professionalität), andererseits sorgt es dafür, dass sie im Zweifelsfall nicht streiten, sondern zurückstecken. Denn Streiten gefährdet die Beziehung zwischen den Beteiligten. Er ist eine Belastung.

Manche Menschen streiten darum nie mit ihrem Partner, dem Chef oder den Kindern, weil sie in Kindheit und Jugend gelernt haben, dass offener Streit etwas ganz Schreckliches sein kann, dass er die Liebe zu den wichtigsten Menschen in ihrem Leben kosten kann: den Eltern. In meinen Coachings erlebe ich immer wieder, wie verblüffend sich das Streitverhalten in der Ursprungsfamilie und das im Beruf ähneln. Die einmal gelernten Konfliktstrategien werden immer und immer wieder verwendet, obwohl sich das Umfeld ja massiv verändert hat. Da ist die Abteilungsleiterin, die immer vor ihrem Chef einknickt, weil ihr Vater sehr dominant war und nie Widerworte zuließ. In Mitarbeitergesprächen überträgt sie das erlernte Muster (»wenn du streitest, wirst du nicht mehr geliebt«) von der Beziehung zu ihrem Vater auf ihren Chef. Oder da ist der Programmierer, der nie seine Rebellenhaltung ablegen konnte und von Stelle zu Stelle tingelt (Strategie: »Allem, was von einer Autorität kommt, muss ich mich widersetzen«). Und da ist der Vertriebler, der ein hervorragendes Gespür für seine Verhandlungspartner hat, aber »den Sack nicht zumachen kann« (Strategie: »Ich darf eine Beziehung nicht durch eigene Wünsche gefährden«).

Doch Streiten gehört nun einmal zum Leben: Gerade in einer globalisierten, arbeitsteiligen, kommunikationslastigen Berufswelt gehört eine konstruktive Konfliktlösung zu den wichtigsten sozialen Fähigkeiten. Was also tun? Zunächst einmal eine bittere Wahrheit: Nicht jeder Streit lässt sich lösen. Es gibt Konflikte, die man nicht lösen kann, und Menschen, die gar keine Lösung wollen. Denn zur Konfliktlösung gehört immer auch der Wille zur beiderseitigen Einigung. Ist der nicht vorhanden, sieht es finster aus. Das ist die 50-Prozent-Regel: Sie können in einem Streit langfristig nur 50 Prozent des Weges auf den anderen zugehen – die anderen 50 Prozent muss er oder sie sich auf Sie zubewegen.

Im Streitfall gilt: Fifty-fifty ist ok

Das ist die Minimalanforderung. Ich sage »langfristig«, denn die Streitsituation ist natürlich dynamisch, gerade wenn Gefühle im Spiel sind. Es ist ein Geben und Nehmen. Doch im Endeffekt sollten Sie bei fairen 50 Prozent landen. Wenn Sie dem Konfliktpartner mehr entgegengehen (zum Beispiel 80 Prozent), laufen Sie Gefahr, Ihre Ziele und das, was für Sie eine gute Konfliktlösung ausmacht, aus den Augen zu verlieren. Bleiben Sie auf Ihrer Seite stehen (meinetwegen bei 20 Prozent), machen Sie es Ihrerseits dem anderen schwer, auf Ihre Seite zu kommen. Praktisch sehen 80 Prozent so aus: Dem anderen immer recht geben, die eigene Position leicht aufgeben, den Streit schnell beenden, um dem körperlichen Stress zu entgehen. Bei 20 Prozent kommen Sie vielleicht mit einer Forderungsliste, die der andere erfüllen muss, Sie arbeiten mit Vorwürfen und sind wenig verhandlungsbereit.

Es gibt aber auch Konflikte, die von ihrer Natur her so angelegt sind, dass einer gewinnen und einer verlieren muss. Wenn jemandem gekündigt wird, ist er verständlicherweise enttäuscht oder schockiert. Da gibt es nichts schönzureden. Auch wenn der Kollege mehr verdient als man selbst, ist das erst einmal eine Tatsache, die man akzeptieren muss. Es kann also nicht darum gehen, in 100 Prozent aller Konfliktfälle eine einvernehmliche Lösung zu finden. Das ist schlicht nicht möglich. Nun gehen wir aber einmal davon aus, dass beide Streitpartner eine Lösung wollen und konstruktiv bei der Sache sind. Wie gehen Sie vor?

Wahren Sie emotionale Professionalität (siehe oben). Das ist bei Streit sehr wichtig, denn gerade Streitereien sind ein Minenfeld aus unangenehmen Gefühlen (Angst, Zorn, Enttäuschung etc.) und Vorwürfen. Sie müssen ständig ein Auge auf sich selbst haben und Ihre Gefühle im Zaum halten. Das ist schwierig und erfordert Übung und Selbstdisziplin. Betrachten Sie dabei die oben erwähnte Stressreaktion Ihres Körpers als ein natürliches Faktum. Machen Sie sich klar, dass Herzklopfen und ein flaues Gefühl im Magen nichts mit Ihrer Streitfähigkeit an sich zu tun haben, sondern ein ganz normaler körperlicher Vorgang sind, der sich durch Training regulieren lässt.

Lernen Sie Ihre Konfliktmuster kennen. Wie oben bereits erwähnt, wird das eigene Streitverhalten schon sehr früh in der Familie geprägt. Doch ein Kind stellt sich noch nicht die Fragen wie: »Kann ich mit meinen Eltern streiten, ohne dass ich Gefahr laufe, ihre Liebe zu verlieren? Wie streiten meine Eltern miteinander? Erlebe ich mich in Konfliktsituationen als ohnmächtig?« Oder genau andersherum: »Ist Streit die einzige Situation, in der ich von meinen Eltern wahrgenommen werde?« Kinder möchten wahrgenommen und geliebt werden. Sie brauchen das Gefühl des bedingungslosen Angenommenseins. Dies ist die Quelle für Selbstbewusstsein und Streitfähigkeit im späteren Leben.

Wenn Eltern ihren Kindern auf irgendeine unbewusste Art die Haltung vermitteln: »Ich darf nicht streiten, sonst passieren schlimme Dinge«, können Kinder sich nicht im Streit erproben. Sie lernen kein flexibles Streitverhalten und übernehmen ihren kindlichen Konfliktstil in das Berufsleben des Erwachsenen. Dann sind sie kein 33-jähriger Verkäufer mehr, sondern wieder der kleine Junge, der gegen die Eltern rebelliert und sich damit Chancen verbaut und Verbindungen zerstört. Oder sie sind nicht die 45-jährige Ingenieurin,

Agieren Sie im Heute und lassen Sie beim Streiten die alte Kinderrolle hinter sich

die sich in ihrer Abteilung durchsetzt, sondern die »liebe, nette Tochter«, die alles tut, um Mama nicht zu verärgern. Betreiben Sie daher so etwas wie eine biografische Nabelschau und fragen Sie sich: »Wie habe ich mit meinen Eltern gestritten? Haben wir überhaupt gestritten? Was waren diesbezüglich Schlüsselsituationen? Bin ich mir bewusst, dass ich nun erwachsen bin und im Berufsleben stehe und nicht mehr als 10-Jährige am heimischen Küchentisch sitze?« Machen Sie über Ihre Gedanken und Gefühle Aufzeichnungen und werden Sie zu einem »Konflikt-Historiker« in eigener Sache.

Gehen Sie der tatsächlichen Streitursache auf den Grund. Zwei Möglichkeiten bieten sich im Wesentlichen an: eine Ursache in der Sache und eine in der Beziehung. Erfahrungsgemäß liegen 80 Prozent aller Streitursachen auf der Beziehungsebene. Dazu ein Beispiel: Sie arbeiten mit Herrn Schmidt an einem Projekt; er sitzt in Hamburg, Sie in München. Sie warten auf ein Dokument von ihm, ohne das Sie nicht weiterarbeiten können. Doch Schmidt meldet sich tagelang nicht. Schließlich rufen Sie ihn an und machen Ihrem Ärger Luft. Was passiert hier? Vordergründig geht es um die Sache: ein Dokument, das nicht geschickt wird. Doch es geht auch um die Beziehung. Sie fragen sich nicht nur: Wo bleibt das Dokument? Sondern wahrscheinlich auch: Weiß er nicht, dass ich es brauche? Wieso meldet er sich nicht? Was fällt ihm ein, mich so in der Luft hängen zu lassen? Sie *fühlen* sich vielleicht im Stich gelassen, wütend und nicht gewertschätzt (denn Herr Schmidt hätte wissen müssen, dass Sie ungeduldig auf das Dokument warten. Schließlich arbeiten Sie beide ja schon länger zusammen.) Und es geht noch weiter. In der

Kantine treffen Sie Frau Meier, die Ihnen eine harmlose Frage stellt. Doch Sie raunzen sie an und lassen sie im Regen stehen. Auf diese Weise haben Sie nun schon die Beziehung zu einer weiteren Person belastet, obwohl es sich um einen »harmlosen Sachkonflikt« mit einer anderen Person handelt. Doch das haben wir ja intellektuell alles unter Kontrolle, nicht wahr? Jedenfalls bilden wir uns das ein. Wenn Sie also nicht nur denken: »Ich bin sauer auf Schmidt, weil er mir das Dokument nicht geschickt hat« (Sache), sondern auch »Ich bin außerdem gekränkt, weil er wissen müsste, wie eilig ich es mit diesem Projekt habe« (Beziehung), sind Sie einen Riesenschritt weiter. Sobald Sie Ihr Gefühl und den Konflikt auf der Beziehungsebene benennen können, haben Sie es besser im Griff, können es gegenüber anderen Personen, zum Beispiel Frau Meier, abgrenzen und betreiben keine »emotionale Luftverschmutzung« mehr in Ihrer Abteilung. So können Sie die zwei Kernfragen des Konflikts beantworten: Wen betrifft mein Ärger? Und worum geht es eigentlich?

Unterscheiden Sie Sach- und Beziehungsebene, senden Sie Ich-Botschaften

Benutzen Sie eine klare, nicht-offensive Sprache. Wenn Sie erst einmal für sich den wahren Beziehungskonflikt erkannt haben, sollten Sie ihn so kommunizieren, dass er den anderen nicht verletzt. Denn das provoziert automatisch eine Gegenwehr, die meistens genauso verletzend wirkt und die Sache eskalieren lässt. Damit das nicht geschieht, hat der Psychologe Marshall Rosenberg die Methode der »Gewaltfreien Kommunikation« (GfK) entwickelt.[115] Die GfK soll helfen, Streit auf der Beziehungsebene aufzudecken und wertschätzend zu lösen. Einer der wichtigsten Punkte der GfK ist das Bleiben in der Ich-Perspektive. Nicht: »*Du* machst immer …« oder »Alles ist *Ihre* Schuld!«, sondern das Beschreiben der eigenen Bedürfnisse und der eigenen Weltsicht ist entscheidend: »Mir kommt es so vor, als ob …« oder »Ich habe das Gefühl, dass …« Nur auf diese Weise wird der Abwehrimpuls des Konfliktpartners unterdrückt. Er muss sich nicht verteidigen und hat Spielraum, ohne Gesichtsverlust an einer Lösung zu arbeiten.

Nun ist die GfK im Business nicht leicht umsetzbar. Wir haben unsere Sprache im Geschäftsleben auf rationale Gedanken und Zahlen normiert; Gefühle zu zeigen oder gar auszudrücken, kommt vielen Menschen fremdartig und fehl am Platz vor. Die Werbung ist zwar mit jungen, smarten, Tablet-schwingenden, vor freudiger Erregung winkenden Arbeitsmenschen durchsetzt, doch die Wirklichkeit sieht nun einmal anders aus. In der Realität des deutschen Büros spielt die offene Diskussion von Gefühlen immer noch keine große Rolle. Doch genau das ist die einzige Methode, Streit auf der Beziehungsebene einvernehmlich zu lösen. Und diese Fähigkeit ist in der Aufrechterhaltung von Netzwerken sehr wichtig. Darum lohnt es sich, die Methode der GfK zu trainieren und im Streitfall anzuwenden.

Netzwerk-Management

Wir haben gesehen, dass Gruppen von Menschen in Unternehmen komplexe Netzwerke bilden. Diese folgen bestimmten Gesetzen. Um in ihnen zu bestehen, solle man gewisse soziale Fähigkeiten wie emotionale Professionalität oder konstruktive Konfliktlösung beherrschen. Daneben stellt sich jedoch auch die Frage: Wie manage ich meine Netzwerke? Wie behalte ich den Überblick? Wen nehme ich auf, wen nicht? Habe ich so etwas wie eine Strategie?

Im Unterschied zum »Business-Netzwerken« bzw. »Business Relationship Management« geht es beim Netzwerk-Begriff, wie ich ihn verstehe, nicht um die üblichen Umstände oder Ziele, also Karriere-Aufbau, Anbahnung von Geschäften, Experten-Positionierung etc. Die hier diskutierten Netzwerke ergeben sich zu großen Teilen automatisch: Man arbeitet an den gleichen Aufgaben oder hat ein festes Team um sich oder einen festen Kundenstamm. Daher könnte man diese Art von Netzwerk vielleicht als *preset network*, als »vorgegebenes Netzwerk« bezeichnen. Wir suchen uns die Kontakte nicht von selbst, sondern werden meist mit ihnen konfrontiert. Man kennt das aus dem privaten Bereich. Dort heißt es so schön: Freunde kann man sich aussuchen, die eigene Familie nicht. Doch auch wenn *business networks* und *preset networks* nicht unbedingt deckungsgleich sind, sind sie doch von ähnlichen Prinzipien bestimmt, Regeln, die man beachten sollte, will man in ihnen langfristig erfolgreich sein.

Da wäre zunächst die praktische Organisation. Wie wollen Sie Ihre Kontakte verwalten, damit Sie nicht den Überblick verlieren und alle relevanten Daten im Blick behalten? Sie brauchen eine Methode, mit deren Hilfe Sie schnell Informationen abrufen und aktualisieren können. Sonst stehen Sie schnell vor einer Karteileichen-Sammlung. Hier bieten sich nun tatsächlich vielfältige Möglichkeiten; einen Königsweg gibt es nicht. Der eine ist immer noch eher der Papier-Typ, der mit kleinem schwarzen Adressbuch und gefaltetem Sparkassenkalender gut zurechtkommt. Der andere ist gerne State of the art und benutzt ein Smartphone inklusive App zum Scannen von Adress-QR-Codes. Probieren Sie einfach einige Varianten aus. Das neueste Smartphone passt mit seinen Möglichkeiten und seiner Bedienung nicht zu jedem. Die Verwaltung bzw. das »Handling« Ihrer Kontakte sollte Ihnen Freude machen und sich gut anfühlen. Nur wenn man gerne mit seinem Arbeitsgerät umgeht, erhält sich langfristig der Spaß an der Sache. Darum entscheidet nicht, was der andere macht oder was der neueste Trend ist, sondern wie wohl Sie sich mit Ihrer Methode fühlen und wie unangestrengt die Kontaktverwaltung funktioniert.

In dieser Hinsicht hat das Smartphone nun tatsächlich einige Vorteile, die sich durch die Netzwerk-Verwaltung bieten. Viele Smartphone-Nutzer haben bereits einen Datentarif und sind fast immer online. Da kann man sich schnell via Twitter, Facebook, Mail oder über das Intranet des Unternehmens informieren und austauschen. Auch nutzen immer mehr Menschen gerade beruflich mehrere Geräte, um zu kommunizieren: Telefon, Tablet, Laptop, PC etc. Das erfordert Synchronisationsdienste, damit Kontakte auf allen Geräten immer auf dem neuesten Stand sind. Doch die beste Kontaktverwaltung nutzt nichts, wenn Sie Ihre Kontakte nicht vorstrukturieren. Daher lautet die nächste Frage: Welche Kontakte habe ich eigentlich?

Menschen haben in der Regel viel mehr Kontakte, als sie glauben. Die meisten von ihnen »schlummern« jedoch unter der Bewusstseins- oder Aktivierungsgrenze. Dabei sind wir jederzeit von Menschen umgeben: den Kollegen, dem Partner, dem Friseur, zu dem wir gehen, unserer Verwandtschaft, dem Automechaniker, ehemaligen Mitschülern oder Studienkollegen etc. In der Regel ergibt eine konzentrierte Suche nach eigenen vorhandenen Kontakten über hundert, manchmal über mehrere Hundert Kontakte. Dabei wird das Nutzen von Kontakten beispielsweise in der Jobsuche immer wichtiger. Die Schätzungen von Positionen, die über Kontakte vergeben werden, reichen in der Personalberatungsbranche von 50 Prozent bis 80 Prozent.

Verschaffen Sie sich den Überblick: Sie kennen mehr Menschen, als sie glauben

Doch in den *preset networks* geht es zunächst einmal weniger um einen neuen Job als darum, mit seinen Kontakten gut auszukommen und die Zusammenarbeit mit ihnen zu erleichtern. Dennoch sollten Sie beim Netzwerk-Management erst einmal eine Bestandaufnahme machen. Das kann in Form einer Liste geschehen, in der Sie Ihre Kontakte sammeln. Als schneller, intuitiver und effizienter hat sich allerdings die Methode des Mindmapping erwiesen.[116] Als Erfinder der Mindmaps gilt der britische Psychologe Tony Buzan; mit der Entwicklung des Mindmappings wollte er den kreativen, gehirngerechten Prozess des Menschen beim Finden und Ordnen von Themen unterstützen und verstärken.

Eine Mindmap lässt sich entweder auf einem Stück Papier oder am PC erstellen. Man geht von einem Leitmotiv aus, in unserem Fall könnte es heißen: »Meine Kontakte«, und stellt es in die Mitte des Blattes / Bildschirms. Von diesem Punkt aus werden dann Linien gebildet, die mit Ihren Kontaktkategorien bezeichnet werden – etwa: »Meine Abteilung«, »Werk Braunschweig« etc. Von diesen Punkten wiederum können Sie Unterabteilungen bilden oder gleich konkrete Namen von Kontakten eintragen. Sogar Eigenschaften oder kritische Punkte im Verhältnis zu diesen Menschen können Sie so abbilden. Das sieht dann ungefähr so aus wie auf der folgenden Abbildung auf Seite 166:

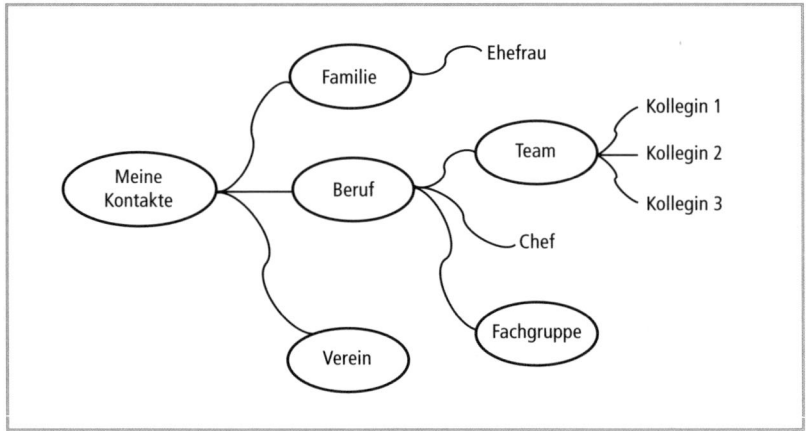

Abbildung 4: Beispiel einer einfachen Mindmap

Lassen Sie sich für Ihre Kontakt-Mindmap Zeit. Nicht jede Kategorie oder jeder Kontakt wird Ihnen sofort einfallen. Das ist auch gar nicht nötig. Ihr persönliches Netzwerk ist nichts Statisches, das, einmal gebildet, unveränderlich bleibt. Es kommen immer wieder Kontakte hinzu – und es verschwinden auch immer wieder Kontakte. Das ist völlig normal. Genau wie wir Menschen uns während unserer Lebenszeit entwickeln und verändern, verändern sich auch die Netze um uns herum. Sie brauchen lediglich am Beginn Ihres Netzwerk-Managements eine Startbasis, einen Grundkatalog von Kontakten, mit dem Sie methodisch arbeiten können.

Nehmen wir einmal an, Ihre Adress-Mindmap ist erfolgreich abgeschlossen und Sie kommen auf einige hundert Kontakte. Das ist schön und belastend zugleich. Man hat zwar viele Kontakte und Bekanntschaften, kann diese aber niemals alle gleichzeitig und gleichwertig »bespaßen«. Wenn Sie sich beispielsweise auf dem Business-Portal XING tummeln, begegnen Ihnen früher oder später »Kontakte-Sammler«, die mit bis zu mehreren tausend Menschen bei XING verlinkt sind. Die Philosophie dieser Sammler ist umstritten. Kritiker meinen, man könne Kontakte nicht wie Nüsse sammeln. Das Kontaktesammeln sei nur – *pardon my French* – Ausdruck eines »digitalen Schwanzvergleiches«. XING ist auch für das andere Extrem ein gutes Beispiel. Es gibt Nutzer, die über mehrere Jahre

Mitglied sind und nicht mehr als fünf oder zehn Kontakte haben. Auch diese Menschen haben – genau wie die Kontaktesammler – die Funktion eines sozialen Netzwerkes für sich auf eine sehr individuelle Art abgewandelt. Wenn man auf diese Weise keine Kontakte knüpfen will, gibt es tatsächlich passendere Orte als ein soziales Netzwerk wie XING.

Doch ganz gleich, ob Sie 50 oder 500 Kontakte für sich verbuchen können: Nicht jeder Kontakt hat den gleichen Stellenwert. Es gibt Menschen, die sind wichtiger (Ihr Chef zum Beispiel). Menschen, die Sie sehr häufig sehen, und andere, die Sie selten treffen. Und Menschen, die vielleicht in ihrer Persönlichkeit speziell sind und einer besonderen Behandlung bedürfen. Daher sollten Sie die wichtigsten Menschen in Ihrem Netzwerk herausfiltern und kennzeichnen – vielleicht sogar schon in der Mindmap, durch eine besondere Farbe. Wobei »wichtig« Ihre eigenen, individuellen Kategorien widerspiegeln sollte. Wer wichtig ist und warum, bestimmen Sie.

Als Gradmesser dafür, wie viele Menschen in Ihre »VIP-Kategorie« kommen, kann Ihnen die sogenannte Dunbar-Zahl dienen. Der britische Psychologe Robin Dunbar untersuchte den Zusammenhang

Im Durchschnitt unterhält ein Mensch 150 relevante Kontakte

zwischen der Gehirnentwicklung von verschiedenen Säugetieren und dem Leben in sozialen Gruppen. Er fand heraus, dass sich Säugetierarten (inklusive dem Menschen) tatsächlich in der Anzahl der Kontakte, die sie bewältigen können, unterscheiden. Je größer der Anteil des Neocortex ist – also der evolutionsgeschichtlich relativ junge Teil des Gehirns, der unter anderem für Planung, kognitive Leistung und Assoziationsfähigkeit zuständig ist –, desto mehr soziale Kontakte können die Säugetiere »managen«. Für den Menschen kommt Dunbar auf etwa 150 plus minus 50 Kontakte, die ein Mensch sinnvoll und über einen längeren Zeitraum hinweg im realen Leben tatsächlich pflegen kann. Inwieweit die Dunbar-Zahl auch für das Kontaktmanagement in sozialen Netzwerken gilt, wird derzeit erforscht. Bezüglich des Social-Web-Dienstes Twitter jedenfalls gibt es erste Hinweise, dass die Dunbar-Zahl auch dort Gültigkeit hat.[117]

Für Ihr alltägliches Kontaktmanagement vor allem in den *preset networks* gilt daher: Gehen Sie durch Ihren Kontaktkatalog und wählen Sie die 150 für Sie persönlich wichtigsten Kontakte (plus / minus). Diese Menschen sind für Ihr emotionales Gleichgewicht, für die fachliche Zusammenarbeit oder Ihr Privatleben bedeutend, daher sollten Sie sie immer »im Hinterkopf behalten«. Investieren Sie Zeit und Kommunikation in diese Menschen. Kurz vor Ihrem Lebensende werden Sie sicher nicht sagen: »Hätte ich doch mehr gearbeitet!«, sondern wahrscheinlich eher: »Hätte ich doch mehr Zeit mit den mir wichtigen Menschen verbracht!« Diese Wolke aus 150 Kontakten bildet Ihr soziales Leben in seinem Kern ab, und es spricht nichts dagegen, von sich aus in das Gelingen dieser Beziehungen zu investieren. Vielleicht ist es Ihnen schon aufgefallen: Die schönsten Momente im Leben erlebt man fast immer mit anderen zusammen, nicht allein. Das Gemeinsame des Augenblicks verbindet; das ist im Guten wie im Schlechten so. Bei manchen löst der Netzwerk-Gedanke Skrupel aus: Sie glauben, andere Menschen »auszunutzen«, um Karriere zu machen oder einen neuen Job zu bekommen. Dabei verkennen sie, dass Austausch zu beiderseitigem Nutzen ein Urinstinkt des Menschen ist. Das hat nichts Anrüchiges oder Ausnutzendes an sich. Dafür sorgt schon allein der Gerechtigkeitssinn des Menschen, der Alarm schlägt, wenn es kein angemessenes Quidproquo, einen gerechten Ausgleich in irgendeiner Form gibt.

Gehen wir von den 150 Kontakten als Faustformel aus, können Sie Ihre Analyse sogar noch verfeinern. Nehmen Sie, sagen wir, 25 Menschen aus diesen 150, die Ihren »inneren Zirkel« bilden. Das müssen nicht zwingend Menschen aus Ihrem beruflichen Umfeld sein. Manchmal ist sogar das Gegenteil der Fall. Der eigene Partner wird in 99 Prozent der Fälle zu diesem innersten Kreis gehören. Wahrscheinlich auch Ihre Eltern und die Kinder. Manche Menschen haben auch Vorbilder oder Mentoren, die eine große Rolle spielen. Ihrer Wahl sind prinzipiell keine Grenzen gesetzt. Wenn Ihr Steuerberater Ihnen also so viel bedeutet, dass Sie ihn unter die Top 25 wählen wollen: Tun Sie es.

Sich um die Top 25 zu kümmern, ist ein großes Glück – und eine große Herausforderung. Im Christentum gibt es das Gebot: »Liebe deinen Nächsten wie dich selbst!« Das ist ebenso eine Kernformel für erfolgreiches Netzwerk-Management. Schauen Sie zuerst auf den anderen, nicht auf sich. Fragen Sie: »Was braucht dieser Mensch von mir? Wie kann ich ihn unterstützen?« Denn um ein lebendiges, beglückendes Sozialleben zu führen, gilt das Gebot: erst geben, dann nehmen. Nur so baut man Vertrauen auf.

Für Menschen, die nur nehmen, aber nie etwas zurückgeben, hat interessanterweise die Internetgemeinde flugs einen passenden Begriff erfunden: *Leecher* (von leech »Blutsauger, Schmarotzer«). Ursprünglich waren damit Nutzer gemeint, die in Tauschbörsen Dateien ausschließlich herunterladen, aber selbst keine Files zur Verfügung stellen – sich also quasi parasitär verhalten. Mittlerweile kann man den Begriff auch auf bestimmte Nutzer in sozialen Netzwerken wie XING oder Facebook übertragen, die lediglich Kontakte und Hilfe abgreifen, selbst aber nichts Konstruktives oder Unterstützendes beitragen. Auch im virtuellen Raum funktioniert der Gerechtigkeitsinstinkt der Gruppe, die an unsozialem Verhalten Anstoß nimmt. Um in der biblischen Metapher zu bleiben, sind die Top 25 Ihre ganz persönlichen »Nächsten« – jedenfalls was das Netzwerk-Management betrifft. Daher sollten Sie sich vom Gedanken leiten lassen: Was braucht der andere gerade? Und nicht: Was brauche ich? Das wirkt manchmal Wunder, auch in der beruflichen Zusammenarbeit.

> Seien Sie großzügig und zugewandt. Ihr Netzwerk wird es Ihnen danken

Eng verwandt mit der »Anti-Leecher-Methode« ist eine weitere Regel des Netzwerk-Managements: Behandeln Sie andere, wie Sie selbst behandelt werden wollen. Eigentlich eine Selbstverständlichkeit. Doch was bedeutet diese Regel praktisch? Einmal das Einhalten der formalen Etikette. Mehr noch aber eine innere Haltung, die auf bestimmten Werten wie Anerkennung, Toleranz, sogar einer gewissen Demut basiert, die aus dem Bewusstsein entspringt, selbst nicht immer der Weisheit letzten Schluss zu besitzen. Im Grunde das, was man eine »gute Kinderstube« nennt. Auch in diesem Bereich wirft das Internet beispielhaft ein grelles Licht auf die Tatsache, dass diese Kinderstube immer häufiger versagt und man sich auf Internetplattformen gegenseitig beleidigt, diffamiert und aufs Übelste beschimpft.

Der Blogger Sascha Lobo sieht in diesem »digitalen Hass« sogar ein bislang ungelöstes, zentrales Problem des Mediums Internet: »Hass gab es natürlich schon immer. Aber zu den größten Problemen des Netzes gehört, dass die digitale Version des Hasses ausgerechnet um den Teil reduziert ist, der für den Hassenden anstrengend ist: die Konfrontation von Angesicht zu Angesicht. Ja, das *ist* ein Problem, und ja, das Internet *macht* es einfacher, Hass auszukübeln. Wer das leugnet, weil er das Internet zu verehren glaubt, der hat nicht nur das Netz nicht verstanden, sondern die Welt ebenfalls nicht. Außerhalb des Internets hat es einen hohen sozialen Preis, einer Person gegenüberzutreten und ihr Hass zu zeigen. Netzhass ist gratis.«[118]

Auch im anonymen Netz sollte man sich so verhalten wie im »richtigen« Leben: höflich und rücksichtsvoll

Nun werden die allermeisten von Ihnen Ihre Netzwerk-Kontakte nicht hassen, erst recht nicht die Top 25. Das Extrembeispiel des »digitalen Hasses« zeigt jedoch, dass wir uns immer wieder anstrengen müssen, uns zivilisiert aufzuführen. Sein Netzwerk zu pflegen bedeutet auch, nicht ausfällig zu werden und die guten Sitten zu wahren. Dazu musste man nicht das Internet erfinden. Bereits Kant formulierte in seinem kategorischen Imperativ: »Handle so, dass die Maxime deines Willens jederzeit zugleich als Prinzip einer allgemeinen Gesetzgebung gelten könne.«[119] Oder volkstümlicher: »Was du nicht willst, dass man dir tu, das füg auch keinem andern zu.« Schließlich geht es beim Netzwerken auch um eine gewisse Langfristigkeit. Ihre Kontakte sind keine Karten, die Sie beim Poker ausgeteilt bekommen und schnell wieder ablegen. Es sind Menschen mit einer Geschichte, einer Zukunft und einer wertvollen Beziehung zu Ihnen. Manche Netzwerker handeln nach der Devise: »Lösche nie einen Kontakt! Er könnte ja irgendwann noch ›nützlich werden‹«. Das ist sicher übertrieben. Es schadet nichts, ab und zu seine Kontakt-Datenbank auszumisten und den einen oder anderen gehen zu lassen.

Dennoch sollten Sie diesen Vorgang immer sorgfältig prüfen. Nicht unter dem Aspekt der reinen Nützlichkeit, sondern unter dem des persönlichen Wohlbefindens. Wenn Sie einen Bekannten lange nicht kontaktiert haben, diesen jedoch als Menschen schätzen: Lassen Sie ihn drin. Wenn Sie jedoch in sich hineinspüren und ehrlich sagen: Ich habe mit ihm nichts mehr zu tun *und* spüre auch keine Freude, wenn ich mir vorstelle, ihn einmal wieder zu treffen: Löschen Sie ihn. Ansonsten mutiert dieser Mensch zur muffigen Karteileiche. Und das hat nun wirklich niemand verdient. Daher: Löschen Sie

Doch es ist wahr: Adresskontakte und Bekanntschaften kann man löschen

sorgfältig, aber denken Sie grundsätzlich langfristig, was Ihre verbleibenden Kontakte, vor allem Ihre 150 Kernkontakte, angeht.

Kein Netz ohne Zentrum

Jede Zeit, jede Generation treibt gewisse Themen voran. Mit dem Aufstieg der digitalen Netzwerke zeigt sich wieder einmal eine neue Mode, die eine »Kultur des Netzes« als revolutionär und für das 21. Jahrhundert wegweisend ausruft. Begriffe werden kreiert (»social web«) und die permanente Kommunikation als Heilsbringer der modernen (Wirtschafts-)Welt angepriesen. So weit, so gut. Gibt es jedoch auch eine Grenze des Netzwerkens? Eine Überlast an Kontakten, eine Übersättigung an Kommunikation? Zweifellos. Und das hat mehrere Gründe.

Der erste ist offensichtlich. Menschen haben unterschiedliche Persönlichkeiten – was sich auch auf ihr Netzwerk-Engagement auswirkt. Der eine mag es sozialer, der andere geht lieber im Wald spazieren. Der eine kriegt im Großraumbüro die Krise, für den anderen bedeutet es Geborgenheit. So ist die Welt. Deshalb schließt die Methode des Netzwerkens selbstverständlich die Frage ihrer Grenze ein. Man kann sich nicht permanent um seine Kontakte kümmern. Die Intensität variiert, genau wie die schiere Zahl der Kontakte. Für den einen ist ein Grundrauschen von 50 Kernkontakten das Maximum, für den anderen ist bei 700 noch nicht Schluss. Im Persönlichkeitsprofil der Big Five (s. Abschnitt »Reden, aber richtig«) drücken das die Dimensionen »Extraversion« und »Verträglichkeit« aus: Je höher die Werte dieser beiden Skalen, desto mehr schaut man sich nach externen Belohnungen bzw. sozialen Kontakten um und desto besser ist man in der Lage, sozial und emotional kompetent zu agieren. Extraversion sorgt also dafür, dass sich mein Kontakt-Netzwerk erweitert. Verträglichkeit lässt es mich gut steuern und pflegen.

Der zweite Grund ist philosophischer Natur. Ein Netz bedeutet Absicherung, Kontrolle von Unwägbarkeiten. Nicht umsonst spricht man vom »sozialen Netz«, das einen »auffängt«. Das ist auch gut so. Nicht gut ist es jedoch, das eigene Seelenheil vom Zustand des Netzes abhängig zu machen, sein Inneres mit der Position im Netz gleichzusetzen. Aber genau das geschieht. Immer stärker rücken wir die Kommunikation in den Mittelpunkt unseres Denkens, fragen immer weniger: Wer bin ich, der diese Kommunikation empfängt? Welches Zentrum habe ich? Ruhe ich in mir, in diesem Zentrum? Auch ein Zentrum bedeutet Stärke, Sicherheit, aber auf einer anderen Ebene. Nur wer ein starkes Zentrum hat, kann das Empfangene abgleichen gegen sein eigenes Zentrum, seine Überzeugungen. Diese innere Stärke nennen die Japaner *hara*. Hara ist die Grundlage aller Balance des menschlichen Lebens und unverzichtbares Zentrum der Seele.

Dieses Zentrum enthüllt sich nur in der Stille. Erst wenn der kommunikative Sturm sich legt und unsere innersten Gedanken laut werden, zeigt sich, ob wir ein starkes Zentrum haben. Ob wir in uns ruhen und auch mal Belastungen aushalten. Andauernde Kommunikation überdeckt diese Selbstprüfung und nagt an unserem Zentrum wie Rost an einem Eisenträger. Das Klingeln des Handys beispielsweise reißt uns aus dieser Stille heraus und signalisiert der Welt: Seht, ich lebe in einem sozialen Netz, das an mich denkt und dem ich nicht egal bin. Ich bin wichtig – nicht auf die oft persiflierte Comedy-Art, bei der ein Banker »Kaufen!« in sein Handy brüllt. Sondern auf eine behutsamere, fast intime Art, die sagt: Du bist nicht allein. Durch den digitalen Äther hindurch berühre ich dich, teile mich dir mit. Vielleicht mit den banalsten Dingen, aber fühle dich wohl und von mir beachtet.

Wer viel kommuniziert, muss dennoch in sich ruhen. Schalten Sie ab!

Denn nichts fürchten viele von uns mehr als das Alleinsein. In der Besinnung, der Kontemplation wird der Strudel unserer hektischen, oft belanglosen Plappereien zu einem kakofonen Tosen, das wir nicht ertragen. Die Kathedrale der Stille in uns ist eingestürzt und wir haben verlernt, sie wieder aufzurichten. Oft wollen wir das auch gar nicht – trotz des spirituellen Booms, trotz der zunehmenden Esoterik. Uns beschleicht die Ahnung, uns in den wichtigen Situationen des Lebens in der Kathedrale bewähren zu müssen – auf eine passive, meditative Art. Wir müssten uns wieder selbst aushalten und uns Rechenschaft ablegen über unser Tun und Sein. Und das haben viele Menschen im postmodernen Zeitalter verlernt und dafür den Netzgedanken verinnerlicht. Längst sind wir die Summe unserer Kontakte, definieren uns über die Zahl unserer Facebook-Freunde und der empfangenen SMS. Ein Netz hat kein Zentrum, sondern nur mehr oder weniger viele Knoten. Wir verlieren uns im Netz und lassen unser Zentrum hinter uns. Schließlich umgibt uns nichts mehr als das digitale Echo unserer eigenen Schritte.

Damit das nicht geschieht, sollten wir von Zeit zu Zeit innehalten und uns fragen: Spüre ich mein Zentrum noch? Agiere ich noch mit Freude in und an meinem Netzwerk oder fühle ich mich bereits müde und »oversocialized«? Es gibt tatsächlich eine Zeit zu reden und eine Zeit zu schweigen. Die Kunst ist, herauszufinden, wann wir welche von beiden Möglichkeiten wählen sollten. Der Zeitgeist jedenfalls hält uns nicht zur Mäßigung an. Wenn es nach dem Mainstream ginge, könnten wir gar nicht genug simsen, posten und bloggen. Denn Kommunikation ist Aktion, und Aktion wird mit Aufmerksamkeit belohnt. Darum meinen wir, das Ruhen in der eigenen Mitte habe keinen Wert, sondern nur die Beachtung durch andere. Doch im Zentrum unseres Selbst, dort wo die Stille regiert, zählen ganz andere Dinge: Im Zentrum unseres mentalen Netzes zählen nur wir selbst, mit all unseren Stärken und Schwächen, mit unseren Erfolgen und Niederlagen. Uns selbst müssen wir wieder nachspüren lernen, damit die Freude an der Kommunikation nicht versiegt. Denn nur mit Freude hat man langfristig etwas davon, sich mitzuteilen, findet Sinn in seiner Arbeit und kann produktiv sein – alleine oder im Netzwerk.

Selbstmanagement

Selbstmanagement ist der dritte und vielleicht wichtigste Faktor des INSEL-Modells. Er ist dafür verantwortlich, dass man kompetent mit Informationen umgeht, sein Netzwerk angemessen managt, routiniert und professionell andere Menschen führen kann – und das alles basierend auf einem bewussten Wertefundament. Selbstmanagement wird in einer Arbeitswelt, die dem Einzelnen autonome Arbeitsorganisation abverlangt, immer wichtiger. Daher möchte ich im Folgenden auf einige wichtige Aspekte des Selbstmanagements eingehen: mit ihm verbundener Stress; die Rolle bestimmter Charaktereigenschaften und das Problem des Zeitmanagements als Komponente des Selbstmanagements. Das Kapitel schließt mit Tipps für das eigene (berufliche) Selbstmanagement.

Von Trümmerfrauen und Wissensarbeitern

Neulich im Rheinland. Ich halte einen Burnout-Vortrag, da kommt die berüchtigte »Trümmerfrauen«-Frage: »Herr Väth, das mit dem Burnout ist natürlich schon irgendwie plausibel. Aber warum drehen die Leute denn gerade jetzt durch? Unsere Trümmerfrauen haben in den 50ern doch ganz andere Arbeitsbelastungen gestemmt.« Gute Frage. Zunächst einmal muss man festhalten, dass sich der Mensch schon immer selbst gemanagt hat. Ohne die Fähigkeit zur Selbstorganisation würde der Mensch wahrscheinlich schon morgens schwer aus dem Bett kommen, ganz zu schweigen von der Aufnahme einer produktiven Tätigkeit.

Was unterscheidet also die Trümmerfrau vom IT-Consultant? Was macht unserer Psyche kollektiv so zu schaffen, dass sich die Burn-out-Praxen füllen, die psychosomatischen Kliniken überbelegt sind und der Deutsche Kinderschutzbund warnt, dass bereits ein Drittel der Zweit- und Drittklässler unter Stress litten?[120] Es ist sicher nicht eine Zunahme der Arbeitszeit, die dem modernen Menschen aufs Gemüt schlägt. Hohe Arbeitsbelastungen gab es schon immer, egal, ob es um einfache handwerkliche Tätigkeiten geht, Industrie-Arbeit oder mathematische Berechnungen im Finanzsektor.

Die Antwort liegt nicht im üblichen Stressbegriff, sondern vielmehr in einer speziellen Art von Stress, den ich »Organisationsstress« *(organizational stress)* nenne. Diese Stressvariante wirkt immer dann auf uns ein, wenn wir uns im Beruf nicht mehr unserer eigentlichen Tätigkeit widmen, sondern Organisatorischem. *Organizational stress* hat in den letzten zwanzig, dreißig Jahren massiv zugenommen und er ist es, der den modernen Menschen so unter Druck setzt. Daher hinkt auch der Vergleich zwischen Trümmerfrauen und modernen Wissensarbeitern: Die Trümmerfrau hatte eine starke Arbeitslast und Arbeitsstress zu bewältigen, doch der Organisationsstress, von dem hier die Rede sein soll, machte damals nur einen kleinen Bruchteil der Arbeitswelt aus.

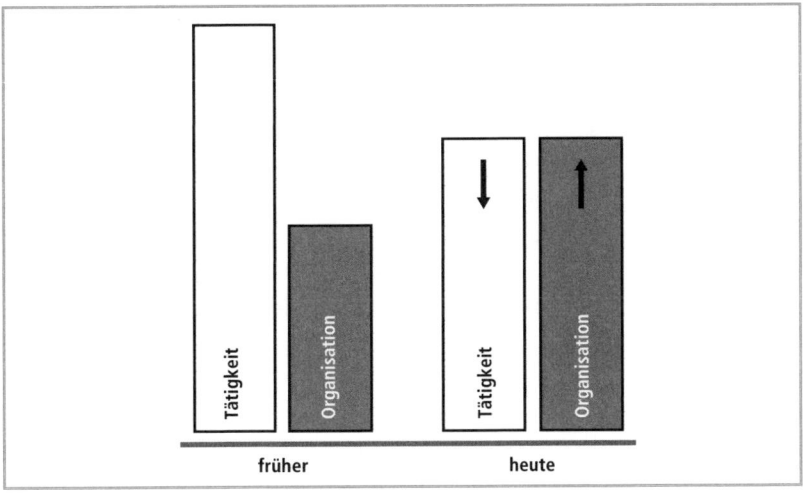

Abbildung 5: Vergleich des beruflichen »organizational stress« früher und heute

Was passiert beim Organisationsstress? Uns muss zunächst klar sein, dass das Gehirn bis zu 30 Prozent der zugeführten Energie verbraucht – obwohl es nur 10 Prozent unserer Körpermasse ausmacht. Es ist das Stoffwechselkraftwerk unseres Organismus. Umso wichtiger ist es für das Gehirn, mit den zugeführten Energien zu haushalten. Daher versucht es, wo immer es kann, Anstrengung zu reduzieren, Abkürzungen zu benutzen, Algorithmen, Heuristiken, die es ihm erlauben, auch komplexe Aufgaben möglichst ressourcenschonend zu erledigen. Ein faszinierendes Beispiel dafür findet sich in der Musik. So hat der australische Wissenschaftler Nicholas Hudson herausgefunden, dass unser Gehirn selbst komplexe musikalische Werke wie eine Beethoven-Symphonie um bis zu 41 Prozent der Datenmenge reduzieren kann – ohne gefühlten Qualitätsverlust.[121] Hudson geht sogar so weit, zu behaupten, dass musikalische Meisterwerke, die die Zeiten überdauern, genau diese Eigenschaft aufweisen: »oberflächliche« Komplexität, die das Gehirn jedoch durch Musterbildung deutlich reduzieren und damit besser speichern kann. Hudson führt als Gegenprobe alltäglichen Lärm an: Lärm enthalte fast keinerlei reduzierbare Muster, lasse sich nur um ca. 14 Prozent komprimieren, verbrauche daher entsprechend viele Ressourcen und setze das Gehirn somit unter Stress.

Im Lauf der Evolution hat sich herausgestellt: Der Mensch wäre nicht lebensfähig, würde sein Gehirn in jeder Situation die volle Rechenleistung abrufen. Das würde viel zu lange dauern, und bis wir uns entschieden hätten, ob wir lieber italienisch oder chinesisch essen gehen wollen, wären wir längst verhungert. Also versucht das Gehirn in nahezu allen Entscheidungs- und Verarbeitungssituationen, durch Musterbildung Komplexität zu reduzieren und sich dadurch Arbeit zu ersparen. Organisationsstress nun bedeutet das genaue Gegenteil von Gehirn-Ökonomie: Organisationsstress wird durch den »Lärm« unserer ständigen Erreichbarkeit, durch Multitasking und höchst unterschiedliche Arbeitsanforderungen verstärkt. Das kann für jede Art von Selbstmanagement langfristig zur Belastung werden. In der modernen Arbeitswelt müssen viele Menschen ihre Aufgaben selbst organisieren und mit der Informationsflut fertig werden, sich immer wieder auf neue Situationen einstellen, auf neue Menschen, auf neue Techniken. Für das Gehirn heißt das: immer flexibel reagieren, immer wachsam sein, immer auf eine mögliche Störung des Ablaufs achten. Durch den »Lärm«-Charakter der Störungen gelingt dies nur mit einer permanenten Aktivierung des Stresssystems: Wir sind – wie unsere Vorfahren vor 50 000 Jahren – ständig bereit, auf ein Rascheln im Gras zu reagieren, auf das berühmte »Ping! Sie haben Post!«.

Dieser Stresstypus kann uns sehr zusetzen. Denn die Umstände am Arbeitsplatz, die Organisation, in der wir uns bewegen, erzeugen ihn permanent – über lange Zeiträume hinweg. Das Gehirn befindet sich somit in einer ständigen Alarmstimmung, die bis zum völligen Verlust der Entspannungsfähigkeit gehen kann. Keine sehr erfreuliche Tatsache. Früher war die Kommunikation überschaubar: Telefon, Telefax, Briefe und ab und zu eine persönliche Dienstreise. Heutzutage haben sich Takt und Intensität von Kommunikation stark

Organisationsstress läuft im Hintergrund. Er ist immer da und deshalb so tückisch

verdichtet. Wir leben in einer Welt der Fremdbestimmung, in der immer weniger Phasen eigener, produktiver Tätigkeit immer öfter von Phasen des Organisationsstress abgelöst werden. Das erkennt man, wenn man abends heimkommt und sagt: »Wieder einer dieser Tage, an dem ich zu nichts gekommen bin. Ich weiß gar nicht, wo er geblieben ist!« Man hat den Tag mit allem Möglichen verbracht, hat E-Mails gelesen und beantwortet, war vielleicht in ein, zwei Meetings. Man konnte vielleicht sogar eine halbe Stunde an den Aufgaben arbeiten, für die man von der Firma tatsächlich bezahlt wird. Doch ein tiefes, befriedigendes Gefühl der Produktivität, der Arbeitsmotivation und des Glücks will sich nicht einstellen. Über die Jahre stumpft man immer mehr ab und landet nicht selten in einem Zustand der Resignation. Das Gehirn hat schließlich auf einer neurophysiologischen Ebene vor dem Organisationsstress kapituliert. Der Preis dafür ist hoch: niedrige Produktivität, Müdigkeit, Gereiztheit, soziale Konflikte.

Im gleichen Ausmaß, in dem der Organisationsstress im (Arbeits-) Alltag zunimmt, erlebt das Gehirn eine intensive Belastung. Es fühlt sich an wie ein altersschwacher Lada, der versucht, auf der linken Spur einer Autobahn einen Laster zu überholen, während von hinten andere Autos drängeln. Man drückt das Gaspedal durch, der Lada gibt alles, was er hat, und schert wieder ein. Nur scheren wir ja nicht mehr ein. Wir bleiben ständig auf der geistigen Überholspur, drücken das Gaspedal durch und verlangen von unserem Gehirn enorme Leistungen. Diese kann es erbringen, ohne Frage. Aber die Dosis macht das Gift. Denn nochmal: Unser Gehirn lernt nicht in Minuten oder Stunden, sondern in Wochen, Monaten, Jahren. In solchen Zeiträumen baut es Nervenverbindungen neu, um oder ab.

Seine Neuroplastizität bleibt – anders als bislang vermutet – unter Einschränkungen bis ins Alter bestehen. So ergab eine aktuelle Studie der Max-Planck-Gesellschaft, dass sich das Gehirn über ein ganzes Leben lang neu »verdrahten« lassen kann – eine Erkenntnis, die bis vor einem Jahrzehnt noch als sehr unwahrscheinlich galt, nun aber mithilfe neuester bildgebender Verfahren untermauert werden kann.[122] Obwohl in der Studie die Neuroplastizität von Ratten getestet wurde, vermuten die Wissenschaftler, dass »sich die Struktur des Nagetiergehirns in ständigem Fluss befindet und dass die Neuverdrahtung durch die Sinneserfahrung und Interaktion mit der Umwelt geformt wird. […] Diese Änderungen bleiben für den Rest des Lebens erhalten und gelten möglicherweise auch für andere Sinnessysteme und andere Arten, einschließlich des Menschen«. Bezogen auf unser Selbstmanagement heißt das: Unter Stress zu leiden erlernen wir – und können es mit einer veränderten Arbeits- und Lebensweise auch wieder verlernen.

Das Gehirn verändert sich permanent – ein ganzes Leben lang

Die besonderen Wirkmechanismen von Neuroplastizität (vor allem Zeitbedarf und Training) sind auch der Grund, warum bei Stress und Burnout kurzfristige Wellness-Kuren nicht funktionieren: Auch wenn man diese Entspannungsphasen einbaut, findet das Gehirn keine Zeit und keine Übung, um seine Nervenbahnen entsprechend umzubauen. Das geschieht erst durch bewusstes, längerfristig verändertes Verhalten. Nochmals der Lada-Vergleich: Auch wenn Sie rausfahren, um zu tanken, dann aber an Ihrem Fahrverhalten nichts ändern, geht irgendwann der Motor unweigerlich kaputt – und dann nutzt das beste Benzin nichts mehr.

Welche Situationen erzeugen Organisationsstress? Diese Art von Stress entsteht vor allem dann, wenn eine hohe Flexibilität im Verhalten gefragt ist. Der Mensch hat durch seine Charakterprägung und seine Erfahrungen in der Regel einen gewissen Stil, mit Situationen und Menschen umzugehen. Diesen Stil – in der Führung beispielsweise spricht man explizit von Führungsstilen – kann man nicht einfach ablegen. Umso mehr ist eine flexible Reaktion gefordert, wenn man mit mehreren Menschen(-typen) konfrontiert ist. Als Klassiker seien hier Meetings oder Tätigkeiten im Vertrieb zu nennen. Das bedeutet: Für manche ergibt sich bereits ein hoher Organisationsstress, wenn sie mit vielen verschiedenen Menschen konfrontiert sind. Ihnen fehlt die geistige Flexibilität. Sitzt so jemand auf einer Position, an der er sich mit vielen Menschen auseinandersetzen muss, lässt der Stress nicht lange auf sich warten. Und dabei sprechen wir noch nicht von Fähigkeiten wie der emotionalen Professionalität.

Weiterhin erleben wir starken Organisationsstress, wenn wir mit einer Vielzahl von Tätigkeiten konfrontiert sind. Dieses sogenannte Multitasking erfreut sich ebenso großer Beliebtheit wie es volkswirtschaftlichen Schaden anrichtet. Wenn man zwei Tätigkeiten gleichzeitig ausführt, geht das so lange gut, solange eine der beiden Tätigkeiten automatisiert ist (zum Beispiel spazierengehen und sich unterhalten). Sobald jedoch beide oder sogar mehrere Tätigkeiten höhere Hirnfunktionen beanspruchen, sinkt die Produktivität dramatisch

> **Organisationsstress: unklare Abläufe und Prioritäten, zu wenig persönliche Kontrolle**

und die Fehlerquote erhöht sich entsprechend. Wie und warum das sogenannte »Multitasking« scheitert, erläutere ich ausführlich an anderer Stelle[123].

Ebenso nimmt unser Stresslevel zu, wenn wir Informationen aus unterschiedlichen Kanälen bändigen wollen. So berichtete mir einmal ein Abteilungsleiter, vor allem seine jüngeren Mitarbeiter säßen in der Regel mit iPhone und iPad am Konferenztisch. »Anfangs hat mich das gar nicht gestört«, meinte er. »Doch irgendwann habe ich gemerkt, dass auch diese jungen Leute die vielen Kommunikationskanäle nicht koordinieren können. Sie waren unkonzentriert, unproduktiv und haben schlicht und ergreifend nicht die wichtigen Punkte aus den Meetings mitbekommen.«

Auch unsere Zeitwahrnehmung spielt eine Rolle. Wenn wir die Kontrolle über die Zeitperspektive verlieren, setzt uns das unter Druck. Wir Menschen haben leider kein Organ für die Zeitwahrnehmung (zumindest für die »äußere« Zeiteinteilung aus Sekunden, Minuten und Stunden). Unser Zeitgefühl ist eine Konstruktion unseres Bewusstseins. Dementsprechend schwer fällt es uns beispielsweise, die Zeit zu schätzen, die wir für eine Tätigkeit oder etwa eine Autofahrt brauchen. Dieses Unvermögen der objektiven Zeitschätzung kann in uns leicht ein Gefühl der Überforderung erzeugen – beispielsweise, wenn wir in einen vollen Terminkalender schauen. Wir spüren einen Handlungsimpuls, der nicht durch ein geerdetes Zeitgefühl gebremst werden kann. Da wir jedoch in einer Welt der vollen Terminkalender leben, erzeugt allein dieser permanente Handlungsimpuls ein Grundrauschen an Organisationsstress.

Und schließlich mögen wir es nicht, fremdbestimmt zu sein. Wir werden leicht frustriert, wenn wir die Kontrolle über unsere Tätigkeiten aufgeben müssen und fremdbestimmt handeln. Das klassische Beispiel hierfür ist das morgendliche E-Mail-Checken. Manch hartgesottener Zeitgenosse packt bereits bei den Frühstücksflocken das Smartphone aus und schaut, was über Nacht so aufgelaufen ist. Das Beschäftigen mit E-Mails ist eine fremdbestimmte Arbeit. Wir lesen E-Mails und reagieren darauf. In Kombination mit der hohen kommunikativen Flexibilität und den unterschiedlichen Menschen, mit denen wir es hier zu tun haben, sorgen wir nicht selten für eine gehörige Portion Organisationsstress und ein veritables Frusterlebnis. Mit anderen Worten: Es gibt wenig effektivere Methoden, seine Tagesmotivation bereits morgens in den Keller zu schicken.

Wir brauchen also ein modernes Selbstmanagement, weil wir – anders als die Trümmerfrauen vor 60 Jahren – einer neuen Art von Stress ausgesetzt sind: dem Organisationsstress. Dieser Stress fordert dem Gehirn eine hohe Leistung ab, die es nur mit Übung und in kürzeren Intervallen vollbringen kann. Weil wir nicht ständig gegen die Arbeitsweise unseres Gehirns ankämpfen können, müssen wir den Organisationsstress von zwei Seiten packen: durch ein professionelles Selbstmanagement und die grundsätzliche Verminderung der auslösenden Stressfaktoren: parallele Tätigkeiten, ständiger Termindruck, Zwang durch Fremdbestimmung, ständig wechselnde Aufgaben.

Der innere Schweinehund

Die Bezeichnung Selbstmanagement suggeriert, man könne das komplexe Zusammenspiel aus Selbstführung, Kommunikation und Stressregulierung tatsächlich auf einer rein methodischen Ebene lösen. Managen hat lautmalerisch etwas Leichtes, Luftiges, ganz so, als könne man Probleme wegmanagen. Dieses Bild trügt natürlich. Management geschieht nicht nur auf einer technisch-methodischen Ebene, sondern hat auch viel mit (Selbst-)Motivation zu tun, mit Geduld, Diplomatie und Menschenkenntnis. Nicht umsonst kursiert in der Businesswelt das Bonmot, es gebe Manager – und es gebe Führungskräfte. Die einen könnten gut mit Dingen umgehen, die anderen mit Menschen. Auch wenn diese Zweiteilung etwas schwarz-weiß gemalt ist, können wir daraus doch etwas für unser eigenes Selbstmanagement lernen: Es reicht nicht, nur gewisse Selbstmanagement- oder Zeitmanagement-Techniken zu erlernen. Diese Techniken müssen wir einbetten in eine grundlegend veränderte Haltung uns und unserer Arbeitsrolle gegenüber. In ein neues Selbstverständnis unseres arbeitsbezogenen Denkens und Handelns. Denn die beste Technik nutzt nichts ohne die mentale und motivationale Fähigkeit, sie einzusetzen.

Doch genau hier besteht ein gewaltiges Transferproblem. Jeder, der schon einmal privat einen Ratgeber durchgeackert hat oder von seiner Firma auf ein Selbstmanagement-Seminar geschickt worden ist, kennt das: Im Seminar klingt das unglaublich gut. In der geschützten Atmosphäre des heimischen Wohnzimmers oder dem angenehmen Ambiente des Seminarhotels hört sich die Neuregelung des eigenen Arbeitsalltags schlüssig an, logisch, leicht umzusetzen. Doch spätestens beim Praxistest zeigen sich die Tücken des Systems. Methoden lassen sich nicht eins zu eins umsetzen, es fehlen eventuell technische Kenntnisse, um zum Beispiel eine gewünschte Software auf dem Smartphone zu installieren, und nicht zuletzt nützt das beste Selbstmanagement-System wenig, wenn die Kollegen einen chaotischen oder sabotierenden Stil fahren.

Was bedeutet das nun? Techniken und Methoden alleine reichen nicht. Die Veränderung muss tiefer reichen, bis in die persönlichen Gewohnheiten hinein. Wir müssen bestimmte Charaktereigenschaften entwickeln, damit Selbstmanagement funktioniert. Hier lohnt es sich, einen Blick auf die sogenannten Sekundärtugenden zu werfen, insbesondere Disziplin, Ordnungssinn, Frustrationstoleranz und die Fähigkeit zur Selbstmotivation. Nachdem diese Sekundärtugenden im Zuge der 68er-Bewegung vielfach diskreditiert wurden, erleben sie seit einiger Zeit im Rahmen eines erstarkenden bürgerlichen Bewusstseins ein gewisses Revival. »Sekundärtugenden« heißen diese Tugenden übrigens deshalb, weil sie »zur praktischen Bewältigung des Alltags und zum ›störungsfreien‹ Betrieb einer Gesellschaft beitrügen, ohne jedoch für sich allein eine ethische Bedeutung zu haben«.[124] Will sagen: Man kommt auch ohne Sekundärtugenden durchs Leben. Nur nicht, wenn man gewisse Ziele erreichen will. Selbstmanagement ist so ein Ziel.

Sekundärtugenden wie Fleiß und Disziplin helfen uns dabei, unsere Ziele zu erreichen

Wie bauen wir Sekundärtugenden auf? Es ist in etwa so wie mit dem Muskelaufbau beim Sport. Der geht auch nicht in Nullkommanichts, sondern allmählich. Dadurch, dass wir das Richtige tun – und das immer wieder. Schließlich wird der trainierte Muskel zur Gewohnheit und wir müssen uns immer weniger anstrengen, um das Funktionsniveau zu erhalten. Um Sekundärtugenden zu erwerben, reicht es daher nicht, dies einfach zu wollen. Man muss die Dinge schlicht und ergreifend auch tun. Das ist die Motivationshürde, die uns der »innere Schweinehund« in den Weg stellt. Warum gelingt es so wenigen Menschen, ihre Vorsätze tatsächlich zu verwirklichen? Wie oft hören wir Sprüche wie »Dieses Jahr gebe ich das Rauchen auf!« oder »Jetzt nehme ich wirklich ab!«. Pustekuchen. Die meisten von uns gleiten wieder in ihr altes Verhaltensmuster zurück, sobald der Theaterdonner verraucht ist und sich niemand mehr (man selbst eingeschlossen) an das eigene Versprechen erinnert. Woran liegt das?

Erst einmal ist es wichtig, zwischen *Ansprüchen* und *Bedürfnissen* zu unterscheiden. Ein *Bedürfnis* ist etwas, was man von Zeit zu Zeit dringend braucht: Essen, Schlaf, Sex oder geistige Anregung etc. Auch die Gemeinschaft mit anderen Menschen gehört dazu. Wenn man solche Bedürfnisse nicht stillen kann, wird man entweder krank oder wenigstens frustriert. Wir Menschen sind als Geschöpfe der Natur so programmiert, dass wir solchen Bedürfnissen immer den Vorrang geben vor unseren Ansprüchen.

Neben den Grundbedürfnissen wie Essen und Schlafen gibt es noch andere Bedürfnisse, und zwar solche, die durch unsere individuellen *Glaubenssätze* gesteuert werden. Jeder Mensch hat solche Glaubenssätze, die sein Leben und das, was er erlebt, in etwas sinnvolles Ganzes deuten. Diese Glaubenssätze können sehr unterschiedliche Inhalte haben und werden uns in der Regel von unseren Eltern vermittelt – ohne dass diese sich dessen bewusst sind. Eltern wollen das Beste für die Kinder und signalisieren über die besonders prägenden Jahre der Kindheit und Jugend hinweg bestimmte Botschaften – weniger durch ihr explizites Reden als durch ihr Tun. Das können Botschaften sein, wie: Du bist nur etwas wert, wenn du dich anstrengst. Auch sogenannte Volksweisheiten spiegeln Glaubenssätze wider. Sie sind die Fundgrube, aus der sich die Volksseele ihren Rucksack packt. »Eigenlob stinkt!« oder »Geld regiert die Welt!« sind solche Sprüche, die sich oft unhinterfragt ins Hirn brennen und die eigenen Einstellungen zu Arbeit, Erfolg und Geld massiv beeinflussen. Wir haben also auf Bedürfnisseite zwei mächtige Strömungen, die unterschwellig unser Denken und Handeln steuern: Grundbedürfnisse und Bedürfnisse aufgrund von Glaubenssätzen. Beide Bedürfnisarten steuern unser Denken und Handeln, auch im Arbeitsleben.

Ansprüche und Appelle sind gut und schön, ein starker Motivator sind sie nicht

Zusätzlich stellen wir *Ansprüche* an uns – als dritte Kategorie –, die wir erfüllen wollen. Ansprüche haben weniger Gewicht als Bedürfnisse und haben Appellcharakter: »Das macht man halt so«, »Man« sollte sich durch Sport fit halten, »man« sollte sich gesund ernähren, »man« sollte das Rauchen aufgeben etc.

Ansprüche werden geboren aus der Überzeugung, einem gesellschaftlichen Trend folgen zu müssen. Darum haben sie die geringste Kraft aller drei Kategorien und die wenigsten Konsequenzen. Darum vergammeln die Joggingschuhe in der Ecke, bleibt man Raucher oder macht die Präsentation eben noch bis acht Uhr fertig, obwohl man um sechs gehen wollte. Joggen kann jedoch in der Priorität steigen, wenn wir zum Beispiel einen Herzinfarkt hatten und wir mit den gefährlichen Konsequenzen von Bewegungsmangel konfrontiert sind. Trotzdem bleibt Joggen nur ein Anspruch, den wir eben erfüllen. Zu einem Bedürfnis würde es erst, wenn wir durch Gewöhnung – und die neuronale Belohnung in Form von »Glückshormonen« – irgendwann das Joggen ehrlich vermissen würden. Das aber ist bei relativ wenigen Menschen der Fall.

Echte Bedürfnisse können wir nicht nur nach ihrem Ursprung her unterscheiden (Grundbedürfnis vs. Bedürfnis aus einem Glaubenssatz heraus), sondern auch im Hinblick auf ihre Motivationsrichtung. So gesehen gibt es »Minus«-Bedürfnisse, »Plus«-Bedürfnisse – und die schon erwähnten Ansprüche.

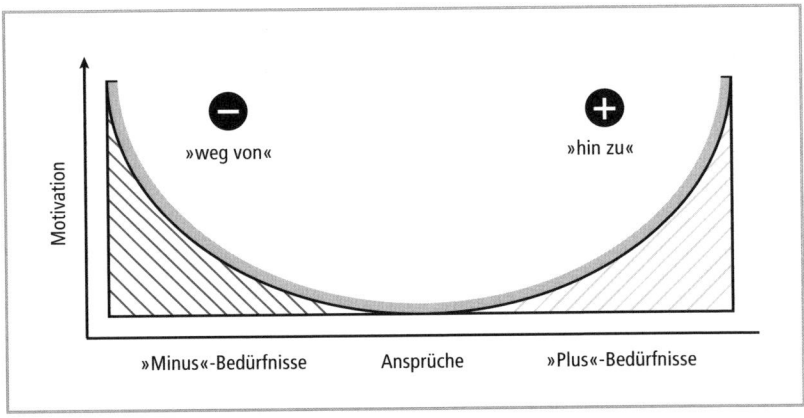

Abbildung 6: Motivationshöhe in Abhängigkeit von der Motivationsart

Die meisten Wünsche zur Selbstveränderung, die wir haben, sind Ansprüche. Sie verpuffen schnell, da sie keine innere emotionale Kraft haben. Wir denken zwar den Anspruch, aber wir fühlen ihn nicht. Unser emotionales System fragt sich auf dieser Ebene: Warum soll ich mich eigentlich ändern? Mir geht es doch gut. Das Unterbewusstsein vergleicht die Kosten der Veränderung mit den Kosten des Status quo, zieht eine Bilanz und beschließt: Alles soll so bleiben, wie es ist. Denn Veränderung kostet Kraft. Man muss investieren.

Die nächste Kategorie bilden die »Minus-Bedürfnisse«. Der Einzelne weiß genau, was er *nicht* mehr will, aber weniger, was er will, wie das Ziel denn letztendlich aussehen soll. Das klassische Beispiel sind Bewerber, die ganz genau wissen, warum sie nicht mehr bei ihrer bisherigen Firma bleiben wollen, aber sich nicht vorstellen können, bei welchem Unternehmen sie auf welcher Position mit welchen Aufgaben denn nun genau weitermachen wollen. Minus-Wünsche sind gekennzeichnet von der sogenannten »Weg von«-Motivation. Auch wenn das Ziel verwaschen ist, kann die Motivation zur Veränderung hier sehr stark sein. Das bedeutet, bei den Minus-Bedürfnissen ist eine emotionale Beteiligung, eine Sehnsucht, die im Herzen wurzelt und nicht nur im Verstand, durchaus vorhanden.

Als dritte Kategorie schließlich haben wir die »Plus-Wünsche«. Für ein gelungenes Selbstmanagement ist diese Kategorie die beste: es gibt ein starkes emotionales Commitment, und der Einzelne weiß, was er will. Im beruflichen Kontext gibt es dafür das Beispiel der »Vision«, die man persönlich umsetzen will, einen Lebenstraum, den man verwirklichen will. Daher sind wir hier im »Hin zu«-Bereich. »Hin zu« einem festgesetzten Ziel, ausgestattet mit einer Motivation, die auch Schwierigkeiten überdauern kann.

Wir brauchen starke Motive. Techniken und Methoden allein, Post-its und Kalender reichen nicht aus

Wir müssen unsere Bemühungen, uns selbst zu managen bzw. selbst zu führen, mit einer starken Motivation untermauern. Wie gelingt das? Zunächst einmal braucht es eine ehrliche Selbstklärung. Wie groß ist der Wunsch, ein Selbstmanagement aufzubauen? Ist tatsächlich ein starker, positiver Wunsch vorhanden? Oder wenigstens ein starker Minus-Wunsch? Nur einen diffusen Selbstanspruch zu verwirklichen, wird nicht ausreichen für eine längerfristige Veränderung. Denn dafür benötigen wir die Komplizenschaft von Verstand und Gefühl, die mit vereinten Kräften eine Verhaltensänderung bewirken wollen. Und das geschieht nur, wenn einem vor dem Chaos auf dem Schreibtisch buchstäblich graut oder man sich mit dem Ergebnis von Selbstmanagement tatsächlich stark positiv identifiziert. Wenn der Wunsch zum Selbstmanagement lediglich ein laues Lüftchen auf dem Niveau eines Anspruchs ist, kann man die ganze Sache immer noch abblasen. Will man dennoch ein funktionierendes Selbstmanagement erreichen, besteht die erste Stufe darin, den inneren Schweinehund zu überwinden. Und genau da kommen die Sekundärtugenden ins Spiel.

Die wichtigste aller Sekundärtugenden ist hier zweifellos die Disziplin. Ohne Disziplin läuft nichts, weder im Arbeitsleben noch im Sport noch in der Kindererziehung – und eben auch im Selbstmanagement. Der australische Blogger Ramsay gibt seinen Lesern im Hinblick auf Disziplin beispielsweise den Rat mit auf den Weg, früh aufzustehen: »Take 100 millionaires from around the world and I bet not one of them sleeps in til 8.30 am. Most of them are up at six or seven working away while everyone else is still eating breakfast. Getting up early is something that great athletes, history's most remarkable saints and the world's richest all do. Muhammad Ali would go jogging while it was still dark before starting his actual training. The Buddha and many of the Tibetan yogis would wake sometimes as early as 3 am to start meditating. And most business people are up before the sun.«[125]

Übung macht den Meister. Was uns in Fleisch und Blut übergegangen ist, fällt uns am Ende leicht

Nun ist früh aufstehen nur eine Möglichkeit, dem Alltag mit Disziplin zu begegnen, denn die Anforderungen im Selbstmanagement begegnen uns ja nicht nur morgens, sondern jeden Tag viele Stunden lang. Was Selbstmanagement bedeuten kann, zeigt metaphorisch eine Szene in dem Film *Last Samurai*. Darin muss Tom Cruise allein mit dem Schwert gegen vier Angreifer kämpfen. Wer ein wenig von Kampfkunst versteht, kann beim Betrachten dieser Szene die komplexe Choreografie und gleichzeitige Eleganz nur bewundern. Die Kampfszene besteht aus 32 exakt choreografierten Bewegungen von Angriff und Abwehr. Angeblich hat Cruise diese Szene in einem einzigen Take abgedreht. Das wäre selbst für einen Kampfsportgeübten eine beachtliche Leistung. Gleich in einem doppelten Sinne ist diese

Filmszene daher für gutes Selbstmanagement charakteristisch: einmal für die Disziplin, die man braucht, um Dinge einzuüben. Und für die unterschiedlichen Anforderungen, die manchmal unkontrolliert auf uns einstürmen.

Jetzt gibt es Menschen, die sagen: »Herr Väth, ich kann das nicht. Ich bin von Haus aus undiszipliniert!« Solchen Menschen schaue ich tief in die Augen und raune: »Aber Sie haben doch eine Hose an!« Dann schaut mich mein Gesprächspartner verblüfft an und fragt: »Aber was hat denn das damit zu tun?« »Naja«, meine ich, »es braucht doch auch eine gewisse Disziplin, sich morgens eine Hose anzuziehen, oder?« »I wo«, meint mein Gegenüber, »das lernt man doch im Lauf des Lebens sowieso. Das geht einem doch in Fleisch und Blut über!«. »Absolut«, erwidere ich: »Wie Disziplin«. Disziplin kann man lernen, genau wie Radfahren.

Verwandt mit der Disziplin ist die Frustrationstoleranz. Kinder lernen das schon im Rahmen des sogenannten Belohnungsaufschubs. Man hat festgestellt, dass Kinder, die ihre Bedürfnisbefriedigung zeitlich nach hinten verschieben können, auch im späteren Leben mit Frustrationen besser umgehen. Das wohl bekannteste Experiment zu diesem Thema wurde bereits in den 60er-Jahren von dem Psychologen Walter Mischel durchgeführt und unter dem Namen »Marshmallow-Test« berühmt.[126]

Mischel gab Kindern Marshmallows und ließ diese wählen: Sie konnten die Süßigkeit gleich essen, bekamen dann aber keine zweite. Oder sie warteten einige Minuten mit dem Verzehren, dann bekamen sie ein zweites Marshmellow obendrauf. In einer Längsschnitt-Studie konnte Mischel zeigen, dass diejenigen Kinder, die warten konnten, auch später im Leben mit Frust und Belohnungsaufschüben besser zurechtkamen. Das bedeutet für uns auch im Erwachsenenalter: Wenn man sich im Leben jeden Wunsch sofort erfüllt bzw. wenn er einem sofort erfüllt wird, lernt man nicht, mentale Durststrecken durchzustehen. Die Impulskontrolle sinkt, man reagiert spontaner, zum Beispiel auf Werbebotschaften, und kann schlechter längerfristige Ziele verfolgen.

Warum ist diese Sekundärtugend beim Selbstmanagement so wichtig? Weil wir im Alltag immer wieder mit Situationen und Aufgaben konfrontiert sind, die uns fremdbestimmen. Wir müssen auf

E-Mails reagieren, auf Anrufe, auf spontane Störungen. In diesem Moment können wir die Tätigkeit, die wir gerade ausüben, nicht fortführen. Wir werden sozusagen in unserer Zielerreichung behindert. Das damit verbundene Unbehagen müssen wir aushalten, unsere Motivation bewahren und mit der Störung professionell umgehen. Eine starke Frustrationstoleranz hilft uns also dabei, mit Kontrollverlust und Fremdbestimmung besser umzugehen – klassische Bedingungen der modernen Arbeitswelt.

Trotz Widrigkeiten seine Ziele verfolgen, darauf kommt es an

Für ein gelungenes Selbstmanagement braucht es also mehr als Techniken – die Einstellung zählt. Wir müssen unseren inneren Schweinehund überwinden. Dazu benötigen wir eine starke Motivation zur Veränderung und Eigenschaften wie Disziplin und Frustrationstoleranz. Nur so können Verstand und Gefühl einen Pakt eingehen und Fähigkeiten ausbilden, die durch entsprechende Übungen verfestigt werden.

Eins, zwei, drei! Im Sauseschritt ...

... eilt die Zeit, wir eilen mit«, heißt es bei Wilhelm Busch. Oft genug fühlen wir die Zeit fast körperlich. Meist dann, wenn wir keine Zeit haben, wenn unser Körper uns Signale der Überlastung sendet. Wo fühlen Sie die Zeit? Im Bauch, im Kopf, im Fuß vielleicht? Im Bauch fühlen wir sie höchstens, wenn wir gestresst sind, wenn es hektisch wird und sich die Eingeweide buchstäblich zusammenziehen. In diesen Momenten empfinden wird Zeit als Druck, als etwas Unangenehmes. Natürlich gibt es auch das Gegenteil: Glücksmomente, meist flüchtig und selten gesät. Diesen Glücksmomenten jagen wir sehr oft vergeblich hinterher. Um dieses Thema herum ist eine ganze Literaturgattung entstanden: Glücksratgeber, Werke über Positive Psychologie, philosophische Betrachtungen etc. Viel einfacher ist es jedoch, zwei einfachen Prinzipien zu folgen: Erstens loslassen und nicht in die Glückssuche verkrampfen – was schwer genug ist. Und zweitens die literarische Weisheit beherzigen: »Ewig ist der Augenblick.«[127] Glück als Erleben in der Zeit ist nun einmal ein flüchtiges Haschen nach dem Wind. Will man es festhalten, ist es auch schon wieder vorbei.

Doch ganz gleich, ob es um Glück, Stress, ein Hobby, Rasenmähen oder anderes geht: Unsere Zeitwahrnehmung erfolgt immer indirekt. Bereits in den sechziger Jahren wurde nachgewiesen, dass ein unscheinbarer Bereich unseres Gehirns, ein Teil des sogenannten Hypothalamus, das Gehirn relativ genau entlang des Tag-Nacht-Wechsels steuert. In den damaligen Experimenten stellte sich allerdings auch heraus, dass diese sogenannte »innere Uhr« keinem 24-Stunden-Lauf folgt, sondern einem Zyklus von ca. *25* Stunden. Obwohl dieser innere, automatisierte Zeitlauf ziemlich gut funktioniert, versagten die Probanden dann, wenn es darum ging, Zeit in Stunden und Minuten zu schätzen. Das ist auch nicht weiter verwunderlich, da die Einteilung in Stunden und Minuten relativ künstlich ist, um in einer arbeitsteiligen Gesellschaft zeitliche Abstimmung überhaupt zu ermöglichen. Daher können wir explizit für die Wahrnehmung der äußeren Zeit (also Stunden und Minuten) festhalten: Wir haben dafür kein eigenes »Organ«. Nur den Hypothalamus, der jedoch ausschließlich den gröberen Tag-Nacht-Wechsel regelt. Eine organische Instanz, die einer Uhr vergleichbar präzise die Zeit wahrnimmt, protokolliert und auch Zeitlängen beurteilen kann, haben wir als abgrenzbare, neuronale Funktionseinheit bislang nicht entdecken können.

Was bedeutet das nun für unsere Zeitwahrnehmung? Zeit ist eine Konstruktion unseres Bewusstseins. Keine Maschine, die konstant arbeitet, kein unbestechlicher innerer Minutengeber, sondern vielmehr eine unscharfe, punktuelle Wahrnehmung. Wenn wir also tagsüber nicht gerade auf die Uhr schauen und trotzdem wissen wollen, wie spät es ist, nimmt unser Gehirn eine mehr oder weniger genaue Zeitschätzung vor. Die Engländer würden sagen: *an educated guess*.

Für unsere Zeitwahrnehmung und die Berechnung von Zeit anhand der inneren Uhr sind bewusste Erlebnisse äußerst wichtig. Das kann man leicht selbst überprüfen: Wenn Sie sich ins Auto setzen und zu einem unbekannten Ort fahren, an dem Sie noch nie vorher waren, und Sie fahren von dort wieder zurück, kommt Ihnen die

Hinfahrt länger vor als die Rückfahrt. Was steckt dahinter? Unser Bewusstsein sammelt auf der Hinfahrt all die unbekannten Reize: die Landschaft, fremde Häuser, die unbekannte Straßenführung. Diese unbekannten Reize verzerren die Gleichung, mit der das Gehirn die Zeitspanne ausrechnet. Aus den vielen neuen Reizen schließt das Gehirn auf eine längere Zeitspanne. Weil wir mehr Unbekanntes erlebt haben, muss die Zeit ja auch länger gewesen sein. Ein Trugschluss, wie wir selbst feststellen können.

Unsere Zeitwahrnehmung ist abhängig von dem, was wir erleben

Um diese ungenaue und höchst individuelle Zeitwahrnehmung des Menschen auszugleichen, hat man im ausgehenden Mittelalter das Uhrenprinzip aus der Astronomie übernommen und den Tag gesellschaftlich synchronisiert. Erst die Erfindung der »Uhr für alle« und die zeitliche Synchronisation des Tages (und der Nacht) sorgten dafür, dass sich Gemeinschaften, Städte, ja, ganze Kulturen auf kollektive Ereignisse und Tätigkeiten verständigen konnten. In diesem Sinne war die Synchronisierung der Zeit auf dem Papier eine wirklich fortschrittliche Leistung. Macht man nun allerdings einen großen Sprung vom Glockenturm des 17. Jahrhunderts in die Bahnhofshalle der Neuzeit, muss man feststellen, dass sie ihren Zenit überschritten hat.

Erstens gibt es immer weniger gemeinsame Zeitpunkte und Aktivitäten, die von vielen Menschen geteilt werden. In unserer hochindividualisierten Gesellschaft sucht sich jeder die Höhepunkte, die Ruhephasen und Zerstreuungen, die ihm persönlich zusagen. Überschneidungen mit den Terminkalendern von anderen sind einigermaßen zufällig und nebensächlich. Was bleibt, sind institutionalisierte Feste wie Weihnachten, Ostern, Silvester, wichtige Fußballspiele oder das Ritual der Bundes- und Landtagswahlen (wobei die abnehmenden Wählerzahlen zeigen, dass dieses früher das Land vereinigende Ritual für die meisten Menschen immer unwichtiger wird). Ironischerweise ist einer dieser symbolischen, zumindest früher gesellschaftsvereinenden Zeitpunkte ausgerechnet die Umstellung von Sommer- auf Winterzeit (und umgekehrt). Ansonsten ist die Gesellschaft in weiten Teilen so individualisiert, dass buchstäblich jeder seinen eigenen Kalender im Smartphone mit sich herumträgt.

Zweitens scheitert die Synchronisierung von Zeit gerade im Arbeitssektor an der Globalisierung auf allen Stufen der Wertschöpfung. Immer wieder erzählen mir Kunden lustige Anekdoten, die von bemitleidenswerten Menschen wie Annette oder Bill handeln, deren sonores Schnarchen Telefonkonferenzen akustisch untermalt. Annette und Bill haben einfach vor ihrer eigenen inneren Uhr kapituliert und sich aus der organisierten Synchronisierung zurückgezogen. Das muss nicht immer nachteilig sein. Wie dies durchaus auch positiv gelingen kann, schildert der Ingenieurwissenschaftler Matthias Kleiner: »Die Nacht ist die uneingeschränkte Dunkelheit, an der ich schließlich auch die Zeit nicht mehr ablesen kann. So kommt es nicht selten vor, dass ich E-Mails zu dieser doch eher unüblichen Zeit versende. Wer sie in der Helligkeit seines Arbeitstages empfängt, wird dann vielleicht verständnislos den Kopf schütteln. Wenn aber jemand wie ich in der Dunkelheit erst die nötige Ruhe findet, wird auf ›Antworten‹ gedrückt, ohne die Uhrzeit zu kommentieren oder überhaupt zu registrieren.«[128] Eine charmante Umschreibung für einen hochgradig individualisierten Tätigkeitsrhythmus.

Die Auflösung gemeinsamer Erfahrungen reduziert auch das Glücksempfinden

Drittens wird die Idee der Synchronisierung oftmals nur noch dazu benutzt, Druck zu erzeugen und nicht – beispielsweise – kollektive Glücksmomente. So wie der Kapitalismus die Tendenz hat, Gewinne zu privatisieren und Verluste zu sozialisieren, bedeutet eine getaktete Zeit im Arbeitsalltag Termine, angeblich dringende Meetings, grassierende Zeitverkürzungen in Projekten und das Weglassen von »sozialem Gedöns« (zum Beispiel in Form von Mitarbeitergesprächen). Das Prinzip des Feierabends hingegen wird immer mehr aufgelöst und durch zeitliche Manipulationstechniken wie »Vertrauensarbeitszeit« ersetzt. Der normale Arbeitnehmer wird damit um einen ritualisierten Glücksmoment – den Beginn des gemeinsamen Feierabends – gebracht. Denn was passiert in der Vertrauensarbeitszeit? Die Menschen arbeiten in der Regel mehr als vorher. Was vorher aus schriftlichen Vereinbarungen bestand, wird zu einer verwaschenen

Regel im Kopf des Arbeitnehmers. Diese Regel legt der Arbeitnehmer fast nie zu seinen Gunsten aus. Zu groß ist die Angst, der Interpretationsspielraum in den Zeitkonten könnte vom Chef zu seinem Nachteil ausgelegt werden, womöglich gar als subtiles Druckmittel in Mitarbeitergesprächen. Dieser Sorge baut der Mitarbeiter vor, indem er »auf Vorrat« arbeitet, dieses allerdings nicht mehr schriftlich dokumentiert. Für den Arbeitgeber oft ein lohnendes Geschäft.

Was bedeutet das Zusammenbrechen der gesellschaftlichen Zeit und die Tatsache, dass Zeitwahrnehmung ein mentales Konstrukt ist, nun für unser eigenes Zeitmanagement? Zunächst muss klar sein, dass Zeitmanagement im beruflichen Alltag im Grunde Stressmanagement darstellt. Denn um Dinge wie Glück, Harmonie etc. geht es in der Regel nicht, sondern um Effizienz, Leistung und Produktivität. Das ist nicht weiter schlimm. Wir brauchen uns nur daran erinnern, dass unsere damit verbundene Wahrnehmung von Zeit ständig durch seelisches und körperliches Stressempfinden beeinflusst wird und wir motivationsmäßig praktisch immer im Minus operieren.

Für ein wirksames Zeitmanagement brauchen wir eine mentale Schutzschicht, damit unsere Motivation nicht in den Keller geht

Weiterhin müssen wir uns von Zeit als fester Größe verabschieden, die wir wie ein Stück Butter portionieren und einteilen können. Der Graben zwischen den Synchronisationsanforderungen des Berufs und der eigenen inneren Uhr lässt sich nicht einfach zuschütten. Deshalb müssen wir das Primat des Termins teilweise aufgeben und unserer inneren Uhr folgen. Dies erfordert, anders als im klassischen Zeitmanagement postuliert, nicht nur entsprechende Techniken wie To-do-Listen oder Ähnliches, sondern die Ausbildung charakterlicher Fähigkeiten: Abgrenzung, »Nein« sagen, eine Philosophie des »Weniger ist mehr«.

Das führt uns zu einem weiteren Phänomen der modernen Zeiteinteilung: der Verdichtung und Beschleunigung von Zeit. Ohne zu fragen, ob eine Ergebnisproduktion unter Zeitdruck sinnvoll ist, haben wir die Optimierung und Verdichtung von Zeit zu einer Regel gemacht, die wir nicht mehr hinterfragen. Die Folge sieht man in vielen herkömmlichen Zeitmanagement-Seminaren: Es wird nicht darauf hingearbeitet, die Aufgaben zu entschleunigen oder auf der Zeitachse nach hinten zu entzerren. Die Kommunikationswissenschaftlerin Miriam Meckel schildert hierzu den Feldversuch eines Telekommunikationskonzerns. Dessen Führungskräfte testeten vor der Markteinführung eine neue E-Mail-Software, die intelligent priorisieren sollte. Das Ergebnis war zunächst unerfreulich: Mails wurden teilweise in Fächer »mit hoher Dringlichkeit« verschoben, wo sie dann verrotteten. Das eigentlich erstaunliche Ergebnis war jedoch folgendes: Von 246 Absendern »dringlicher« Nachrichten gab es nach insgesamt zwei Wochen ohne Bearbeitung eine (!) Nachfrage bezüglich der angeblich so wichtigen Mails.[129] Meckel kommt zu dem Schluss, dass in Organisationen Aussitzen durchaus eine angemessene Problemlösungsstrategie darstellen kann. Obwohl das wahrscheinlich viele Leser aus eigener Erfahrung bestätigen werden, hat diese Erkenntnis leider noch nicht ihren Weg in die Management-Ratgeber gefunden.

Wir betreiben einen Kult der Eile. Nur wer schnell und effizient arbeitet, erntet Lob, Erfolg und Ansehen. Dabei könnte man in vielen Firmen den Arbeitsalltag durchaus entzerren: Viele Projekttermine oder andere fixe Zeitvorgaben fußen nicht auf wirtschaftlichen Notwendigkeiten, sondern auf der selbstdarstellerischen Inszenierung eigener Wichtigkeit: weil man noch »auf die Zahlen aus Amsterdam warte« oder weil man das Glaubensbekenntnis unserer Tage, »Zeit ist Geld«, so vollkommen und unwidersprochen verinnerlicht hat, dass sich einem die Sinnfrage dieser Vorgabe gar nicht mehr stellt. Man könnte das Thema Zeitmanagement wesentlich ruhiger angehen, würde man hier mal Dampf aus dem Kessel ablassen und zugeben, dass viele angeblich dringende Termine nur Effekthascherei sind.

> **Wir huldigen dem Kult der Eile und der Zeitverdichtung: noch mehr Meilensteine, Meetings, Termine – aber wofür?**

Doch davon sind wir noch weit entfernt. Das gewohnte Spiel heißt vielmehr: Wie ergattert man immer noch mehr Aufgaben in weniger Zeit? Wenn ich mir manchmal Terminkalender von Führungskräften anschaue, gruselt es mich. Kein Wunder, dass hier auch der Leistungsfähigste irgendwann zusammenbricht. Unsere Existenz in der Zeit kennt nun einmal nur zwei Ausschläge: einen nach oben (intensive Arbeit in kurzer Zeit) und einen nach unten (Muße und langsames, bedächtiges Arbeiten). Die Einsicht ist so alt wie banal: Wer Gas gibt, sollte auch mal Pause machen. Trotzdem muss man das mittlerweile wieder so deutlich sagen, denn nichts beherzigt die moderne Arbeitswelt weniger als dieses Prinzip. Wir hasten und sind stolz darauf.

Dabei gibt es doch eine Instanz, die uns den maßvollen Umgang mit der Zeit lehren kann: unseren Körper. Unser Organismus kennt zahlreiche Vorgänge, die sich nicht beschleunigen lassen. So braucht unsere Verdauung ihre Zeit, Schlaf braucht seine Zeit, die hormonelle Regulierung während der Nacht. Auch jeder Wachstumsrhythmus braucht seine Zeit; das reicht von Haaren und Fingernägeln bis zum Wachstum von Kinderzähnen und Körpergröße. Lernen in allen seinen Formen braucht ebenfalls seine Zeit. Alle diese Beispiele verdeutlichen, dass unser Körper in weiten Teilen klüger ist als wir »modernen« Menschen. Seine jahrtausendealte Programmierung zeigt uns in aller Deutlichkeit, was gut für uns ist: eine Dynamik des Auf und Ab, ein Beschleunigen und Verlangsamen, in der heutigen Managementsprache eben ein »atmendes« Zeitmanagement.

Nicht umsonst enthalten viele Entschleunigungstechniken Atemübungen. Der Atem eines Menschen ist eine wichtige Verbindung des Körpers zur Seele. Wenn Babys auf die Welt kommen, atmen sie natürlich in den Bauch hinein. Die Bauchatmung ist die normale Form des Atemholens, die wir gestressten Büromenschen jedoch größtenteils verloren haben. Man muss schon als Sänger oder Saxofonist diese Bauchatmung wieder bewusst trainieren, um zu merken, wie effektiv und gleichzeitig entspannend sie ist. Die meisten Menschen jedoch praktizieren die sogenannte Brustatmung. Vor allem wenn wir unter Spannung sind, wenn wir glauben, kämpfen oder fliehen zu müssen, atmen wir flach, nutzen nicht mehr unser volles Atemvolumen. Viele Menschen haben diese Haltung permanent verinnerlicht, dass sie gar nicht mehr aus der Brustatmung herausfinden. Irgendwann schließt sich der Kreis aus flacher Atmung, innerer Anspannung und verstärktem Stresserleben.

Aus der Beschleunigungsfalle führen nur Rhythmus und Maß. Richtiges Atmen kann der Anfang sein!

Dieser kurze Verweis auf unseren Körper und seine Rhythmen, doch vor allem auf unsere Atmung soll zeigen, dass wir den besten Taktgeber praktisch ständig mit uns tragen. Der Atemrhythmus lehrt uns den Wechsel von Anspannung und Entspannung, von Beschleunigung und Verlangsamung, und den müssen wir, wollen wir gesund bleiben, auch im Arbeitsleben beherzigen. Termindruck und unklare Vorgaben sollten nicht dazu führen, das Pensum immer noch steigern und »effektiv« gestalten zu wollen, wie uns handelsübliche Zeitmanagement-Methoden nahelegen.

Die amerikanische Sozialpsychologin Janice Kelly hat diesen »Effekt des Mitgerissenwerdens« untersucht. [130] Nach diesem Effekt geraten Menschen in einen »Zeit-Sog«, wenn sie gemeinsam Aufgaben bewältigen sollen. Ganz von selbst beschleunigten Versuchsgruppen ihr Arbeitstempo und behielten es auch bei, wenn keine Notwendigkeit dazu bestand und sie vorher langsamer gearbeitet hatten. Im Gegenteil: Einzelne Versuchsteilnehmer, die wieder langsamer arbeiten wollten, wurden zu Außenseitern und fielen schließlich aus der Gruppe heraus.

Der Fehler von Zeitmanagement ist ein grundsätzlicher. Zeit wird als objektivierbare Größe betrachtet, als etwas, das außerhalb von uns existiert – eine Annahme, die dem Alltagserleben zuwiderläuft. Indem wir täglich dutzende Male auf die Uhr blicken, glauben wir, Zeit wäre ein Wesen, eingesperrt, nur als Vorrücken des Sekundenzeigers sichtbar. In der modernen Welt versuchen wir, die universale Einteilung von Stunden, Minuten und Sekunden auf unsere innere Uhr zu übertragen, und lassen dabei unsere individuellen Bedürfnisse außer Acht.

Fünf goldene Regeln

Wie setzen wir nun diese Erkenntnisse in ein wirksames Selbstmanagement um? Wir haben gesehen, dass Selbstmanagement im Grunde Stressmanagement bedeutet, da der sogenannte Organisationsstress in den letzten 10, 20 Jahren massiv zugenommen hat; dass Selbstmanagement nur mit Tugenden wie Disziplin, Gelassenheit und Entscheidungsfähigkeit möglich ist; dass Zeitmanagement im Besonderen seine Berechtigung dadurch erhält, dass wir nicht mehr in *einer* kollektiven Zeit leben, sondern unsere Zeit hoch autonom gestalten können bzw. müssen.

Um ein persönliches Selbstmanagement aufzubauen, gilt als Grundlage:

Üben Sie Gelassenheit und seien Sie diszipliniert. Nichts im Leben gelingt ohne Disziplin. Das reicht von einfachen Tätigkeiten wie Körperpflege oder Gesundheitsvorsorge bis hin zu beruflichen, sportlichen oder künstlerischen Leistungen. Der Schlüssel liegt darin, Disziplin zu einem Teil Ihres Selbstwertes zu machen. Zu etwas, auf das Sie stolz sind, was Sie ganz selbstverständlich durchs Leben begleitet. So bleibt Disziplin kein lästiges Übel, sondern wird zu einem befriedigenden Teil des (Arbeits-)Alltags.

Wie gelangen Sie dorthin? Der Weg zur Disziplin führt über die Gewohnheit, und diese Phase des Einübens erfordert Zeit. Das können Wochen sein, aber auch Monate. Erst dann verliert eine neue Gewohnheit das Gefühl der Fremdheit, des Bemühten. Sie wird dann zu einem selbstverständlichen Teil unseres Selbst. Greifen Sie sich daher ein, zwei kleine Dinge aus Ihrem Arbeitsalltag heraus und üben Sie sich darin, diese Dinge regelmäßig zu tun, zum Beispiel jeden Tag nur zu einer bestimmten Uhrzeit E-Mails abzurufen oder Ihre Mittagspause immer zur gleichen Zeit zu machen. Dehnen Sie die Tätigkeit nicht zu weit aus. Nicht die Länge ist entscheidend, sondern die Regelmäßigkeit. Beobachten Sie sich über Tage und Wochen selbst dabei. Sie werden feststellen, dass Ihnen die neuen Gewohnheiten irgendwann in Fleisch und Blut übergegangen sind. Führen Sie Buch über Ihre Erfolge.

Diszplin und Gelassenheit sind die idealen Bündnispartner: Der eine macht uns stark, der andere flexibel

Damit Disziplin nicht in lähmenden Perfektionismus ausartet, brauchen Sie als Zwillingstugend die Gelassenheit. Selbstmanagement bzw. Zeitmanagement als Teil davon suggeriert uns die Illusion von Kontrolle. Illusion deshalb, weil wir weder die Zeit beherrschen noch sämtliche Eventualitäten in Zeit und Raum berechnen oder berücksichtigen können. Auch ein perfektes Selbstmanagement schützt nicht vor Überraschungen und der Notwendigkeit zur Improvisation. Daher brauchen wir jenseits von Technik und Disziplin ein gerüttelt Maß an Gelassenheit, die uns stressresistenter macht und uns erlaubt, Ärger und Frust besser wegzustecken. Hierfür gibt es eine schöne Anekdote von Papst Benedikt XVI. Als dieser noch Kardinal war, fragte man ihn einmal: »Was ist eigentlich der Unterschied zwischen einem Atheisten und einem gläubigen Christen?« Ratzinger antwortete: »Der Gläubige schläft besser.« Er meinte damit: Menschen, die an ein höheres Wesen glauben, ziehen aus der Tatsache Gelassenheit, dass auch bei Ärger und Unglück eine höhere Macht die Ordnung wahrt.

Nun muss man nicht religiös sein, um gelassener zu werden. Es gibt auch mentale Techniken, die uns helfen, Gelassenheit zu entwickeln. Eine davon ist relativ einfach und heißt »Mondsprung«. Stellen Sie sich vor, von dem Ort, an dem Sie gerade sitzen, stehen oder liegen, mit einem gewaltigen Satz auf den Mond zu springen. Von dort und dem Krater Ihrer Wahl schauen Sie dann auf die Welt hinunter. Auf sieben Milliarden Menschen, deren Alltag, deren Glück, Geschichten, Trauer und auch Probleme. Wenn man so auf dem Mond sitzt, wird einem immer wieder klar, dass das eigene aktuelle Problem zwar für einen selbst bedeutsam ist, doch im Gefüge der Welt eine verschwindend geringe Rolle spielt. Das gibt nicht selten Trost, weil einem klar wird, dass auch die Konsequenzen des Problems eher geringer sind.

Weiterhin gibt es noch die »Und dann«-Übung. Manchmal drücken uns Probleme wie eine dunkle Wolke. Wir haben Angst vor den Konsequenzen, ohne zu wissen, wohin sich die Dinge wirklich entwickeln. Da bietet es sich an, das Problem zu formulieren und mit immer wiederkehrenden »und dann«-Fragen den befürchteten Konsequenzen die Schärfe zu nehmen. Ein Beispiel:

»Wenn ich die Zahlen von Herrn Huber nicht bis Mittag bekomme, kann ich die Präsentation nicht fertigstellen.« – »Und dann?« – »Dann verpasse ich die Deadline. Mein Chef ist sauer.« – »Und dann?« – »Dann bekomme ich einen Rüffel.« – »Und dann?« – »Dann ärgere ich mich, muss mit Herrn Huber telefonieren und einen neuen Termin festsetzen.« – »Und dann?« – »Naja, dann stelle ich die Präsentation zwei Tage später zusammen.« Oft verlieren Probleme ihren Schrecken, wenn man sie bis zum Ende durchdenkt. Die letzte Konsequenz ist dann vielleicht noch unangenehm, aber bei Weitem nicht so schrecklich, wie man am Anfang dachte.

Trainieren Sie Ihren »Entscheidungsmuskel«. »Tu es – oder tu es nicht. Es gibt kein ›Versuchen‹!«, ruft in *Krieg der Sterne* der alte Jedi-Meister Yoda seinem Schüler Luke Skywalker zu. Dieser soll nur mit Willenskraft ein Raumschiff aus dem Sumpf ziehen, worauf Skywalker eher so reagiert: »Ach Gott, ja, mach ich mal. Wenn's klappt, is jut. Wenn nicht, kann ich auch nichts machen. Aber ich versuch's.« Doch darauf lässt sich Yoda nicht ein. Er will Skywalker zur Entschiedenheit ermuntern. Er droht ihm nicht, lässt ihn aber auch nicht entkommen.

Ich glaube, ich habe den Film das erste Mal gesehen, als ich zwölf war, aber diese Szene habe ich mir sofort gemerkt: Weil sie für mich eine Lebensweisheit enthält, mit der immer mehr Menschen anscheinend Schwierigkeiten haben. Ich meine damit: Einige Menschen tun sich schwer, Entscheidungen zu treffen. Warum? Weil sie Angst vor den möglichen Konsequenzen haben. Das lähmt sie. Das Sprichwort »Wo eine Tür aufgeht, geht eine andere zu« hat schon seine Berechtigung. Aber die Fähigkeit zu Entscheidungen ist wie ein Muskel, den man trainieren muss, um zu spüren, wie das ist: vorangehen, entscheiden, spüren, wie eine Tür aufgeht, aber auch eine andere zu.

Mit Klienten, die ein Entscheidungsproblem haben, mache ich oft eine kleine Übung: Sie sollen sich in Bars oder Cafés setzen, die Karte nehmen und sich nach maximal sieben Sekunden für ein Getränk oder ein Essen entscheiden. Das mag sich lächerlich anhören, wirkt aber. Probieren Sie es selbst aus! Hören Sie Ihren eigenen Gedanken zu: *Oh Mann, jetzt habe ich einen Cappuccino bestellt, wo ich doch einen Tee wollte ... na ja, zu spät ... der Väth gibt aber auch blöde Tipps ... der Eiskaffee da drüben sieht auch ganz lecker aus ... und der Shake dort erst.*

Worauf ich hinaus möchte, ist: Solange Sie den Speisekarten-Test nicht bestehen, können Sie auch keine Entscheidungen mit größerer Tragweite fällen.

Auch für Ihr Selbstmanagement ist der Entscheidungsmuskel äußerst wichtig. Wir schwimmen in einem Strom von Informationen, Anforderungen, Kommunikation und Aktivitäten, denen wir nicht allen gerecht werden können. Wir müssen deshalb ständig eine Wahl treffen und Prioritäten festlegen. Das gelingt nur mit dem entsprechenden Training. Machen Sie also erst einmal den Speisekarten-Test und suchen Sie sich dann »größere Herausforderungen«: Welchen Anzug oder welches Kleid ziehe ich heute an? Welches Projekt gehe ich als Nächstes an? Wohin fahre ich in den Urlaub? Welches Auto kaufe ich mir? Bauen Sie Ihren Entscheidungsmuskel auf und trainieren Sie ihn immer wieder. So trennen Sie Wichtiges von Unwichtigem.

Schaffen Sie Rituale und feste Abläufe. In so manchem Dorf läuten jeden Tag um sieben Uhr früh die Kirchenglocken. Ich mag das – ein Überbleibsel aus einer Ära, als Zeit noch kollektiv synchronisiert wurde: von Kirchenglocken, dem Sonnenuntergang oder von Fabriksirenen. Diese kollektiven Abläufe hat man heute nur noch selten bzw. im Mini-Format (zum Beispiel im gemeinsamen Warten auf die Bahn). Nun muss man wissen, dass unser Gehirn keine komplexen Vorgänge mag. Es entwickelt den Impuls, diese zu reduzieren, zu vereinfachen. So können wir nur schwer komplexe Ursachen für einen Vorgang differenzieren. Wir neigen beispielsweise dazu, ein von Menschen gezeigtes Verhalten mit ihrer Persönlichkeit zu assoziieren – und nicht mit situationsbedingten Umständen. Frau Meier hilft ihrer Kollegin also angeblich, weil sie hilfsbereit ist (Persönlichkeit) und nicht, weil sich ihr Termin gerade erledigt hat und sie sowieso Zeit hat (Situation). Der Psychologe Lee Ross nannte die Tendenz, vor allem die Persönlichkeit eines Menschen für sein Handeln verantwortlich zu machen, den *fundamentalen Attributionsfehler*. Der fundamentale Attributionsfehler ist beispielhaft dafür, dass unser Gehirn versucht, Situationen als sinnvoll zu interpretieren, sich im Meer des Bewusstseins an kleinen, blinkenden Bojen zu orientieren. Diese sind im Idealfall Rituale und Abläufe, die unseren Alltag strukturieren und uns Sicherheit geben.

Wenn wir in Urlaub fahren, brechen wir beispielsweise bewusst mit diesen eingefahrenen Ritualen. Wir genießen es, einmal ganz woanders zu sein, nicht mehr im Alltag verhaftet. Doch dieser Regelbruch vollzieht sich in dem Bewusstsein, wieder in das alte Ritualkorsett zurückzukehren. Erst auf der Grundlage des Alltags gewinnt ein Urlaub seine Attraktivität. Selbstständige kennen das Problem. Vom Standpunkt geregelter Rituale und Abläufe ist ihr Arbeitsalltag ständig von Urlaub »bedroht«. Selbstständige müssen sich zwingend Rituale und Abläufe schaffen, sonst kommen sie nicht zur Ruhe. Es braucht ein minimales Zeitkorsett mit festen Punkten bzw. Bojen, die uns Orientierung bieten. Darum fußt jedes erfolgreiche Selbstmanagement auf festen Ritualen und Abläufen, die man zwingend einhält.

Schaffen Sie also in Ihrem Alltag Rituale und Abläufe, die Ihnen helfen, den Tag zu strukturieren. Das können Kleinigkeiten sein: zum Beispiel, sich im Büro erst einmal eine Tasse Kaffee zu machen. Oder als Erstes morgens *nicht* die E-Mails zu checken (ein sehr sinnvolles Ritual). Oder vor dem Schlafengehen noch einmal kurz den Tag Revue passieren lassen. Ihrer Kreativität sind hier keine Grenzen gesetzt. Wichtig dabei ist: Werfen Sie kleine blinkende Bojen aus, an denen sich Ihr Geist orientieren kann. Das bedeutet auch, den Körper einzubeziehen. In unserer abendländischen Tradition mit der Dreiteilung von Seele, Geist und Körper neigen wir dazu, den Körper etwas zu vernachlässigen. Dabei ist der Körper die stoffliche Grundlage unseres Seins. Er ist kein Anhängsel unseres modernen Lebens, sondern wichtiger Impulslieferant, Ratgeber, Glückspender und Gefühlsproduzent. Deshalb sollte Selbstmanagement immer die Signale des Körpers einbeziehen.

In einem alten »Star Trek«-Film sitzt Mr. Spock an einem Computer, der ihm äußerst komplizierte Aufgaben stellt. Spock löst sie alle – bis auf die letzte. An der einfachen Frage: »Wie geht es Ihnen?« scheitert er. Spock als Vulkanier ist ein brillanter Logiker und Intellektueller, doch seine Gefühle und die damit verbundenen körperlichen Wahrnehmungen kennt er nicht. Er kann die einfache Frage »Wie geht es Ihnen?« nicht beantworten und besteht den Test nicht. Manchen von uns geht es wie Spock. Wir sind betäubt von so vielen Reizen und legen so großen Wert auf Verstand und Logik, dass wir manchmal gar nicht mehr wahrnehmen, wie es uns geht. Doch gerade diese »Körperantenne«, das achtsame »Nach innen schauen«

müssen wir pflegen, dem hektischen Alltag abtrotzen. Nur wenn wir auch körperliche Signale wahrnehmen, können wir uns in einem ganzheitlichen Sinn selbst steuern – und gesund bleiben. Müdigkeit, Kopfschmerzen, Rückenschmerzen, Lustlosigkeit und andere Signale unseres Körpers sollten uns warnen, damit wir rechtzeitig unsere Aktivitäten zurückschrauben.

Wie entwickeln Sie nun Ihre »Körperantenne«? Am besten beginnen Sie damit, in einer bestimmten Situation Ihren Körper bewusst wahrzunehmen, zum Beispiel beim Treppensteigen. Spüren Sie, wie das Herz anfängt zu pumpen. Spüren Sie Ihren Puls. Konzentrieren Sie sich auf Ihre Atmung. Wird Sie schneller? Bricht Ihnen vielleicht der Schweiß aus? Machen Sie die Treppenübung so oft wie möglich und nehmen Sie wahr, was in Ihrem Körper vorgeht. Nur so reserviert Ihr Bewusstsein einen kleinen Platz am großen Tisch der Reize, die begutachtet und verarbeitet werden. Mit der Zeit werden Sie die Situationen erweitern. Gehen Sie bewusst, sitzen Sie bewusst, strecken Sie sich bewusst. Machen Sie Ihren Körper zu Ihrem Gesprächspartner, der Sie durch den Alltag leitet. Denn der Körper lügt nie. Und er will immer Ihr Bestes. Das dürfen Sie nicht vergessen.

Schaffen und schützen Sie Ihre produktiven Phasen. Eltern von Säuglingen kennen das Problem: Der oder die Kleine schläft nicht durch. Immer wieder wacht das Baby auf, möchte gefüttert werden oder hat generell das Bedürfnis nach Mama und Papa. Die Eltern (vor allem die Mütter) können so nach einer gewissen Zeit oft gar nicht mehr aus den Augen schauen. Man ist permanent müde, gereizt und überhaupt nicht mehr erholt. Eventuell bricht der Schlafrhythmus sogar ganz zusammen. Unser Schlaf läuft während der Nacht in Zyklen ab. Traumlose Tiefschlafphasen wechseln mit sogenannten REM-Phasen ab. In diesen REM-Phasen träumen wir. Schlaf stellt also einen körperlichen Zustand dar, für dessen Gelingen ein ununterbrochener Phasenablauf entscheidend ist.

Was für den Schlaf gilt, trifft ebenso für unsere berufliche und alltägliche Produktivität zu. Sie leidet, wenn wir in unseren Aktivitäten unterbrochen werden – oder uns selbst unterbrechen, durch Multitasking, Telefonate, E-Mails oder sonstige Ablenkungen. Wissensarbeiter benötigen ca. 15 bis 30 Minuten, um wieder auf ihr altes Produktivitätslevel zu kommen, nachdem sie in einer Aufgabe unterbrochen wurden. Der Autor und Berater Tom DeMarco nennt das den Irrtum der *fungiblen Ressource* und meint damit, dass das, was wir tun, nicht beliebig ist: »Bestimmte Tätigkeiten erfordern zunächst ein Eintauchen in die Aufgabe, bevor an ein Vorwärtskommen zu denken ist. Zu dieser Kategorie zählen Tätigkeiten wie Schreiben, Forschen, Analysieren, Erfinden und Programmieren. Diese Zeit des Sichvertiefens ist notwendig, um eine Art geistige Trägheit zu überwinden. Die meisten Menschen wenden sich solchen Tätigkeiten nur zu, wenn sie einen ausreichend großen Zeitabschnitt vor sich haben und zumindest auf einen gewissen Fortschritt vor der nächsten Unterbrechung hoffen können.«[131] Genau dieser geistige Fortschritt ist es, der durch die ständige Portionierung und »Verhackstückung« von Zeit torpediert wird.

Nutzen Sie den Flow, widmen Sie sich einer Sache zurzeit und spüren Sie, was es heißt, kreativ und produktiv zu sein

Wie schaffen Sie nun produktive Phasen in Ihrem Arbeitsalltag? Beginnen Sie damit, *alles* in Ihren Kalender einzutragen. Die meisten Menschen machen zwei Fehler, wenn sie einen Kalender für ihre Termine benutzen: a) Sie tragen zu viel ein. b) Sie tragen zu wenig ein. Gerade im beruflichen Zusammenhang schreiben manche Menschen ihren Kalender gerne voll bis zum Gehtnichtmehr. Er platzt aus allen Nähten. Die Folge: Man vergisst die Zeitperspektive und schaut immer nach einem möglichst baldigen Termin, in der irrigen Annahme, dadurch produktiv zu sein oder wenigstens so zu tun, als ob. Das ist der »Zuviel«-Anteil.

Der »Zuwenig«-Anteil lässt sich an folgendem Beispiel erläutern: Einst hatte ich eine Führungskraft im Coaching, die unter Zeitnot litt. Selbst das Privatleben war allmählich davon betroffen. Seine Ehefrau fühlte sich vernachlässigt und an den Rand gedrängt. Ich empfahl ihm, einen Abend in der Woche für ein romantisches Essen zu zweit zu reservieren. Schriftlich – im Kalender. Er sah mich entrüstet an und meinte: »Das trage ich doch nicht in meinen Business-Kalender ein. Das ist doch privat, das gehört da nicht hinein!« Worauf ich entgegnete: »Wie Sie meinen. Aber ich gebe Ihnen Brief und Siegel: Wenn Sie es nicht in den Kalender schreiben, den Sie täglich benutzen, werden Sie es vergessen.« Schließlich machte er den Versuch, trug die Termine ein, und das regelmäßige Essen wurde zur schönen Gewohnheit zwischen ihm und seiner Frau. Unser Organismus kennt nur einen »Zeitstrahl«, und dieser erstreckt sich von morgens bis abends. Ihn sollten Sie deshalb auch in *einem* Kalender verwalten, sonst verlieren Sie schnell den Überblick. In modernen Smartphones und Computern kann man mühelos für mehrere Kalendertypen (Privat, Business etc.) unterschiedliche Farben verwenden. Machen Sie davon Gebrauch, indem Sie beispielsweise auch Essenspausen oder Reisezeiten eintragen.

Definieren Sie zunächst ein oder zwei Zeitblöcke pro Woche und blocken Sie diese in Ihrem Kalender. Wenn Sie geteilte Kalender verwenden und Kollegen Ihre Einträge sehen können, benutzen Sie eine unauffällige Bezeichnung. Versuchen Sie, diese produktiven Phasen gegen jede Störung abzuschotten. Machen Sie Kollegen klar, dass diese Zeit Ihnen gehört. Schließen Sie Ihr E-Mail-Programm, schalten Sie das Telefon stumm. Produktive Phasen schafft man nicht im luftleeren Raum. Auch das Umfeld muss lernen, dass es bei Ihnen solche Phasen gibt. Das Team wird diese respektieren – ein Lernprozess, der einige Zeit dauern kann. Verteidigen Sie Ihre produktiven Phasen, so gut Sie können, gegen Inbesitznahme von außen, aber auch gegen die eigenen kleinen Anfechtungen: mal schnell im Internet surfen, kurz die E-Mails abrufen etc. Denn genauso wie Sie gelernt haben, sich ablenken zu lassen, muss Ihr Gehirn wieder lernen, dass es längere Phasen ungestörten Arbeitens gibt. Mit der Zeit wird sich Ihre Produktivität »ausweiten«, d.h. Sie werden spüren, an welcher Stelle der »produktiven Welle« Sie gerade sind. Gehen Sie also bewusst produktive Phasen ein, halten Sie diese aufrecht und beenden Sie sie bewusst. Und schließlich:

Freuen Sie sich an allem, was Sie tun. Dieses Gebot für ein gutes Selbstmanagement ist fast philosophischer Natur. Genießen Sie Ihr Dasein. Dabei handelt es sich hier nicht um die berüchtigte »Tschakka-Tschakka«-Motivation. Vielmehr geht es um ein ausgeglichenes Ich, das einerseits selbstverständlich Ziele und Herausforderungen kennt, gleichzeitig jedoch auf eine positive Art demütig und dankbar für das Gute ist, das ihm widerfährt. »Glück ist Realität minus

Erwartungen«, sagt ein Hindu-Sprichwort. Da ist viel Wahres dran. Wenn wir unsere Erwartungen an Menschen, an unseren Perfektionismus oder an unser Erfolgsstreben herunterschrauben, wird der Weg frei für echte Dankbarkeit. Es gibt jeden Tag Dinge, für die man dankbar sein kann: die Schönheit der Natur, die Kleidung, die man trägt, den Duft der Tasse Kaffee, die man sich gerade aus der Büroküche geholt hat. Wenn wir nur ein wenig den Blick weiten, fallen uns viele Dinge auf, die gut laufen. Menschen, die uns wohlgesonnen sind. Entwicklungen, die wir nutzen können. Versuchen Sie daher, jederzeit ganz bei sich zu sein. Denn auch im größten Stress lässt sich ein Körnchen Gutes entdecken, für das wir dankbar sein können.

Ethik

Ethik ist ein weites Feld. Über Jahrhunderte und Jahrtausende haben Menschen versucht, für sich und ihre Gemeinschaft Regeln aufzustellen, die das Zusammenleben erleichtern und mit deren Hilfe sich der Mensch selbst definieren kann. Allein die Werke über die Ursprünge der Ethik füllen Bibliotheken, ganz zu schweigen von ihren verschiedenen Auslegungen. Ein Kapitel »Ethik« an dieser Stelle kann daher nur ein Streiflicht sein. Und dennoch: Die Auseinandersetzung mit ethischen Aspekten erscheint mir auch im Geschäftsleben und im persönlichen Umgang wichtig und notwendig. Im INSEL-Konzept soll es deshalb nicht fehlen.

Erstens gibt es streng genommen kein unethisches oder »wertloses« Verhalten. Unser Leben und unser Handeln folgt permanent impliziten Regeln und einer ethischen Richtung, auch wenn uns dies nicht immer bewusst ist. Dass sich Mutter Theresa ethisch verhalten hat nach dem christlichen Gebot der Nächstenliebe, ist den meisten Menschen klar. Doch auch der gierige Investmentbanker, der seine Kunden betrügt, folgt einer Maxime, nur dass bei ihm der Kompass nicht in Richtung Nächstenliebe ausschlägt, sondern in Richtung Gewinnmaximierung.

Ethik fragt: Ist es richtig, gut, wahr oder nützlich?

Auch das sind Vorstellungen von dem, was erstrebenswert ist – freilich keine, von denen die Gesellschaft als Ganze profitiert. Der Banker verfolgt Interessen, einer allgemeinen Ethik folgt er nicht.

Zweitens schadet es nicht, sich mit Wertekategorien und ethischen Entwicklungen auseinanderzusetzen. Doch gerade Begriffe wie Ethik oder Werte werden meist ziemlich willkürlich benutzt.

Jeder meint damit etwas anderes und eine gemeinsame begriffliche Basis scheint nicht in Sicht.

Drittens ist es jedoch genau diese Positionsbestimmung, nach der viele Menschen im Leben generell suchen. Ausgelöst von der Frage nach dem Sinn der Arbeit im persönlichen Leben, beschäftigen sich viele Menschen wieder mit den eigenen ethischen Wegweisern. Sie fragen sich: Welche Werte sind mir wichtig? Welchen Überzeugungen folge ich? Was und wer hat mich geprägt? Alle diese Fragen spiegeln die menschliche Sehnsucht nach einer ethisch-moralischen Rückbindung, auf einer tieferen Ebene sogar nach einer spirituell-religiösen Sinngebung. Man will nicht mehr nur ein Rädchen im Getriebe sein, das ohne Murren seinen Dienst versieht. Wenn man jedoch ein Rädchen bleiben muss, um seine Brötchen zu verdienen, will man wenigstens wissen: Wofür drehe ich mich? Ist meine Arbeit sinnvoll, tue ich das Richtige?

Und viertens strahlt die Debatte um Ethik und Sinn längst in unser Wirtschaftsleben und in die Gestaltung unserer Unternehmen und Organisationen hinein. Die Presse und einige Management-Vordenker erklären die »Ethisierung« unserer Wirtschaftswelt gar zu einem Megatrend des 21. Jahrhunderts. In der modernen Personal- und Organisationsentwicklung spielt die ethische Prägung eines Unternehmens in Form von Leitbildern, Visionen und »Change« mittlerweile eine große Rolle. Die Möglichkeiten der praktischen Umsetzung sind allerdings weniger weit gediehen, als Unternehmenslenker und Berater sich das vorstellen. Dennoch muss eine Gesellschaft, die sich – nicht nur aufgrund der Finanzkrise und der europäischen Staatsschuldenkrise – in einem ethischen Reorientierungsprozess befindet, selbstverständlich auch die Wirtschaftswelt in den Blick nehmen und sich fragen: Wie gehen Profitstreben und Gemeinwohlorientierung zusammen? Wo sind die Bruchlinien, die Dilemmata auf persönlicher, organisatorischer und Unternehmensebene? Wie gelingt es dem Einzelnen, innerhalb einer Organisation seine ethischen Vorstellungen aufrechtzuerhalten und umzusetzen?

Von Aristoteles zum Konstruktivismus

Was bedeutet eigentlich »Ethik«? Natürlich kann an dieser Stelle nicht erschöpfend auf alle Aspekte dieses Themas eingegangen werden. Dies wäre ebenso vermessen wie unmöglich. Vielmehr will ich einige grundsätzliche und ausgewählte Aspekte darstellen, die meiner Meinung nach auch für das Definieren für und das Agieren innerhalb der Wirtschaftswelt wichtig sind. Denn Wirtschaft und Management sind nur Teilaspekte unserer menschlichen Lebenswelt. Wie sich Menschen in der Wirtschaft verhalten, welchen Regeln sie folgen und welche ethischen Einstellungen sie haben, lässt sich daher wenigstens zum Teil gut aus der allgemeinen Lebenserfahrung ableiten. Dieses Unterfangen ist selbstverständlich kein Kind unserer Zeit. Bereits die alten Griechen, allen voran Aristoteles, haben sich mit Regeln und Grundsätzen für das Zusammenleben von Menschen auseinandergesetzt. Sie wollten wissen, wie Überzeugungen entstehen, wie man sie begründen kann und welche Auswirkungen sie auf eine Gesellschaft haben. Nun könnte man die Ethik für die Spielwiese der Philosophen halten, doch ihr Anspruch war es immer, auch praktische Ableitungen für den Menschen anzubieten. Antworten auf die, um es mit Immanuel Kant zu formulieren, einfachste Frage: »Was soll ich tun?«

Ethik als Antwort auf diese Frage ist, formal gesehen, zunächst einmal ein Teilgebiet der Philosophie: »Die allgemeine Ethik [...] wird heute als eine philosophische Disziplin verstanden, deren Aufgabe es ist, Kriterien für gutes und schlechtes Handeln und die Bewertung seiner Motive und Folgen aufzustellen. [...] Das Ziel der Ethik ist die Erarbeitung von allgemeingültigen Normen und Werten. Sie ist abzugrenzen von einer deskriptiven Ethik, die keine moralischen Urteile fällt, sondern die tatsächliche, innerhalb einer Gesellschaft gelebte Moral mit empirischen Mitteln zu beschreiben versucht.«[132]

In dieser Definition stecken drei wichtige Kernpunkte: Relevanz für das praktische Handeln, die Herausarbeitung von *allgemeinen* Verhaltensnormen (und nicht nur die Beschreibung individueller Werte) und das Fällen eines moralischen Urteils (das gesellschaftliche Definieren von »gut« und »böse«). In diesem Sinne sind Ethik und Psychologie verwandte Disziplinen. Die Ethik stellt die Grundfrage: *Was sollte ich tun?* Die Psychologie dagegen formuliert: *Warum tue ich etwas?* Die Ethik fragt nach allgemeinen Normen und Prinzipien, die Psychologie nach ihrer individualpsychologischen Verankerung und der Auswirkung auf Motivation und Persönlichkeit.

In der modernen Gesellschaft lernen wir mit verschiedenen Wertesystemen zu leben, dennoch sind Werte nicht beliebig

Dennoch ist die Psychologie der Ethik nachgeordnet. Das Erkennen und Systematisieren ethischer Regeln ist für eine Gesellschaft als Ganzes wichtiger als die individuelle Erkenntnis und die Frage nach der Veränderbarkeit persönlicher Wertemuster. Das spiegelt sich in der Tatsache, dass Ethik als philosophischer Begriff bereits seit fast 2500 Jahren existiert und über die Zeiten beforscht wird, Psychologie als wissenschaftliches Fach dagegen erst knapp über 100 Jahre alt ist. Interessanterweise zeigt sich bereits im Wirken Aristoteles' das Zusammenspiel von Ethik und Psychologie. Aristoteles hat mit »Über die Seele« eine Urschrift der Psychologie entwickelt.

Ethik im klassischen Sinn verfolgt immer Elemente wie Wahrheit, das Richtige, das Notwendige oder das Gute. Nun wissen wir aber alle durch die Erfahrungen der Geschichte, durch den Aufeinanderprall der verschiedenen Religionen oder politischen Systeme, dass es durchaus sehr verschiedene Wege geben kann, zum allgemeinen Guten zu gelangen. Ich möchte mich deshalb auf eine »deskriptive Ethik« beschränken, die keine moralischen Urteile fällt und kein Schwarzweiß-Denken von Gut und Böse zulässt. Dieses Vorgehen erscheint mir vielversprechender und auch angemessener für unsere moderne Gesellschaft, die, was Normen, Werte und individuelle Lebensentwürfe angeht, äußerst pluralistisch ist. Diesen Zustand einer ethisch »zersplitterten« Gesellschaft habe ich bereits in einem früheren Buch als »Atomisierung der Moral« beschrieben: »Da übergeordnete Strukturen wie Religion, Politik und Wirtschaft in ihrer Meinungsführerschaft versagen, bildet man aus dem Setzkasten der ethischen Orientierung einfach sein eigenes moralisches Weltbild. Ein bisschen Christ, ein bisschen Salon-Kommunismus, ein bisschen Selbsterfahrungskurs. Das ist bedeutsam und bedrohlich zugleich: Wenn ich mein moralischer ›Master of the universe‹ bin und allein die Regeln aufstelle, bewahrt mich bei einem Absturz nichts vor der eigenen Niederlage. Ohne ein Korsett aus flankierenden Grundwerten und Grenzen überschreite ich diese – weil ich sie nicht mehr wahrnehme.«[133]

> Moralisches Handeln muss sich auf andere beziehen. Die Konturen des Ich sind nicht die Umrisse der Welt

Und wieder lässt sich hier eine Parallele zwischen Ethik und Psychologie ziehen. Dem Prinzip der »deskriptiven Ethik« entspricht in der Lernpsychologie das Modell des Konstruktivismus. Dieser postuliert, dass »menschliches Erleben und Lernen Konstruktionsprozessen unterworfen ist, die durch sinnesphysiologische, neuronale, kognitive und soziale Prozesse beeinflusst werden. Seine Kernthese besagt, dass Lernende im Lernprozess eine individuelle Repräsentation der Welt schaffen. Was jemand unter bestimmten Bedingungen lernt, hängt somit stark, jedoch nicht ausschließlich vom Lernenden selbst und seinen Erfahrungen ab.«[134] Der deutsche Pädagoge Kersten Reich entwickelte daraus die Theorie des »Interaktionistischen Konstruktivismus«. Nach dieser Theorie geschieht Lernen – auch von ethischen Prinzipien – dann am effektivsten, wenn der Einzelne selbst steuern kann, wie er lernt. Dafür braucht er jedoch eine gewisse Methodenkompetenz und Selbstreflexivität. Was die deskriptive Ethik und den Konstruktivismus in der Psychologie verbindet, ist eine gewisse Radikalität oder Kompromisslosigkeit, die natürlich auch dem Trend der individualisierten Lebenswelt der Moderne geschuldet ist.

Selbstverständlich sind Strömungen wie der Konstruktivismus unserer Tage nur die jüngsten Entwicklungen, die nicht aus dem luftleeren Raum kommen, sondern auf Grundlage früherer Schulen und Denkvorstellungen aufgebaut sind. So gibt es kulturübergreifend die sogenannten *Kardinaltugenden.* Sie wurden etwa im alten Griechenland formuliert und haben sich von Platon über das Mittelalter bis zu Immanuel Kant und der modernen Philosophie im Grundsatz erhalten. Als »weltliche« Kardinaltugenden gelten mithin: Weisheit, Gerechtigkeit, Tapferkeit und Mäßigung. Aufgrund der christlichen Prägung des Abendlandes kamen, biblisch begründet, die drei weiteren Tugenden Glaube, Hoffnung und Liebe dazu. Die enge Verbindung zwischen Christentum einerseits und der abendländischen Philosophie der Ethik andererseits zeigt sich auch darin, dass die katholische Kirche die »weltlichen« Kardinaltugenden in ihren Katechismus übernahm und den sieben Kardinaltugenden die sieben Todsünden gegenüberstellte: Hochmut, Geiz, Wollust, Zorn, Völlerei, Neid und Faulheit. (Wie man sieht, war man im Mittelalter noch weit von der neutralen Definition einer deskriptiven Ethik entfernt. Eher das Gegenteil war der Fall. Durch die Dominanz der katholischen Kirche in Staat und Gesellschaft wurde eine extreme Schwarz-Weiß-Mentalität gepredigt und gelebt.)

In den Weltreligionen sind die grundlegenden menschlichen Werte festgehalten: nicht töten, achtsam sein, die Familie schützen ...

Erforscht man andere Erdteile und Kulturen, stellt man fest, dass sich die Kardinaltugenden in dieser oder einer ähnlichen Form stark gleichen. Auch im Hinduismus, im Konfuzianismus und dem Buddhismus gibt es einen ähnlichen Tugendkatalog. So spricht beispielsweise der Buddhismus vom »achtfachen Pfad der Erleuchtung«, der wiederum fünf Kerntugenden bzw. *silas* enthält: Nicht töten, nicht stehlen, nicht lügen, sich nicht berauschen und keine Unzucht treiben.

Den Kardinaltugenden oder Primärtugenden sind die sogenannten *Sekundärtugenden* (die im Kapitel »Selbstmanagement« bereits zur Sprache kamen) an die Seite gestellt: Fleiß, Treue, Gehorsam, Disziplin, Pflichtbewusstsein, Pünktlichkeit, Zuverlässigkeit, Ordnungsliebe, Höflichkeit und Aufrichtigkeit gehören zu den wichtigen Sekundärtugenden, die ihren Ursprung größtenteils in den sogenannten »preußischen Tugenden« haben und die Mitte des 18. Jahrhunderts vom Preußenkönig Friedrich Wilhelm I. und seinem Sohn, Friedrich II. geprägt wurden. Interessanterweise bemüht man unbewusst die preußischen Tugenden in unseren Zeiten vor allem, um in Unternehmen Leitbilder festzuzurren – ein Unterfangen, das nach Meinung von Stefan Knoll, Jurist und Unternehmer, meist danebengeht. Er beobachtet Geschäftsleitungen, die »geradezu abenteuerlich vor sich hin dilettieren«. Das Ergebnis seien »Gemeinplätze, aus denen der Wunsch nach Modernität und Berücksichtigung von gemutmaßten Auffassungen der Mitarbeiter spricht, nicht aber Allgemeinbildung und Wissen um historische Zusammenhänge [135].«

Zusammen bilden Kardinal- und Sekundärtugenden einen Katalog ethischer Leitlinien, der unabhängig von religiösen oder weltanschaulichen Strömungen einen wirkungsvollen »ethischen Kompass« für viele Gesellschaften auf der ganzen Welt darstellt. In diesem Sinne bilden diese Normen eine Grundebene ethischen Verhaltens ab. Der Tugendkatalog ist sozusagen die Schnittmenge »guten« moralischen Handelns, auf das sich die Gesellschaft geeinigt hat bzw. die sie für beachtenswert und durchsetzungswürdig hält.

Der seelische Fingerabdruck

Man stelle sich vor, die Menschheit würde die Kardinaltugenden komplett für sich umsetzen und leben: Dann wäre dieses Kapitel schon zu Ende. Das hieße ja, dass allgemeingültige Normen gleich individueller Werte wären und dass sich Formen persönlichkeitsspezifischer ethischer Haltungen gar nicht erst entwickeln würden. Doch so einfach ist die Sache natürlich nicht. Bei sieben Milliarden Menschen ist natürlich der eine oder andere Ausreißer dabei. Ernsthaft: Selbstverständlich stellen die Kardinaltugenden nur eine Art Basiskatalog dar, eine grundsätzliche Landkarte allgemeiner ethischer Imperative, auf die sich eine Gesellschaft geeinigt hat. Diese Einigung übrigens muss über die Zeit immer wieder ausgehandelt werden. Gesellschaften müssen immer wieder neu für sich entscheiden, was gut und was böse ist, was noch vertretbar und was ein Tabu. Normen sind in einer modernen Gesellschaft in ständigem Fluss und werden durch die oben angesprochene Atomisierung der Moral nicht gestärkt.

Welche Bindeglieder gibt es nun zwischen den allgemeinen Normen oder Tugenden und der Entwicklung individueller Werte und Moral? Einen interessanten Versuch, übergreifende Wertemuster von Menschen empirisch nachzuweisen, unternahm der amerikanisch-israelische Sozialpsychologe Shalom Schwartz.[136] Schwartz ordnete alle möglichen Werte in zehn große Gruppen und stellte die

Hypothese auf, dass sich diese länder- und kulturübergreifend wiederfinden würden. Unter anderem gab es beispielsweise die Kategorie *Hedonismus*. Sie beschreibt das Bestreben, das Leben zu genießen. Oder die Kategorie *Macht*, die relativ weit gefasst soziale Macht, Autorität, Gesichtswahrung, also Kontrolle, und Besitz umfasste. Zwischen 1988 und 1992 untersuchte Schwartz in über 80 Studien, ob und in welchem Ausmaß diese Werte existieren. Obwohl sich die Schwartz'schen Wertegruppen grundsätzlich bestätigten, zeigte eine weitere umfangreiche empirische Untersuchung, das European Social Survey (ESS), die Grenzen des Ansatzes auf. In der dort durchgeführten Befragung von 40 000 Menschen in 21 Ländern wurde klar, dass einzelne Kulturen die zehn Wertegruppen durchaus unterschiedlich interpretieren und gewichten. Die deutsche Akademie für Führungskräfte kommt daher zu dem Schluss, »dass selbst groß angelegte Studien zur Universalität von Werten es nicht vermögen, einen allgemeingültigen menschlichen Wertekanon nachzuweisen. Im Gegenteil: Die Zusammenführung von Schwartz' Theorie mit den Daten des ESS belegt, dass die Definition von Werten immer nur einen kleinen Teil der Wirklichkeit, nie aber das Ganze abbilden kann. Das Verständnis von Werten ist und bleibt damit vornehmlich das, was es vermutlich schon immer war: kontextabhängig.«[137]

Dennoch bleiben die Forschungen von Shalom Schwartz für die Diskussion um individuelle Werte und Ethik beachtenswert, da sie nicht nur positiv besetzte Werte wie Hilfsbereitschaft oder Kreativität behandeln, sondern ebenso neutrale bis negativ besetzte Werte, beispielsweise Macht, Erfolgsstreben oder die Orientierung am Genuss. Auch in der Politik fand das Wirken von Schwartz Resonanz. 1997 postulierte das »InterAction Council« (IAC), ein informeller Zusammenschluss von Staats- und Regierungschefs, eine »Allgemeine Erklärung der Menschen*pflichten*«, nach denen die Menschheit universellen, als moralisch gut angesehenen Werten folgen solle.[138] Zu den Erstunterzeichnern gehörten unter anderem der ehemalige Bundeskanzler Helmut Schmidt und der amerikanische Ex-Präsident Jimmy Carter. Auch die »Weltethos«-Initiative des Theologen Hans Küng geht in diese Richtung.[139]

Wie die deskriptive Ethik folgt die Sozialpsychologie hier der Empirie, dem Beobachtbaren, letztlich der Einsicht des Konstruktivismus, dass Werte niemals hundertprozentig von der Gesellschaft übernommen werden, sondern durch unterschiedliche individuelle Prozesse gefiltert, verändert oder auch abgelehnt werden. Wie bilden sich aber nun individuelle Werte? Der Prozess der eigenen ethischen Willensbildung ist komplex und auch nichts, was »über Nacht« erfolgen würde. Individuelle Werte sind ein Teil der menschlichen Persönlichkeit und werden von unterschiedlichsten Faktoren beeinflusst.

Eine der wichtigsten Stellschrauben für die eigene ethische Entwicklung ist zweifellos die Erziehung, die man selbst genießt. In den ersten Lebensjahren und bis in die Pubertät hinein spielen die Eltern und deren Wertvorstellungen eine wichtige Rolle für das Kind: für die Vermittlung von Normen und Tabus, für die Gewissensbildung und für das, was man tun und lassen soll. Das ist nicht mehr als selbstverständlich, da ein Kind am Beginn seines Lebens gar nicht selbst wissen kann, was gut und böse ist. Vielmehr übernimmt es die ethische Einstellung der Eltern in Wort und Tat – wobei die Tat wichtiger zu sein scheint als das Wort. Kinder registrieren sehr genau, wie wir uns verhalten, und können auch »zwischen den Zeilen lesen«. Sie haben feine Antennen für den Widerspruch, der manchmal zwischen den Aussagen und den Taten von Erwachsenen liegt. Dann orientieren sie sich eher am tatsächlich beobachtbaren Geschehen. In dieser Hinsicht gilt für das Zustandekommen von ethischem Verhalten das Lernen am Vorbild, am Modell. Dies ist auch durchaus altersgemäß. Erst ab einer gewissen intellektuellen Reife kann ein Kind oder ein Jugendlicher sich mit verschiedenen ethischen Standpunkten auseinandersetzen und auf diese Weise sein moralisches Verhalten ebenfalls formen. Die Erziehung durch die Eltern kann daher als prägender Faktor für die eigene moralische Entwicklung gar nicht hoch genug eingeschätzt werden. Doch wie gesagt: Ein Kind lernt nicht aus einer einzigen kurzen Situation, sondern bildet aus dem langjährigen Verhalten der Eltern eine »moralische Quersumme«, an der es sich orientiert.

Moralisches Handeln wird am Anfang stark durch die Erziehung bestimmt, später orientieren sich Kinder auch außerhalb der Familie

Ein schönes Beispiel hierfür findet sich auf dem Internetportal familie.de: »Ich finde etwa Lästern nicht schön. Ich lästere aber hin und wieder trotzdem. [...] Nun hörte ich neulich, wie meine sechsjährige Tochter über ein Nachbarskind nicht besonders nett sprach. Ich versuchte ihr zu erklären, dass man das nicht tun solle. Aber im gleichen Moment war mir klar, dass ich etwas verlangte, was ich selbst nicht immer einhielt. So ist das eben. Wer seinen Kindern Ehrlichkeit predigt und sich selbst ständig mit Notlügen am Telefon aus der Affäre zieht, wird unglaubwürdig. Und Eltern, die Kaugummi und Papier schon mal ins nächste Gebüsch entsorgen, fördern nicht gerade das Verantwortungsbewusstsein für die Umwelt. [...] Aber es heißt im Umkehrschluss auch – und das ist eine sehr gute Nachricht –, dass Eltern die Werte, die sie überzeugt leben, fast automatisch an ihre Kinder weitergeben. Allein durch ihr Vorbild. Wer zum Beispiel das Portemonnaie, das er im Einkaufswagen findet, selbstverständlich und ohne zu zögern an der Kasse abgibt, bringt seinen Kindern damit den besten Beweis, wie viel ihm Ehrlichkeit im Ernstfall wert ist.«[140]

Zieht man den Kreis der möglichen moralischen Erfahrung etwas weiter, d. h. erweitert ihn um den Freundeskreis, Schule, die Ausbildung bis hin zu Studium und Arbeitsleben, so können wir sogenannte *Referenz-* oder *Schlüsselerfahrungen* als zweite wichtige Quelle für die eigene kritische Position erkennen. Referenzerfahrungen sind seltener, es sind zumeist »einschneidende« Erlebnisse, in deren Folge wir etwas über uns und die Welt lernen. Die Extremform einer Referenzerfahrung ist das Trauma. Das ist ein emotional negatives, äußerst intensives, mit Stress verbundenes Ereignis, das in seiner Wirkung so durchschlagend sein kann,

Einschneidende Erfahrungen können unser Leben verändern, sie bestimmen am Ende auch unsere Werte

dass es, obwohl es vielleicht nur einmal im Leben auftritt, die eigenen Denk- und Verhaltensweisen für immer verändern kann. So ergab zum Beispiel eine Studie der Universität Münster aus dem Jahr 2012, dass Kriminalitätsopfer die Wahrscheinlichkeit, Opfer einer Straftat zu werden, generell höher einschätzten als Nicht-Opfer – bei gleichem Lebensumständen und Wohnorten.[141] Dies hatte auch Konsequenzen für ihr künftiges Verhalten und ihre Einstellungen. So führte die Opfererfahrung unter anderem dazu, dass sich diese Gruppe eher mit Verteidigungswaffen wie Messern oder Pfefferspray ausrüstete und Ansammlungen von »Ausländern« bzw. Jugendlichen verstärkt mied.

Doch Referenzsituationen müssen nicht traumatisch sein, um uns in unserem moralischen Denken zu beeinflussen. Es können auch Alltagssituationen sein, Ereignisse, an die wir uns noch Jahre später erinnern und die wir in einer Art mentalem Fotoalbum ablegen. Dieses Fotoalbum in unserem Kopf hat viele Seiten, und auf jeder Seite versucht das Gehirn, Situationen zu einer Kategorie zusammenzufassen. Diese Kategorien können zum Beispiel heißen: »Umgang mit Geld«, »Anerkennung in der Partnerschaft«, »Vertrauensbruch« oder schlicht »Materielle Lebensziele«. Auch wenn wir uns dessen nicht bewusst sind, tüftelt unser Verstand ständig an der intellektuellen und emotionalen »Quersumme« dieser Situationen. Wenn man im Laufe seines Lebens viele Situationen in der Kategorie »Umgang mit Geld« erlebt und eingeordnet hat, kommt man irgendwann zu bestimmten Regeln hinsichtlich dieser Kategorie. Eine Regel könnte dann beispielsweise lauten: »Ich mache mir keine Sorgen um Geld. Auch wenn ich viel ausgebe, kommt es immer zu mir zurück.« Oder im Gegenteil: »Ich muss sparen und meine Ausgaben kontrollieren, denn ich weiß nicht, was morgen kommt.« Jeder Mensch bildet auf diese Weise zu den wichtigen Kategorien im Leben (Leistung, Liebe, Arbeit, Geld, Familie, Spiritualität etc.) seine ganz eigenen, höchst individuellen Gesetze, die in der Regel unbewusst sein Verhalten steuern.

> **Zum Prozess der Reife gehört, sich klar zu werden: Welche Werte, welche versteckten Botschaften bestimmen mein Leben?**

Neben der Erziehung spielen auch die Medien und die Öffentlichkeit eine wichtige Rolle in der Ausbildung des eigenen Wertesystems. Auch wenn sich einige klassische Medien wie der Print-Journalismus vielleicht in einer Krise befinden: Es gibt immer noch starke Mainstream-Medien, die den politischen, wirtschaftlichen und kulturellen Diskurs beherrschen, indem sie bestimmen, über was und mit welcher Stimmung berichtet wird. Das Internet mit seinen ungefilterten Meinungsäußerungen hat die Diskussion zu vielerlei Themen offener und bunter gemacht. Doch die Originalität mancher Beiträge in Blogs etc. steht leider in diametralem Verhältnis zur Reichweite, die sie verdient hätten. Daher gilt weiterhin – auch für die Diskussion ethischer Inhalte – die Journalistenregel: Wenn man jemand (oder etwas) herauf- oder herunterschreiben *will*, dann *kann* man das auch. In diesem Sinne beeinflussen Medien subtil die öffentliche Meinung, auch was ethische Themen betrifft. Es ist nur natürlich, dass sich der Einzelne nicht mit jedem Thema intensiv auseinandersetzen kann und auf Argumente und Schlussfolgerungen der Medien zurückgreift. Daher hat die Diskussion um Qualitätsanspruch vs. Boulevardisierung der Medien durchaus nicht nur feuilletonistischen Charakter, sondern Auswirkungen auf das, was die Menschen im Bereich Moral und Ethik bewegt: Sterbehilfe, Präimplantationsdiagnostik, soziale Gerechtigkeit, Glaube und Religion und vieles mehr.

Wie wir sehen, sind individuelle Wert- und Moralvorstellungen zunächst einmal Vorstellungen von außen, die wir in Ermangelung eigener Maßstäbe unhinterfragt übernehmen: von unseren Eltern, unseren Freunden und nicht zuletzt aus den Medien als Teil der Öffentlichkeit. Erst später werden wir uns der übernommenen Werte bewusst, bearbeiten sie kritisch und wirken mit ihnen wieder in die Welt hinein.

Was sind nun ihre Merkmale, und woran kann man die eigenen Werte erkennen, sie vielleicht sogar verändern? Man kann die Erkenntnisse zu individuellen Werten folgendermaßen zusammenfassen: Erstens gibt es kein Verhalten, das nicht einer bestimmten Maxime folgt, kein »Wertevakuum«. Praktisch permanent werden wir von unseren Werten aus dem Unterbewusstsein heraus gesteuert. Deshalb ist es wichtig, ihnen auf die Spur zu kommen. Wenn man sie nicht kennt, weiß man nicht, warum man in bestimmten Situationen immer auf die gleiche Art reagiert oder warum man bestimmte Menschen ablehnt. In diesen Fällen kann es sein, dass das unbewusste Wertesystem zuschlägt und eigenmächtig die Steuerung des Verhaltens übernimmt.

Zweitens sind Werte zunächst weder gut noch schlecht. Sie sind neutral. Was für den einen erstrebenswert ist, hält der andere für sinnlos. Was für den einen moralisch geboten, ist für den anderen verdammenswert. Die Grenzen des eigenen moralischen Geschmacks werden durch das im Diskurs zustande gekommene gesellschaftliche Urteil gezogen. Das ist der Sinn eines Tabus. Darunter fallen beispielsweise Mord, Pädophilie oder Antisemitismus. Doch schon beim Thema Gier und Geld scheiden sich die Geister. Für den einen ist gnadenloser Materialismus das selbstverständliche Maß der Dinge, während der andere einen Großteil seines Einkommens den Armen spendet. Was im Sinne einer Gesellschaft moralisch gut oder schlecht ist, muss also ständig neu ausgehandelt werden.

Individuelle Werte sind sehr langlebig und deshalb nicht so ohne Weiteres änderbar

Drittens ist ein individuelles Wertemuster äußerst stabil. Das bedeutet nicht, dass Menschen sich nicht ändern können. Sie können es jedoch nur in einem begrenzten Umfang. In unserer Zeit der Leistungsorientierung und Selbstoptimierung ist uns etwas der Gedanke an die eigenen Grenzen abhandengekommen. Die Ratgeber- und Helfer-Branche lebt zu einem guten Teil von der Selbstüberschätzung bzw. Selbstillusion der Menschen, die ihre eigene Veränderungsfähigkeit überschätzen. Denn gerade Werte werden im Laufe eines Lebens nicht zufällig gebildet, sondern repräsentieren die Summe der Erfahrungen eines Menschen. Diese Ablagerungen in den Tiefenschichten der Seele kann man nicht so ohne Weiteres verändern oder manipulieren – wenn, dann braucht es eine starke Motivation.

Viertens ist das Wertesystem eines Menschen individuell wie ein Fingerabdruck. So wie es unter sieben Milliarden Menschen keine zwei mit den gleichen Fingerabdrücken gibt, so wenig gibt es zwei Menschen mit identischen Werten. Daher fängt die eigene moralische Reise und Reife da an, wo Systembeschreibungen und psychologische Tests enden. Diese ethische Reifung ist ein wichtiger Teil dessen, was Kant »den Ausgang des Menschen aus seiner selbst verschuldeten Unmündigkeit« nannte.

Fünftens ist der Gradmesser für Werte nicht das Wort, sondern die Tat. Wie wir bereits in dem Abschnitt über Beziehung gesehen haben, drückt sich Wertorientierung vor allem im Verhalten aus. Genau dies ist ja im Unternehmenskontext ein nicht zu unterschätzender Stolperstein: Das schönste Leitbild nützt nichts, wenn sich Manager, Führungskräfte und Mitarbeiter überhaupt nicht danach richten. Dieser offene oder verdeckte Widerspruch führt in der Belegschaft oft zu Verdruss, stillem Widerstand oder auch einmal offener Rebellion. Dabei ist der »Nestbeschmutzer«, der auspackt, ein beliebtes Thema in den Medien: ehemalige Banker, die plötzlich wieder das Gemeinwohl hochhalten, oder Insider, die von Machenschaften im Unternehmen berichten.

Immer mehr Menschen hören heutzutage in sich hinein, wollen erkennen, was sie motiviert, welche Werte sie bewegen. Es gibt einen neuen Hunger nach spiritueller Erkenntnis und nach einem sinnvollen Leben. Dazu gehört, sich im Strom des Lebens zu verankern und Klarheit zu erlangen, inklusive der eigenen Wertemuster. Doch wie kann man sie erkennen? Die eigenen Werte sind nichts, was offen auf dem Tisch liegt. Dazu braucht es Zeit, guten Willen und die Motivation, über sich selbst nachzudenken. Und dabei kann man ruhig klassisch vorgehen:

> **Machen Sie ein Brainstorming, fragen Sie sich: Was treibt mich an? Was ist mir wirklich wichtig?**

Nehmen Sie einen Stift und ein Blatt Papier (ein Handy mit Notizfunktion tut's auch) sowie eine Stunde Zeit (mein persönlicher Tipp: Waldspaziergang). Während dieses Spaziergangs schreiben Sie zehn Werte auf, die für Sie im Leben zu den wichtigsten zählen. Und keine Angst, es sieht Sie keiner. Das heißt, wenn »Geld« für Sie zum Wichtigsten zählt und nicht nur Respekt, Vertrauen und der ganze Kram: Hinschreiben. Schämen können Sie sich später. Die zehn Werte bringen Sie in eine Reihenfolge. Was ist wichtiger: Toleranz oder Karriere? Liebe oder Geld? Wägen Sie jeden Wert gegen jeden anderen ab.

Als letzten Schritt schließlich können Sie Ihre Werte auf fünf – oder ganz hart: drei – beschränken. Stellen Sie ehrliche Kontrollfragen: Ist dieser Wert wichtig für mich? Oder könnte ich auch ohne ihn gut leben? Lebe ich diesen Wert authentisch, oder ist er eher ein Gebot meiner Umgebung, dem ich mich anpasse? Und am wichtigsten: Wo zeigt sich dieser Wert konkret in meinem Verhalten? Diese Frage ist der wahre Härtetest: Konstruieren Sie ein »Traumland«, oder steckt bereits Tatkraft dahinter? Am Ende der Stunde haben Sie ein klares Bild und wissen, was Sie von sich und von anderen Menschen wertemäßig erwarten. Um ein besseres Ergebnis zu erzielen, wiederholen Sie die Übung mit Ihrem Partner, einem Freund oder einem Familienmitglied. Sie werden staunen, welche Diskussionen über die wichtigen Dinge des Lebens sich ergeben. Wenn Ihnen auch nach längerem Suchen keine Werte einfallen, können Sie – aber nur dann – die folgende Tabelle nutzen, um Ihre Werte zu finden oder zu vervollständigen:

Abwechslung	Anerkennung	Demokratie
Disziplin	Ehrlichkeit	Einfluss
Engagement	Entschlusskraft	Erfolg
Familie	Freiheit	Freundschaft
Gemeinschaft	Gerechtigkeit	Gesundheit
Gleichberechtigung	Innovation	Integrität
Kompetenz	Kreativität	Loyalität
Macht	Ordnung	Partnerschaft
Schönheit	Selbstrespekt	Selbstverantwortung
Sicherheit	Spiritualität	Toleranz
Tradition	Umweltbewusstsein	Unabhängigkeit
Verantwortung	Verbindlichkeit	Vertrauen
Wachstum	Wahrheit	Wertschätzung
Wissen	Zuneigung	Zuverlässigkeit

Wir haben nun einiges darüber gehört, dass Werte individuell sind, dass sie vor allem in Taten zum Ausdruck kommen und sich so bewähren müssen. Werte erkennt man in der Regel daran, dass jemand an ihnen festhält, auch wenn es schwierig wird. Genauso wie sich eine Führungskraft erst in der Krise bewähren kann und muss, stellen uns widrige Umstände und schwierige Situationen immer wieder auf die Probe und fordern ein Bekenntnis zu unseren Werten heraus. Ein Beispiel: Fast alle Menschen, die man fragt, sind gegen Rechtsradikalismus. Solange nur darüber geredet wird oder man empört Inhalte auf Facebook teilt, tut es nicht weh. Erst wenn Taten gefragt sind, kommen die meisten von uns ins Schlingern. Dann muss man sich fragen lassen: War ich schon einmal auf einer Demonstration gegen Nazis? Unterstütze ich Aufklärungskampagnen finanziell? Oder eine Nummer kleiner: Mache ich den Mund auf, wenn im Bekanntenkreis ein Judenwitz erzählt wird? Alle diese Situationen sind im Grunde Tests für unsere wahren Werte und wie weit wir bereit sind, für sie zu gehen.

> **Gerade in Grenzsituationen zeigt es sich, wo man steht: Wird man wirklich aufstehen und sich einsetzen, Mut beweisen?**

Oder nehmen Sie den Klimawandel. Mittlerweile ist es Common Sense, dass sich die Erde erwärmt und wir unser Verhalten als Gesellschaft und als einzelne Bürger ändern müssen, damit wir den Klimawandel zumindest bremsen. Auch hier sind sich Zeitungskolumnisten, Politiker, Wissenschaftler und unser privates Umfeld einig. Doch wirkliche Konsequenzen ziehen die wenigsten. Der Fleischkonsum nimmt zu, der Flugverkehr ebenso. Nicht einmal das Geld für einen energieeffizienteren Kühlschrank geben wir aus. Da lebt es sich leichter mit einem schlechten Gewissen. Auf der anderen Seite lieben wir Geschichten, in denen Menschen aufstehen und gegen widrige Umstände ankämpfen: gegen Sklaverei, Dumping-Löhne, Sexismus oder Diktatur. Diese Menschen dienen uns als Vorbild, weil wir spüren, dass sie stellvertretend für uns Haltung bewahren, mutig sind, Risiken eingehen. Sei es Verleumdung, Statusverlust, Arbeitslosigkeit oder gar der Tod. Dies alles klingt vielleicht pathetisch, doch genau das ist die Ebene, auf der unsere Werte in unserer Seele angesiedelt sind: auf einer tiefen, existenziellen Ebene. Das ist auch der Grund, warum wir in wirklichen Krisen über uns hinauswachsen.

Auch für die Arbeitswelt hat ein altmodischer Begriff wie das Gewissen Bedeutung. Denn in unserem Beruf geht es genauso wie in anderen Lebensbereichen darum, zu versuchen, eigene Werte auch gegen Widerstand zu leben. Denn niemals stimmen die eigenen Werte mit den Unternehmenswerten hundertprozentig überein. Deswegen benötigen wir permanente Kompromisse, mit denen wir auf der Arbeit zurechtkommen, und dürfen trotzdem unsere eigenen Überzeugungen nicht aus dem Blick verlieren. Geschieht dies, werden wir im schlimmsten Fall zornig, resignieren und werden am Ende krank. Daher ist es auch für den Einzelnen wichtig, sich mit den Unternehmenswerten seiner Firma auseinanderzusetzen. Und genau um diese geht es im nächsten Abschnitt.

Leitbild oder Leidbild?

Die ersten Fragen, die sich im Zusammenhang mit Unternehmenswerten, »institutioneller Ethik« und moralischer Verantwortung von Unternehmen stellen, sind: Brauchen Unternehmen überhaupt eine eigene »Werte-Charta«? Wenn ja, ist das möglich? Oder sind Menschen, die in Unternehmen arbeiten, nicht schon moralisch genug? Und selbst wenn wir moralische, explizite Regeln in Unternehmen als gegeben annehmen: Stehen sie nicht im Widerspruch zur Gewinnerzielung? Polemisch gefragt: Wollen wir Geld verdienen oder gute Menschen sein? Und wie werden Werte in Unternehmen überhaupt sichtbar? Woran erkennen Mitarbeiter, das Management oder die Kunden, dass sich ein Unternehmen in der einen oder anderen Richtung »ethisch« verhält? Und nicht zuletzt: Gibt es Werte, die ein Unternehmen erfolgreich machen?

Nehmen wir als Beispiel die – rein fiktive – Firma Aventur. Aventur geht es schlecht; sie dient sich einer anderen Firma – Tredox – an, die sich einen Mehrwert vom Aventur-Knowhow verspricht und Aventur schließlich schluckt. Im Integrationsprozess prallen zwei völlig verschiedene Kulturen aufeinander: Bei Aventur sitzen innovative Tüftler, die Probleme offen ansprechen und am liebsten bereits in Meetings Lösungen entwerfen. (In ihrem innovativen Drang haben sie leider am Markt vorbeiproduziert, aber das ist eine andere Geschichte.) Bei Tredox löst man Probleme anders. Meetings dienen dort der Selbstversicherung. Man wahrt die Fassade und klopft sich gegenseitig auf die Schulter, während nach einem Meeting die Drähte heißlaufen, um die Dinge, die im Meeting ungesagt blieben, doch noch auf die Reihe zu bekommen. (Diese Methode ist nicht sehr konstruktiv, doch Tredox lebt von einer technischen Innovation der Vergangenheit und einigen loyalen Großkunden, was bislang gut geht.)

Man braucht nicht viel Fantasie, um zu erkennen, dass es sehr bald knallen wird. Auf mehreren Ebenen klappt die Zusammenarbeit nicht, Schuldzuweisungen, Fassungslosigkeit bei den Konfliktparteien sind die Folge. In beiden Unternehmen herrschen offensichtlich unterschiedliche Fehler*kulturen.* Kultur bedeutet hier ein gemeinsames Wertegerüst. Es bedeutet, dass in bestimmten Situationen (Konflikt) ähnlich gehandelt wird (zum Beispiel offensive Aussprache). Dieses Verhalten wird nun von mehr bestimmt als von rein individuellen Werten und Erfahrungen. Es wird von geteilten Werten geleitet und gerahmt. Egal, ob man das Klima, Atmosphäre oder Kultur nennt: Es gibt in Unternehmen eine regulative Ebene, eine offene oder verdeckte Normierung, die Teil des individuellen Denkens und Verhaltens wird. Daher können wir festhalten: Menschen in Unternehmen verhalten sich ethisch nicht nur aufgrund eigener Werte und Erfahrungen, sondern aufgrund eines »ethischen Feldes«, das sich in jeder Organisation zwangsläufig bildet und das sich in unterschiedlichen Formen ausdrückt.

Werte im Unternehmen: Das eine steht in der PR-Mappe, das andere ist tief in der Unternehmensgeschichte eingelassen und wirkt unterschwellig fort

Der amerikanische Psychologe Edgar Schein kategorisiert diese Formen in einem Drei-Ebenen-Ansatz.[142] Auf der untersten Stufe stehen die »Grundprämissen«, quasi die »Ursuppe« des gemeinsamen, organisationsübergreifenden Wertekatalogs. Diese Stufe bildet die Schnittstelle zwischen individuellen Wertemustern und Unternehmensethik. Man stelle sich eine Firmengründung vor, ein Start-up. Zunächst sind es vielleicht drei oder fünf Leute. Die Firma hat Erfolg und wächst auf 15, später 60 Mitarbeiter. Selbst wenn das Unternehmen im Hinblick auf Ethik und die Entwicklung von Unternehmenswerten nichts unternimmt, bilden die Mitarbeiter die eben genannten Grundprämissen aus – zum Beispiel einen Konsens über Konfliktverhalten wie bei der Firma Aventur. Diese Grundprämissen kann man nun als Unternehmen unkontrolliert vor sich hinwachsen und sich verändern lassen – oder man kann versuchen, die Grundprämissen »einzufangen« und in nachvollziehbare Leitlinien und Vereinbarungen zu formen. Das sind die berühmt-berüchtigten Leitbilder (oder *Leid*bilder), die bei Mitarbeitern oft viel Frust auslösen (warum, werden wir später sehen).

Zunächst muss eine Unternehmensleitung eine Entscheidung treffen: Versuchen wir, die heimlichen Gesetze, die versteckten Leitbilder des Unternehmens zu kanalisieren, oder lassen wir es? Beides hat Vor- und Nachteile. Der ehemalige Vorstandsvorsitzende von Levi Strauss, Robert Haas, entschied sich zunächst für einen Leitbild-Prozess, um ihn eine Weile später wieder abzublasen: »Dieser Ansatz brachte uns nicht viel. Erstens: Regeln erzeugen Regeln. Und Vorschriften erzeugen Vorschriften. Wir ertranken in Papierfluten, und jedes Mal, wenn wir ein neues ethisches Problem hatten, wurde eine neue Regel oder eine neue Vorschrift geboren. Zweitens: Unser Compliance-basiertes Programm richtete eine irritierende Botschaft an unsere Leute: ›Wir achten Ihre Intelligenz gering und vertrauen Ihnen nicht!‹ Schließlich, und das war einer der überzeugendsten Gründe für die Aufgabe dieses Ansatzes, es hielt ManagerInnen und MitarbeiterInnen nicht davon ab, unzulänglich zu urteilen und fragwürdige Entscheidungen zu treffen. Wir lernten, dass man einer Organisation ethisches Verhalten nicht aufzwingen kann.«[143]

Man muss anerkennen, dass sich Haas und sein Management-Team offenbar bewusst mit ihrer Unternehmenskultur auseinandergesetzt und sich entschieden haben, die »Grundprämissen« frei fließen zu lassen. Allerdings zeigt sich in Haas' Statement auch ein Missverständnis: die Annahme, Menschen könnten sich unethisch verhalten. Wie ich bereits im Abschnitt über individuelle Ethik beschrieben habe, führen Menschen immer gute Gründe an. In diesem Sinne muss man auch als Unternehmenslenker den Prämissen der Angestellten Raum geben und sie nicht als moralisch fragwürdig abwerten.

Folgt man dem Beispiel von Levi Strauss nicht und entscheidet sich stattdessen, aktiv an den Unternehmenswerten zu arbeiten, tritt man in die Ebene der – nach Schein – sogenannten »expliziten Werte« ein. Nun wird versucht, auf irgendeinem Weg aus den Alltagsroutinen im Unternehmen Leitlinien zu destillieren, Regeln, Normen, die für alle Mitarbeiter gelten sollen. Zunächst diagnostiziert man vorhandene Werte und versucht, diejenigen zu verstärken, die im Sinne des Unternehmens sind. Diese macht man sichtbar und gibt sie wiederum an bestehende und neue Mitarbeiter weiter, um das »kollektive Wertebewusstsein« zu verankern, den »ethischen Gencode« des Unternehmens.

Ethik im Unternehmen: Erleben Mitarbeiter ihre Arbeit als sinnvoll oder sind sie Befehlsempfänger?

Auf dem Weg dorthin kann das Management einige Fehler machen, und wie die Erfahrung zeigt, geschieht das auch. Der erste Fehler besteht in einer »Top-down«-Verordnung von Werten: Das Management legt fest, was wichtig und richtig ist, und die Mitarbeiter müssen das akzeptieren. Diese Vorgehensweise folgt dem veralteten Menschenbild des Homo oeconomicus, der faul ist und extern motiviert werden muss, damit er die entsprechende Leistung bringt. Dieses Menschenbild ist von moderneren Fassungen wie dem *self-actualizing man* abgelöst worden: Der Mensch will auch in seiner Arbeitsumgebung sinnvoll agieren, er möchte geachtet werden und möglichst autonom arbeiten. Eine Werteverordnung von oben nach unten scheitert deshalb bereits am Selbstverständnis und dem Selbstbewusstsein des modernen arbeitenden Menschen. Darüber hinaus ignoriert eine Top-down-Verordnung das Wesen von Werten. Individuelle Werte wurzeln auf einer normalerweise unbewussten Ebene des menschlichen Seins, sie reifen während eines relativ langen Zeitraums, sind dafür aber als Teil des Selbstbildes umso wirkmächtiger. Der Versuch der Indoktrination vonseiten der Unternehmensleitung in Form von »Du sollst!« führt daher automatisch zu einem Abwehrreflex, weil sich der Einzelne gegängelt, ja angegriffen fühlt. Das kann von Resignation über stillen Widerstand bis zu offener Rebellion führen.

Was bedeutet das für den wertebildenden Prozess? Die Unternehmensleitung *muss* mindestens eine Mischung aus *top down* und *bottom up* anbieten. Wir erinnern uns an die Ebene der Grundprämissen, den Geist des Unternehmens: Dieser bildet sich nicht qua

Verordnung, sondern in einem komplexen unbewussten Prozess. Wenn die Grundprämissen vergleichbar sind mit dem wild wuchernden Amazonas-Dschungel, sind die expliziten Werte so etwas wie eine kultivierte Acker- und Wiesenlandschaft. Dort kann man dem Weizen auch nicht befehlen: »Wachsen! Jetzt!«, sondern nur die Rahmenbedingungen dafür schaffen. Genauso kann eine Unternehmensleitung bestimmen, welche Werte ihr wichtig sind und daher in einem Wertefindungsprozess betont werden sollen. Das ist der Top-down-Anteil. Doch wie sich der Wert in der Zusammenarbeit der Belegschaft äußert, wie man ihn umsetzen will und wie man ein entsprechendes Commitment erzeugt – das ist der Bottom-up-Anteil, den die Belegschaft leisten muss und – wenn man Glück hat – auch leisten will.

Nehmen wir an, der Wertebildungsprozess verläuft erfolgreich. Nach Schein bilden sich dadurch sogenannte »Artefakte«, in denen sich die Unternehmenswerte spiegeln. Das können zeichenhafte Symbole sein, das Firmenlogo etwa, aber auch symbolische Handlungen. Man denke nur an die Rede des Nokia-Chefs Stephen Elop Anfang 2011, als es Nokia sehr schlecht ging und er einen offenen Brief mit Signalwirkung an alle Mitarbeiter schrieb; darin verglich er Nokia mit einer brennenden Ölplattform: »I have learned that we are standing on a burning platform. And, we have more than one explosion – we have multiple points of scorching heat that are fuelling a blazing fire around us. […] How did we get to this point? Why did we fall behind when the world around us evolved? This is what I have been trying to understand. I believe at least some of it has been due to our attitude inside Nokia. We poured gasoline on our own burning platform. I believe we have lacked accountability and leadership to align and direct the company through these disruptive times. We had a series of misses. We haven't been delivering innovation fast enough. We're not collaborating internally. Nokia, our platform is burning.«[144]

Im besten Fall verdichten Symbole das, wofür ein Unternehmen mit seiner Kultur steht, zu einem Begriff oder einem Bild. Im Fall von Nokia benutzt der CEO das überaus starke Bild einer brennenden Öl-Plattform, um die Mitarbeiter aufzurütteln – zwar kein positives, aber ein starkes Symbol.

Neben Symbolen können auch Situationen und Handlungen wertebildend sein. Genau hier setzt beispielsweise die Diskussion um die Vorbild-Funktion von Führungskräften an. Sollen Chefs Vorbilder sein? Das eine Lager verneint dies. Mitarbeiter bräuchten keinen »moralischen Leuchtturm«, sie seien selbst moralisch autonom. Außerdem würde eine Vorbildfunktion die Vorgesetzten überfordern. Im Sinne Scheins jedoch haben Führungskräfte sehr wohl Vorbildcharakter: Als Menschen können sie sich nicht nicht-moralisch verhalten, d. h. ihr Verhalten wird von ihren Mitarbeitern automatisch bewertet. Berücksichtigt man dazu noch ihre Rolle als »Artefakt«, kommt man zwingend zu dem Schluss, dass Führungskräften durch ihre Schlüsselfunktion im Unternehmen und durch ihren Einfluss auf die expliziten Werte (bzw. die Grundprämissen) sehr wohl ein Vorbildcharakter zukommt. Erweitert man diesen, so sollte im Grunde jeder Mitarbeiter versuchen, ihm zu entsprechen.

Unternehmenswerte verdichten sich an bestimmten Punkten: visuell in Logos, geistig im Verhalten der Führungskräfte

Selbstverständlich läuft ein Wertebildungsprozess nicht automatisch harmonisch und konstruktiv ab. Im Hinblick auf eine sinnvolle, zukunftsgerichtete Werteformulierung gibt es einige nicht zu unterschätzende Hindernisse. Ein wichtiges Indiz für Gelingen oder Scheitern eines Wertebildungsprozesses ist bereits der Zeitpunkt, zu dem man den Prozess beginnt. Wenige Unternehmen denken antizyklisch, dabei wäre gerade das zielführend: Werte sollten dann gesucht und gefunden werden, wenn es dem Unternehmen gut geht, wenn gerade keine akuten Krisen auftreten, keine Umstrukturierung ansteht oder Marktturbulenzen das Überleben bedrohen. Es ist wie im privaten Alltag: Bin ich mit zu vielem konfrontiert, kann ich mich auf nichts richtig konzentrieren. Ich handle notfallmäßig, damit ich einigermaßen über die Runden komme. Genau dieses Vorgehen herrscht in vielen Unternehmen. Es soll immer dann an Werten gearbeitet werden, wenn (massive) Probleme auftreten, wenn der Umsatz einbricht oder das Management mangelnden Einsatz für das Unternehmen bei den Mitarbeitern zu erkennen glaubt. In diesem Fall startet der Wertebildungsprozess bereits mit einem Klotz am

Bein: einem Defizit-Denken, das den Prozess instrumentalisiert und einem vorher festgelegten Ziel zuführen soll: dem Entkommen aus der Krise. Ein solcher Start ist Gift für einen Wertfindungsprozess, dessen wichtigster Impuls nicht seine Zielgebundenheit und Vorhersagbarkeit ist, sondern das Ungewisse, Eigenständige. Das ist wichtig für die Mitarbeiter, die aus dem Bewusstsein der eigenen Gestaltungsmöglichkeit ihre Motivation für den Prozess ziehen. Daher ist der Zeitpunkt der »moralischen Bewusstwerdung« im Unternehmen ein nicht zu unterschätzender Faktor – im Guten wie im Schlechten.

> **Wertefindung im Unternehmen muss authentisch sein und nicht dann erfolgen, wenn die Probleme überhandgenommen haben**

Ein zweites Problem fußt in der fehlenden Wertehierarchie der Unternehmen. Die meisten Menschen können Fragen beantworten wie: Was ist dir wichtiger: Geld oder freie Zeit? Autonomie oder das angenehme Gefühl in einer Gruppe? Tradition oder Innovation? Auch wenn die Werteformulierung eines Unternehmens gut verläuft, stellen sich im konkreten Arbeitsalltag *immer* Wertekonflikte ein. Mitarbeiter und Führungskräfte werden in der Regel jedoch mit diesen Konflikten alleingelassen. Die moralische Landkarte eines Unternehmens sollte daher nicht zu eng gefasst sein und zu wenig Spielräume lassen. Es muss Leitwerte geben und davon abgeleitete Werte. Dafür aber sind Prozesse nötig, bei denen die Mitarbeiter Zeit haben, sich über Zielkonflikte, Widersprüche, wichtige und weniger wichtige persönliche und Unternehmenswerte klarzuwerden. Das erfordert Nachdenken und – wir hatten es schon – Reife.

Aufgrund fehlender Offenheit, einer Beschämungskultur (anstelle einer Fehlerkultur), anderen drängenden Problemen oder dem unvollständigen Wissen über Werte, deren Wurzeln (etwa in der Unternehmensgeschichte) wird dann aus einer vielleicht anfänglich kraftvollen Mixtur ein verdünnter Brei, den zwar alle schlucken, der aber auch keinen »Nährwert« hat und keine Orientierung schafft, dafür aber auch noch Energie kostet. Ein solches misslungenes Leitbild klingt dann beispielsweise so: »Wir orientieren uns an unseren Konsumenten, indem wir ständig die Qualität, das Design und das

Image unserer Produkte sowie unsere organisatorischen Strukturen verbessern. Wir wollen den Erwartungen der Konsumenten gerecht werden, diese sogar übertreffen und dadurch höchsten Mehrwert schaffen.« Dass man sich am Kunden orientiert, sollte selbstverständlich sein, auch dass man »Mehrwert« – was auch immer das im konkreten Fall sein soll – schaffen will. Gleichzeitig muss man anerkennen, dass substanzielle Werte im Unternehmen immer schwer zu destillieren sind. Daher gilt im Zweifelsfall: Lieber den Versuch starten und das Risiko eingehen, Brei zu produzieren, als unzufrieden vor sich hinzumäandern.

Schließlich müssen Mitarbeiter damit leben, dass ihre individuellen Wertemuster praktisch nie deckungsgleich sind mit den Wertekatalogen, die ein Unternehmen erarbeitet. Selbst unter optimalen Bedingungen bleibt beim Einzelnen immer eine »ethische Restmenge«, die mit den Unternehmenszielen und -werten nicht in Einklang zu bringen ist.

Die eigenen Werte und die des Unternehmens sollten übereinstimmen – eine 100-Prozent-Quote jedoch wird es nie geben

Und zuletzt existiert bei Unternehmenswerten immer das »Dilemma der Unschärfe«. Wie der Fall Levi Strauss zeigt, kann der wohlüberlegte Schluss, im Unternehmen Werte herauszuarbeiten, nach hinten losgehen, indem man überreguliert. Von daher bewegen sich Leitbilder immer in der Grauzone zwischen verwaschener Nicht-Aussage und detailverliebtem Regelterror. In diesem Fall jedoch ist Grau die Farbe der Wahl – nicht Schwarz oder Weiß. Eine wesentliche Fähigkeit von Unternehmen im Wertefindungsprozess ist daher die Kompetenz, in der Umsetzung nicht übers Ziel hinauszuschießen. Es geht um »Wertedisziplin mit menschlichem Antlitz«. Ein Gegenbeispiel für diese Praxis konnte man im Siemens-Konzern besichtigen. Aufgrund der bereichsübergreifenden, monströsen Schmiergeld-Machenschaften auf den unterschiedlichsten Ebenen entschied sich das Management bewusst für »Schwarz«: extreme, schriftlich festgelegte Regeln, eine Säuberungsaktion, orchestriert von einer externen Beratungsfirma, sowie harte interne bzw. juristische Strafverfolgung. Über diese Maßnahmen kann man streiten. Doch auch wenn man das Handeln des Managements gutheißt, sollte man nicht vergessen, dass diese extreme Verhaltensregulierung im Namen der Compliance nur ein zeitlich befristetes und dazu sehr gut zu begründendes Vorgehen darstellen kann. Irgendwann muss Siemens seinen Mitarbeitern wieder das Vertrauen aussprechen und die Compliance-Regeln lockern. Denn selbstverantwortete Ethik – auch im Unternehmensrahmen – setzt die Entscheidungs- und Interpretationsmöglichkeit des Einzelnen voraus.

Wir haben gesehen, dass sich Werte in Unternehmen bilden – ob unkontrolliert oder in einem bewussten Mitarbeiterprozess. Diese Werte drücken sich in verschiedenen Formen aus: in Symbolen, in konkretem Verhalten, in schriftlich fixierten Leitbildern. Und schließlich haben wir über Probleme gesprochen, die sich im Prozess der ethischen Willensbildung ergeben. Zum Schluss möchte ich mich der Frage widmen: Gibt es Werte, die ein Unternehmen erfolgreich machen? Gibt es Verhaltensweisen, die Menschen motivieren, gar inspirieren und gleichzeitig Umsatz sichern? Die Innovation herbeiführen und den *corporate spirit* stärken? Im Folgenden will ich einige Werte und Dynamiken vorstellen, von denen ich persönlich glaube, dass sie zum Wertekanon erfolgreicher Unternehmen zählen. Dieser Wertekatalog ist, wenn man so will, als Impuls und Diskussionsgrundlage zu verstehen. Nicht mehr und nicht weniger.

Ja, es gibt sie: Werte, die ein Unternehmen erfolgreich machen

Die erste Ebene im Wertekatalog hat mit Klarheit und Vorhersehbarkeit zu tun: So scheint ja auf den ersten Blick Herr Löscher bei Siemens richtig gehandelt zu haben, als er durchgriff und die »Daumenschrauben anzog«. Die Dimension »Klare Regeln« bedeutet in erster Linie, dass *die gleichen* Regeln *für alle* gelten. Denn nichts untergräbt die Moral der Belegschaft mehr, als festzustellen, dass manche eine Sonderbehandlung erfahren oder ungestraft »Extrawürste braten« können. Eine Führungskraft, die sich falsch verhält, sollte demnach mit dem gleichen Maß gemessen werden wie ein einfacher Sachbearbeiter. Stellen die Mitarbeiter Willkür fest, wird ihr Gerechtigkeitsempfinden verletzt. Und Gerechtigkeit ist bei fast allen Menschen ein äußerst empfindlicher Wert.

Weiterhin gibt es Unterschiede zwischen Unternehmen, deren Mitarbeiter sich als »Lieferanten« verstehen, und Unternehmen, deren Mitarbeiter sich als »Kunden« sehen. Mitarbeiter mit »Lieferanten-Bewusstsein« fragen sich immer: Was braucht der andere gerade von mir? Wie kann ich die Kollegen unterstützen? Was ist für den Kunden die beste Lösung (und nicht für mich)? Belegschaften, die sich jeweils als ein Heer von »Kunden« sehen, verhalten sich wie Kunden und fragen: Was ist *mein* Nutzen? Wie kann ich als Allererstes *für mich* Vorteile herausholen? Es stellt sich nicht selten die berüchtigte »Vollkasko-Mentalität« ein, die sich im nur halbironischen Satz ausdrückt: »Ich kann so nicht arbeiten!« Mitarbeiter mit »Kunden«-Mentalität wollen alles mundgerecht serviert bekommen und sich möglichst wenig selbst anstrengen. Ist das aber die Grundhaltung in einer Abteilung oder im Unternehmen, ist das Ende schon in Sicht: Auf Lähmung folgt schließlich der Niedergang.

Als Drittes spielt eine klare Zuordnung von Verantwortlichkeit eine Rolle. Ein Unternehmen, das von Verantwortungsdiffusion befallen ist, steht vor einer größeren Bedrohung als ein Unternehmen, das die falschen Entscheidungen trifft. Denn falsche Entscheidungen können korrigiert werden, so wie ein Schiff die Richtung ändern kann, wenn der Wind sich dreht. Doch wenn auf dem Schiff niemand die Segel hisst, dümpelt das Schiff dahin und bewegt sich nirgendwohin. Zur Verankerung klarer Verantwortung im Unternehmen gehört zweierlei: Erstens eine »Kultur des Wagnisses«, die auch mal einen Fehler verzeiht (ethische Komponente). Zweitens müssen in den Anforderungsprofilen und der tatsächliche gelebte Organisationsstruktur die Kompetenzen des Einzelnen schriftlich festgelegt sein (strukturelle Komponente).

Klare Regeln, klare Verantwortlichkeiten, aus Fehlern lernen: Das sind Prinzipien, die jedes Unternehmen braucht

Unmittelbar mit dem Faktor Verantwortung ist die nächste Dimension verbunden: Fehlerkultur vs. Beschämungskultur. In einer Fehlerkultur steht der Fehler im Mittelpunkt, nicht der Mitarbeiter als »Schuldiger«, der in Meetings oder E-Mails an den Pranger gestellt wird. Schuldzuweisungen sind oft ein Zeichen schwacher

Führung bzw. einer fortgeschrittenen Unternehmenskrise. Wenn »die Hütte brennt«, werden viele Mitarbeiter und Führungskräfte nervös. Die Tendenz, die eigene Haut zu retten, verstärkt sich und man wird schnell persönlich. Im Gegensatz dazu dienen Fehler in einer modernen Firmenkultur dazu, Vorgänge zu analysieren und aus den Fehlern zu lernen. Dies ist nichts anderes als ein wirkmächtiges Prinzip der Evolution, besser bekannt als *trial and error*, Versuch und Irrtum. Selbstverständlich sollte es nicht zu viele Fehler geben, vor allem nicht immer die gleichen. Wenn das passiert, sollten alle Umstände unter Einschluss der Beteiligten sorgfältig, aber in einer offenen Atmosphäre untersucht werden. Nur so ergeben sich Lernfortschritte im Unternehmen.

Und schließlich besteht die Grundlage jeder strategischen, intellektuellen und ethischen Unternehmensentwicklung aus einer offenen Kommunikation. Damit meine ich nicht vollständige Transparenz. Es gab und gibt Vorgänge in Unternehmen, die nicht für alle Augen und Ohren bestimmt sind. Wer das abstreitet, hat noch nie in einer komplexen Struktur gearbeitet bzw. unterschätzt die Vielschichtigkeit menschlicher und organisationeller Beziehungen. Mit offener Kommunikation meine ich das Gegenteil des berüchtigten »Silodenkens«. Hinter diesem verbirgt sich die Annahme: »Mir geht es gut, wenn es dem anderen schlecht geht«, »ich kann nur glänzen, wenn der andere Mist baut« etc. Doch dieses Denken ist veraltet. Es ist für eine moderne vernetzte Arbeitswelt völlig ungeeignet. Ein Grund für das verbreitete Silophänomen liegt unter anderem in der Denkweise der »Generation X«, der Generation der 35- bis 55-Jährigen: Sie haben in Ausbildung und Karrieregestaltung gelernt, sich mit Ellenbogen durchzusetzen, um die übliche »Kamin-Karriere« hinzulegen. Denn die bis heute weitgehend übliche hierarchische Stablinienorganisation erlaubt auch kaum andere Karrierewege – jedenfalls für Arbeitnehmer. Diese »Win-lose«-Philosophie mag bis zum Milleniumswechsel noch hinnehmbar gewesen sein. Spätestens mit den vielseitigen technischen Möglichkeiten der Vernetzung und dem Zwang zur »gemeinschaftlichen Kreativität« gehört das Silodenken endgültig der Vergangenheit an.

Ethische Entwicklung bzw. eine »moralische Bewusstwerdung« von Organisationen gehört zur Zukunftssicherung jedes modernen

Unternehmens. Das erfolgreiche Unternehmen von morgen wird das ethische sein, nicht zuletzt deshalb, weil die nachwachsende »Generation Y« ein gewandeltes Selbst- und Ethikbild mitbringt: mehr Autonomie, weniger Karriere, den Anspruch der Sinnerfüllung im Beruf, Work-Life-Integration, längere Lebensarbeitszeit, dabei mehr Arbeitgeberwechsel. Doch wie soll eine solche ethische Entwicklung, das Gestalten von Unternehmenswerten vor sich gehen? Eine entscheidende Rolle hierbei spielen die Führungskräfte im Unternehmen. Führung im Sinne des INSEL-Modells erfordert daher eine neue Haltung und moderne Fähigkeiten der Führung und Selbstführung. Um diese neue Sicht von Führung, die ich »Leadership« nennen will, soll es im nächsten Abschnitt gehen.

Leadership

Was bedeutet Leadership?

Es gibt wohl kaum eine Organisation, in der nicht geführt wird. Sogar ein Solo-Selbstständiger muss zumindest sich selbst führen. Um wie viel mehr ist eine Organisation mit 50, 500 oder 5000 Mitarbeiter auf eine möglichst gelungene Führungsarbeit angewiesen. Auch wenn es in letzter Zeit Versuche gibt, Organisationen bzw. deren Teile gänzlich ohne (formelle) Führung zu betreiben: Für 99 Prozent aller Organisationen spielt Führung weiterhin eine große Rolle.

Die Management-Literatur bietet eine Fülle von Perspektiven, um sich mit dem Thema auseinanderzusetzen:

- Aus der Perspektive des Führenden: Wie muss sie oder er sein? Gibt es feste Regeln, welche Fähigkeiten, Ausbildung oder Ethik sollte vorhanden sein?
- Aus der Perspektive der Geführten: Wie lassen sich Mitarbeiter motivieren? Kann bzw. soll man überhaupt motivieren? Welche Fähigkeiten und ethischen Maßstäbe brauchen zu führende Mitarbeiter?
- Thema Zusammenarbeit: Wie und wie intensiv soll man zusammenarbeiten? Gibt es einen »erfolgreichen« Führungsstil? Einen situativ angepassten? Gibt es soziale Normen der Führungssituation?
- Faktor Ergebnis: Verbessert Führung das Arbeitsergebnis? Ist Führung überhaupt »sinnvoll«? Ist Führungserfolg messbar?
- Die Perspektive der Rolle: Was zeichnet die gesellschaftliche Rolle der »Führungskraft« aus? Wie unterscheidet sie sich

von anderen Rollen? Welche kulturellen Trends und Perspektiven fließen hier mit ein?

Das wissenschaftliche Phänomen der Führung ist in den letzten Jahrzehnten nicht kleiner geworden, sondern größer und komplexer, wie auch der Rest der Gesellschaft. Für das vorliegende Kapitel habe ich eine bestimmte Definition von Leadership gewählt, die meiner Erfahrung in Unternehmen und den vielen Coaching-Gesprächen entspricht: Leadership bedeutet nach meiner Definition *den Willen und die Fähigkeit, aufgrund einer reflektierten Selbstführung andere Menschen nach deren Erfordernissen und den Erfordernissen der Situation so zu führen, dass im Hinblick auf vereinbarte Arbeitsziele optimale Ergebnisse erzeugt werden. Dieser Prozess schließt umgekehrt das Geführtwerden der Führungskraft selbst durch Mitarbeiter ein.*

Daraus ergibt sich nun: Führung erfordert zwei geistige Komponenten aufseiten der Führungskraft. Die (zunächst abstrakte) *Fähigkeit* zu führen, also gewisse Charaktereigenschaften und Methodenkenntnisse der Führung, und gleichzeitig den *Willen, das auch zu tun.* Nur wenn eine Führungskraft beides in sich vereint, wird sie Erfolg haben. Auf die Fähigkeiten, die eine Führungskraft braucht, werde ich noch eingehen.

Weit weniger offensiv wird der gleichfalls notwendige *Wille* zur Führung diskutiert. Es ist ein wenig politisch inkorrekt geworden, das Machtgefälle in der Beziehung Führer-Geführte zu thematisieren. Es ist aber gleichwohl vorhanden. Haben Menschen in einer Organisation ein verdruckstes oder ein passiv-aggressives Verhältnis zur Macht (aufseiten der »machtlosen« Mitarbeiter, aber auch aufseiten der Chefs), kommt es nicht selten zu kompensatorischen Reaktionen: kleinen Sabotageakten, »Bossing«, destruktivem Konfliktverhalten etc. Eine besondere Stilblüte im kollektiv-unterbewussten Abwehrverhalten treibt zurzeit in der Managementliteratur aus: die »Führungskräfte-Beschimpfungsliteratur«. Der Soziologe Stefan Kühl beobachtet dieses Phänomen seit geraumer Zeit. Es drückt sich in Büchern aus wie: »Ich arbeite in einem Irrenhaus. Vom ganz normalen Büroalltag« oder »Das Chefhasser-Buch. Ein Insider rechnet ab«. »Glaubt man den Autoren, herrschen in den meisten Unternehmen haarsträubende Zustände. Egal ob mittelständisches

Unternehmen oder großer Konzern: Unternehmen glichen geschlossenen Anstalten, in denen tyrannische Chefs seelenruhig ihre Marotten pflegten. Statt über Sachfragen zu diskutieren, würden in endlosen Meetings Machtkämpfe ausgefochten. Der Albtraum aller Angestellten – so die mantraartige Message – hat vier Buchstaben: CHEF.«[145]

Macht ist in unserer Gesellschaft ein sensibles Thema, nicht nur in der Wirtschaft. Man braucht sie, um seine Interessen durchzusetzen (von der Mutter, die ihre Kinder erziehen will bis zum »Basta-Kanzler« Schröder, der die Vertrauensfrage stellt), soll sie andererseits aber auch geräuschlos benutzen, ohne viel Getöse. Speziell Deutschland ist seit der Zeit des Nationalsozialismus »elitegeschädigt«. Das Heranziehen von Eliten war mit dem Geruch des Bösen behaftet, seit die Nazis die »Nationalpolitischen Erziehungsanstalten«, kurz »Napola« gegründet hatten, um eine Führungselite heranzuziehen. Die Journalistin Julia Friedrichs konstatiert deswegen auch: »Als alles [das Dritte Reich, Anm. d. A.] vorbei war, galt der Elitebegriff zunächst als tot, als auf ewig mit den Taten der Faschisten verbunden, durch sie verseucht. Die Eliten hatten versagt. Angetrieben durch eine unmenschliche Ideologie und durch die Gier nach grenzenloser Macht, töteten sie Millionen von Menschen, vernichteten den Glauben an die Kraft der Zivilisation, machten es unmöglich, jemals wieder von Hirten, von Führern, von Auserwählten zu sprechen.«[146] Ein wahrlich schweres Erbe, mit dem wir uns als Deutsche – Gott sei Dank – immer noch kritisch auseinandersetzen. Dennoch müssen sich gerade Führungskräfte, die per definitionem unmittelbare Macht über Menschen ausüben, permanent und achtsam mit ihrer eigenen Macht auseinandersetzen. Grundsätzlich muss jemand, der sagt »ich will führen«, auch bereit sein zu sagen: »Ich stehe dazu, Macht auszuüben«. Erst dann setzt man sich offen mit der eigenen Macht und ihren Grenzen auseinander. Fähigkeit und Wille sind also für eine erfolgreiche Führung untrennbar miteinander verbunden.

> **Führung ohne Einflussnahme gibt es nicht. Wer führen will, muss sich der »Machtfrage« stellen**

Wille und Fähigkeit kombinieren sich zu einer situationsübergreifenden Mentalität. Mit anderen Worten: Führen ist eine Haltung. Mitarbeiter spüren genau, ob das Verhalten einer Führungskraft übereinstimmt mit deren persönlichen Werten, ob sie im Reinen ist mit ihrer Rolle und ihrer Aufgabe. Diese Haltung kann sich erst entwickeln, wenn man als Führungskraft das Handwerk, die »Tools« richtig beherrscht. Einer der größten Saxofonisten der Musikgeschichte, Charlie Parker, antwortete auf die Frage, wie er so gut geworden sei: »Learn the changes. Then forget them.« – »Lern die Harmonien. Dann vergiss sie.« Techniken müssen erst erlernt werden, keine Frage. Das gilt für ein Musikinstrument genauso wie für Führungsmethoden. Doch hier wie dort müssen Techniken so in Fleisch und Blut übergehen, dass man im Mitarbeitergespräch beispielsweise nicht mehr überlegen muss: »Was ist nun eine offene Frage? Und wie stelle ich sie richtig?« Gesprächstechniken, die parallele Wahrnehmung der eigenen Gedanken und Gefühle, das gleichzeitige Im-Blick-Behalten von Ziel und Thema – das ist die Essenz eines erfolgreichen Mitarbeitergesprächs. Um nichts anderes geht es übrigens im Trend der Personalentwicklung, Führungskräfte als Coaches auszubilden. Auch im Coaching vereinigt sich im besten Fall Handwerk und Wille zu einer Kunst, einer Haltung, die jederzeit spürbar ist. Diese Haltung beantwortet gleichzeitig die Frage: Sollen Führungskräfte Vorbilder sein? Meiner Meinung nach: Ja. Und zwar sind sie das ohne besondere Anstrengung, wenn sie die Art Leadership üben und leben, wie ich sie verstehe.

Leadership weitet den Blick, von sich als Führungskraft weg, hin zu den »Erfordernissen der Person« und den Erfordernissen der »Situation«. In diesem Sinne unterscheidet sich der Leadership-Ansatz auch von der »Big Man«-Theorie der Anfangszeit der Führungsforschung. Damals konzentrierte man sich auf die Führungskraft und deren Eigenschaften. Leadership bedeutet, grundsätzlich zu akzeptieren, dass jeder Mitarbeiter anders ist und sich Menschen auch noch in unterschiedlichen Situationen unterschiedlich verhalten. Das ist eine Binsenweisheit, erschwert das Führungsverhalten aber insofern, als man nicht mehr einfach unreflektierte Techniken einsetzen kann. Tut man es doch, entsteht sofort eine Missstimmung: »Was soll das denn jetzt?«, denkt sich der Mitarbeiter, wenn der

Chef, von einem Führungskräfte-Seminar kommend, auf einmal wie auswendig gelernte Lobeshymnen loslässt. Oder sie – noch schlimmer – vom Blatt abliest.

In der Führung wie im Steuerrecht gilt: Es gibt nicht für jeden Einzelfall eine vorgefertigte Lösung. Im Steuerrecht kann man allerdings sehen, was passiert, wenn man dennoch versucht, *jeden* Einzelfall zu regulieren. Für moderne Führung heißt das: Sie ist komplex und erfordert deshalb Präsenz, Konzentration und Erfahrung. Doch keine Angst: Wir müssen uns vor allem auf einige wenige Wirkprinzipien konzentrieren, diese dann aber konsequent ausarbeiten.

Führen basiert auf gegenteiligen Prinzipien: Flexibilität und Festigkeit, Mut und abwägende Weitsicht

Führung ist kein Selbstzweck, sondern arbeitet auf ein Ziel hin. Chef und Mitarbeiter haben einen gemeinsamen Auftrag: ein Projekt vollenden, ein Design erstellen, einen Prozess organisieren etc. Wenn ältere Manager in Seminaren knurren: »Arbeit ist doch kein Ponyhof!«, haben sie insofern unrecht, als auch auf einem »Ponyhof« jedes Handeln zielgerichtet sein sollte. Ein Unterziel als Teil des großen Ziels: Produkte bzw. Dienstleistungen verkaufen und so die Organisation am Leben erhalten. Nichts spricht dagegen, den Alltag in Unternehmen freundlich und respektvoll zu gestalten. Führung muss jedoch immer einen »Zug zum Tor« enthalten, denn sie dient – im Unternehmen – zunächst einem Zweck: dem Erzielen von produktiven Ergebnissen, die das Team, die Abteilung und die Organisation weiterbringen. Management wird daran gemessen, »was hinten rauskommt«. Deswegen braucht es Effektivität (die richtigen Dinge tun) und Effizienz (die Dinge richtig tun).

Führung ist nie abgeschlossen. Sie ist ein Prozess. Führung als Menschenführung besteht vor allem aus Kommunikation, Interaktion, Abstimmung, Verhandlung, auch Kompromiss. Darin gleicht sie der Demokratie. Eine Führungskraft ist nie »fertig«, weder in ihrem Arbeitsergebnissen noch in ihren handwerklichen Kompetenzen noch in ihrer persönlichen Entwicklung. Wir sind auch nie »fertig« mit unserer Entwicklung. Dies zu erkennen ist vielleicht anfänglich verunsichernd, doch bei näherer Betrachtung entlastend.

Wir geben unser Bestes, doch »ausentwickelt« oder »unfehlbar« sind wir mit Sicherheit nie. Wer das annimmt, dem fehlt es an Demut, einer, die sich im Satz ausdrücken könnte: »Auch ich bin jemandem verantwortlich.« Ob dies der eigene Chef sein soll, die Aktionäre, Gott oder alle zusammen, ist zunächst gleichgültig. Wichtig ist, die soziale Verantwortung im Handeln mitzudenken. Hier schließt sich der Kreis zur Selbstreflexion. Dinge geschehen, damit man aus ihnen lernt. Und lernen müssen wir, heutzutage noch schneller als früher. Selbstredend gilt das auch und vor allem für Führungskräfte.

Aus der oben genannten Definition von Leadership und den damit verbundenen Überlegungen ergeben sich zwei Kernkompetenzen für Führungskräfte: zuerst sich selbst führen – und dann andere führen.

Sich selbst führen

Was aber bedeutet »sich selbst führen«? Tun wir das nicht sowieso schon fortwährend? Schließlich erleben wir unseren Tagesablauf durchaus bewusst. Wir nehmen Dinge wahr, reden mit anderen Menschen, lesen E-Mails und die Zeitung, essen daheim oder in Restaurants, bis wir schließlich abends ins Bett gehen. In diesem Sinne hat jeder von uns normalerweise eine gewisse »Grundselbststeuerung«. Es gibt Zustände, in denen diese Selbststeuerung gestört oder ausgeschaltet ist: im Schlaf, im Koma, aber auch im Alkohol- oder Drogenrausch. Nicht umsonst dürfen wir nach der Einnahme von Medikamenten nicht Auto fahren, da wir dann »relativ fahruntüchtig« bzw. »absolut fahruntüchtig« sind.

Es gibt einen Zusammenhang zwischen der Fähigkeit, sich selbst zu führen, und dem, dies mit anderen zu tun

Selbstführung als *Führungskraft* meint jedoch etwas anderes. Eine Führungskraft muss sich selbst so gut kennen und steuern, dass die Zusammenarbeit mit ihren Mitarbeitern nicht nur nicht gestört wird, sondern im besten Fall optimal und reibungslos verläuft. Diese Selbstführung ist eine wichtige Eigenschaft, zumal in der heutigen Arbeitswelt mit ihrer Kommunikationslastigkeit, vernetzten Prozessen und intensiver Arbeitsteilung. Diese innere Disziplin, die eher etwas mit einer geistigen Klarheit als mit einem Methodenköfferchen zu tun hat, haben die wenigsten Menschen von Haus aus. Vielmehr muss man sich diese über einen längeren Zeitraum erarbeiten. Das Erlernen einer gesunden Selbstführung ist kein Prozess, der von heute auf morgen passiert, kein Aha-Erlebnis, und dann läuft es automatisch. Selbstführung oder, etwas pathetischer formuliert, Selbsterkenntnis ist ein längerer Prozess, eine Erlangung persönlicher Reifung, die über reines »Persönlichkeitshandwerk« hinausgeht.

Selbstführung ist mehr als das Beherrschen von Zeit- und Selbstmanagement-Tools. Selbstführung bedeutet nicht nur, zu denken oder zu fühlen, sondern auch zu wissen, *warum* man genau dieses nun denkt oder fühlt. Welche Gefühle zu einem selbst gehören und welche eigentlich »Fremdgefühle« sind. Welche Wirkung man auf andere hat und welche nicht. Selbstführung bedeutet, das Unbewusste zu durchleuchten, sich Abläufe und Reaktionsweisen bewusst zu machen. Das heißt allerdings keine angespannte Dauerbeobachtung mit anschließendem Statusreport! Es geht um eine innere Freiheit, damit man weniger Spielball seiner unbewussten Strömungen, Bilder und Gefühle wird und in einer Welt, in der immer mehr Menschen immer dichter miteinander arbeiten, reflektierter handeln und kommunizieren kann.

Nimmt man an, dass Führungskräfte im Grunde zur Selbststeuerung in der Lage sind, lässt sich im zweiten Schritt eine – zugegebenermaßen etwas plakative – Dreiteilung oder Typisierung von Führungskräften vornehmen. Sollten Sie selbst Personalverantwortung haben, dürfen Sie sich gerne zuordnen, sonst Ihren Chef oder Ihre Chefin.

Auf der untersten Ebene haben wir die »autistische Führungskraft«. Sie besitzt sehr wenig Reflexionsvermögen. Sie lebt in ihrer eigenen Welt und, das ist der ärgerliche Teil, überträgt ihre eigenen Denk- und Verhaltensmuster auf ihre Umwelt und ihre Mitarbeiter. Nach dem Motto »Was für mich gut ist, kann anderen auch nicht schaden« nimmt die autistische Führungskraft den Mitarbeiter nicht als eigene Persönlichkeit wahr, sondern als Projektion der eigenen

Bedürfnisse und Beurteilungen. Dementsprechend verhält sie sich schon mal »wie die Axt im Walde«. Berechtigte Klagen oder Verbesserungsvorschläge der Mitarbeiter werden ignoriert, manchmal mit abfälligen Bemerkungen bedacht. Individuelle Unterschiede zwischen Mitarbeitern werden genauso wenig erkannt wie Anreize oder Kritik situationsbezogen und typgerecht platziert werden. Eine abgestimmte Personalentwicklung des Mitarbeiters findet nicht statt, da die autistische Führungskraft den aktuellen Fähigkeits- und Bedürfnisstand des Mitarbeiters gar nicht differenziert wahrnimmt. Dies alles geschieht nicht aus bösem Willen. Die Führungskraft verhält sich vielmehr wie Rilkes Panther: »Ihm ist, als ob es tausend Stäbe gäbe und hinter tausend Stäben keine Welt.« Der Blick dieser Führungskraft endet am Rand ihrer kleinen Welt.

Vom Persönlichkeitsprofil her gibt es nun zwei Möglichkeiten. In der ungünstigeren Variante ist der Drang, die eigenen Wertvorstellung unter allen Umständen auf die Mitarbeiter zu übertragen, so groß, dass die Führungskraft nach und nach alle positiven Bindungen und den Willen zur Zusammenarbeit zerstört – auch bei ansonsten sehr guten fachlichen Fähigkeiten. Dann mutiert sie zum »Missionar in eigener Sache«, der nicht nur selbst Scheuklappen aufhat, sondern die Mitarbeiter zwingt, ebenfalls solche aufzusetzen. Aber bitte nur solche, die mit den eigenen identisch sind. Mitarbeiter werden nun permanent be- oder verurteilt und aufgefordert, alles unter der Perspektive der eigenen Brille zu sehen. Der Missionar möchte dabei durchaus »helfen«.

In seinen Augen sieht er »das große Ganze«, das man den Mitarbeitern nur richtig vermitteln müsse, bis auch ihnen ein Licht aufgehe und sie – selbstverständlich – daraufhin seine Weltsicht teilen würden. Es gibt nur eines, das solch autistische Führungskräfte im Amt halten kann: eine Machtposition, die sie halten und verteidigen können. Zum Beispiel durch einen wiederum schwachen Chef, der sie im Amt hält – weil er vielleicht auch »autistisch« ist. Andernfalls kegeln die Fliehkräfte einen solchen Chef früher oder später aus seiner Position: entweder weil Mitarbeiter rebellieren oder die »höheren Stellen« die Zeichen der Zeit erkennen und ihn irgendwohin »wegloben«. Mit Glück auf eine Position ohne Personalverantwortung.

Überwindet eine Führungskraft den missionarischen Drang, steht ihr die Entwicklung in die nächsthöhere Ebene offen – genau wie allen anderen »normalen« Führungskräften: auf die Ebene der »lernbereiten Führungskraft«. Die lernbereite Führungskraft hat schon vor dem Start eine sehr wichtige Lektion gelernt: Nichts ist ganz sicher, unveränderbar, perfekt. Aus der Änderung der Verhältnisse hat sie irgendwann geschlossen, dass auch sie dazulernen muss. Das ist schon eine weise Einsicht. Und mit Blick auf die Arbeitswelt des 21. Jahrhunderts eine unverzichtbare noch dazu. Kommunikationswege, Produktionsweisen, Zusammenarbeit verändern sich heute so schnell, dass Nicht-dazu-lernen-Wollen Torheit ist. Ganz zu schweigen von den Variablen, die außerhalb des Unternehmens mutieren: politische Veränderungen, große und kleine gesellschaftliche Umwälzungen oder singuläre Ereignisse (zum Beispiel Katastrophen wie der Reaktorunfall von Fukushima). Die lernbereite Führungskraft kann nicht nur ihr eigenes Verhalten relativeren und Fehler eingestehen, sondern fragt auch nach den Wegen, wie man die Dinge besser machen kann. Bereits das unterscheidet sie fundamental von der autistischen Führungskraft.

Die lernbereite Führungskraft ist eine moderne Führungskraft, die bereits die richtigen Fragen stellt (obwohl sie die Antworten noch nicht kennt); Wie werde ich eine bessere Führungskraft? Was heißt überhaupt »besser«? Was ist meine Führungsrolle? Was ist mir wichtig? Was meinen Mitarbeitern? Die lernbereite Führungskraft begibt sich – und das ist ihr hoch anzurechnen – freiwillig in ein Dilemma: Sie will sich infrage stellen und gleichzeitig selbstbewusst sein. Sie soll ihre Unsicherheiten bearbeiten und gleichzeitig Sicherheit ausstrahlen. Sie soll Mitarbeiter führen und ihnen gleichzeitig Entscheidungsspielräume lassen. Eine Auseinandersetzung mit sich selbst ist für eine Führungskraft jedoch anstrengend, da es hier nicht nur um eine Lenkung in der Umwelt der Führungskraft geht, sondern um eine aktive Gestaltung der direkten Beziehung Führungskraft – Mitarbeiter. Das aber erfordert sehr viel Einfühlungsvermögen, Präsenz *und* Distanz. Das heißt nichts anderes, als dass, wer führt, Probleme im Außen teilweise voraussehen und lösen soll, indem er durch eine erfolgreiche Selbststeuerung diese entschärft bzw. minimiert.

Schreitet eine Führungskraft auf dem Weg der Selbsterkenntnis voran, erklimmt sie irgendwann die höchste Stufe und wird zur »reflektierten Führungskraft«. Nun hat sie ein Selbstbewusstsein erlangt, das weitgehend frei ist von Größenfantasien. Sie kennt ihre Stärken und Schwächen, hat einen ordentlichen Fundus an Methoden und Selbsterfahrung und kann den Stürmen des Führungsalltags so gut es geht trotzen. Selbstverständlich macht auch eine reflektierende Führungskraft Fehler. Doch anders als die autistische oder selbst noch die lernbereite Führungskraft kann sie Fehler besser erkennen und korrigieren. Erkennen, weil ihr Analyseblick nicht vor dem eigenen Schreibtisch haltmacht. Und korrigieren, weil sie innerlich so »gefestigt« ist, dass sie ihr Selbstbewusstsein nicht aus der Führungsrolle speist. Die reflektierende Führungskraft kann Fehler zugeben, ohne ihr Gesicht zu verlieren.

Die Königsdisziplin der Führung: Demut und Entschlossenheit

In einer sich ständig wandelnden Arbeitswelt ein unschätzbarer Vorteil. Er nimmt Druck von der Führungskraft als Person und lässt eine Abteilung als Ganzes flexibel und gelassen auf Herausforderungen reagieren. Die reflektierende Führungskraft ist somit auch eine im besten Sinne souveräne, die nicht leicht zu erschüttern ist. Erst dadurch kann sie den heute üblichen Anspruch nach »Authentizität« erfüllen: »Mitarbeiter wollen den Menschen hinter dem Chef erkennen. Das ist Authentizität. Es muss eine Wahrnehmung gesichert sein, nicht nur von Rolle zu Rolle, sondern von Mensch zu Mensch. [...] Die Ebene der authentischen Persönlichkeitsentwicklung liegt tiefer als die Rollenebene und hat darum mehr Gewicht. Es ist wie mit einem Haus: Sie können ein tolles Erdgeschoss mauern – wenn der Keller schlampig gebaut ist, wird das Haus einfallen. Genauso muss sich ein Mensch im Allgemeinen und eine Führungskraft im Besonderen eigene Werte bewusst machen und auf der Ebene der eigenen, ›echten‹ Persönlichkeit abklären. Erst dann hat sie die Wahl, welche davon sie in ihre soziale Rolle integrieren will. Authentizität ist die Kenntnis über sich selbst und ein daran geknüpftes ›mit sich im Reinen sein‹.«[147] Die reflektierende Führungskraft kennt ihre Fähigkeiten genauso wie ihre Grenzen und persönlichen

Schwächen. Sie kann ihre Mitarbeiter als Individuen verstehen und fördern. Sie kann eigene von fremden Gefühlen trennen und verhält sich emotional professionell. Im System des Gesamtunternehmens ist eine reflektierte Führungskraft die innovative Führungskraft. Sie wirkt als menschlicher Katalysator für Ideen und Entwicklungen. Sie treibt an, belohnt bewusst und sanktioniert mit Augenmaß. Im Endeffekt haben nur solche Unternehmen künftig eine Chance, die mindestens einen gewissen Prozentsatz an reflektierten Führungskräften aufweisen können.

Wie erreicht man nun diese höchste Stufe? Wie wird man zur reflektierten Führungskraft? Ein zentrales Prinzip der persönlichen Entwicklung stellt das Phänomen der *Achtsamkeit* dar: »Achtsamkeit bedeutet, alles, was im Augenblick geschieht, bewusst wahrzunehmen, ohne es gleich zu beurteilen, ob es uns jetzt oder in Zukunft nützlich sein kann. Menschen verlieren im Alltag häufig den gegenwärtigen Augenblick aus den Augen, auch wenn das die einzige Zeit ist, in der man handeln und die man tatsächlich erleben kann. Wenn sich die Gedanken jedoch nur mit der Zukunft oder der Vergangenheit befassen, ist es nicht mehr möglich, wirklich im Augenblick präsent zu sein, weder bei kleinen noch bei großen Ereignissen, d. h., das Leben braust förmlich an den Menschen vorbei, ohne von ihnen gelebt zu werden. Achtsamkeit ist dabei mehr als nur Konzentration, denn Konzentration heißt, sich auf einen Gedanken oder ein Objekt zu fokussieren [...].«[148]

Achtsamkeit bedeutet, die »Ewigkeit des Augenblicks« anzunehmen. Im Paradoxon des vorbeihuschenden Moments wird deutlich, wie sehr wir Achtsamkeit in unserem Leben vermissen. Wir jagen schönen Momenten hinterher, doch genau dieser Versuch der »bewussten Protokollierung« zerstört das Erleben. Wir verhalten uns wie ein Tourist, der auf einer Urlaubsreise 700 Bilder schießt, ohne den Moment des Sonnenuntergangs tatsächlich zu genießen. Wir leben nicht mehr im Fluss der Zeit, sondern stehen am Ufer und versuchen, das rinnende Wasser mit unseren bloßen Händen aufzuhalten. Ein Versuch, der zum Scheitern verurteilt ist.

Seien Sie kein Tourist Ihres eigenen Lebens: Kommen Sie an!

Achtsamkeit hingegen bedeutet, sich in den Fluss zu stellen und mit allen Sinnen zu spüren, wie das Wasser um einen herumströmt. Es bedeutet, mit allen Sinnen, »ganzheitlich« die Umgebung wahrzunehmen. Das Ich erlebt den Augenblick und ist gleichzeitig Teil von ihm. Ein ewiger Widerspruch allen menschlichen Seins und die Grundlage jeder Selbstreflexion: das unverfälscht wahrnehmen, womit man gerade befasst ist, und es gleichzeitig vom eigenen »mentalen See der Befindlichkeit« trennen. Achtsamkeit kann heißen: bewusst die Luft an einem kalten Tag einatmen und spüren, wie die Lungen brennen. Sich von einem Musikstück oder einem Film aufwühlen lassen. Die Sonne hinter Wolken sehen, während man Auto fährt. Oder: die Atmosphäre in einem Team oder einem Raum spüren, bevor ein Wort gefallen ist. Wissen, was man in einem schwierigen Mitarbeiter- oder Kundengespräch als Nächstes sagen sollte – bevor man es sagt. Verstehen, was einen Mitarbeiter motiviert, und ihn entsprechend fördern.

Achtsamkeit heißt: ankommen im Hier und Jetzt. Nicht bewerten, nicht zerreden – ausgerichtet sein

Auf dem Weg zur reflektierenden Führungskraft und einer gelungenen Selbstführung ist die Übung der Achtsamkeit ein sehr wichtiger Schritt. Die gute Nachricht ist: Achtsamkeit lässt sich praktisch überall üben. So können Sie beispielsweise vor dem Schlafengehen im Bett drei Minuten nachdenken: Was ist heute passiert? Wem bin ich begegnet (ohne Wertung »gut« oder »schlecht«)? Wie geht es mir gerade? Kann ich meine Gefühle benennen? Für das Gehirn spielt es nur eine untergeordnete Rolle, ob Sie eine Situation tatsächlich gerade erleben oder sie sich noch einmal ins Gedächtnis zurückrufen. Dies ist vor allem für die Wahrnehmung von Gefühlen von Bedeutung, die bei den meisten Situationen unwillkürlich mitgespeichert werden. Darum kann es sinnvoll sein, in der ungestörten Ruhe nochmals einige Situationen und Geschehnisse des Tages zu durchdenken und sich zu fragen: Was ist genau passiert? Was habe ich dabei gefühlt? Warum? Was hat das Gefühl ausgelöst? Erkenne ich ein Muster in meinen Erinnerungen: Erinnere ich zum Beispiel besonders gut Situationen, in denen ich versagt habe? In denen ich mir »minderwertig« vorkam? Falls ja: Woher stammt dieses Gefühl?

Achtsamkeit wird so zu einer wertvollen Methode, den eigenen Gefühlen und »Programmierungen« auf die Spur zu kommen. Denn jeder von uns hat ein individuelles Set von Grundprogrammierungen, die schemaartig unser Handeln bestimmen. Erst wenn wir diese Prägungen durchschauen, können wir tatsächlich bewusst und als Erwachsene handeln. Bezieht sich die Abendübung eher auf die Analyse vergangener Szenen, sollten Sie auch dem, was um Sie herum ist, von Zeit zu Zeit Ihre Aufmerksamkeit schenken: Lehnen Sie sich einige Male am Tag zurück und nehmen die Umwelt bewusst wahr: Was sehen, hören, riechen Sie? Wie nehmen Sie Ihren Körper wahr? Haben Sie Schmerzen? Geht es Ihnen gut? Was fühlen Sie? Diese Übung fördert die Kernfähigkeit der Achtsamkeit: die mentale und emotionale Verankerung im Hier und Jetzt. Gelingt Ihnen das, sind Sie nicht mehr so leicht aus der Ruhe zu bringen. Mit der Zeit stellt sich auch eine tiefere Grundentspannung ein; der Dauerstress löst sich zumindest etwas. Die Afrikaner haben ein Sprichwort: »Gehst du auf eine Reise, lass die Seele nachkommen.« Auf größeren Wanderungen machte man eine Pause, damit die Seele Zeit hatte, dem Körper auf seiner Reise zu folgen. Diese Philosophie des Innehaltens ist uns leider völlig abhandengekommen. Auch wenn wir die Uhr der wirtschaftlichen und gesellschaftlichen Entwicklungen nicht zurückdrehen können – und nicht wollen –, müssen wir uns darum umso stärker Oasen der Ruhe gönnen, in denen wir uns unserer selbst und unserer physischen und psychischen Existenz versichern. Kontakt aufnehmen mit unserem Innern, unserer Kraftquelle. Nur so können wir langfristig geistig gesund und produktiv bleiben. Auch deswegen ist Achtsamkeit ein wertvoller Baustein, nicht nur zu einer gelungenen Führungskräfte-Entwicklung, sondern generell zu einer entspannten und selbstbewussten Lebensführung.

Das eigene Selbst in Vergangenheit und Gegenwart zu verankern, ist Kern der Achtsamkeit. Dies ist aber keine gedankliche Tätigkeit, sondern eine der Empfindung, des tieferen Erlebens. Deshalb kann es sehr entlastend und erhellend sein, seine Gedanken und Gefühle nach außen zu tragen. Die einfachste Methode ist das tagebuchartige Aufschreiben. Dabei zählt nicht die Häufigkeit, sondern der Vorgang an sich. Wer es ausprobiert, wird feststellen, dass sich beispielsweise

Probleme, die einen umtreiben, oft viel leichter lösen lassen, wenn man sie zu Papier bringt: in Worten, Sätzen oder Zeichnungen. Das hat eine geradezu verblüffend ordnende und beruhigende Wirkung. Man muss übrigens nicht erst auf ein Problem warten, um sich zu ordnen. Das Prinzip Achtsamkeit greift ja viel früher. Man braucht kein Problem, um mit Achtsamkeit zu beginnen. Schreiben Sie daher Ihre Gedanken und Gefühle auf. Haben Sie keine Angst davor, sich lächerlich zu machen. Dieses »protokollierte Gespräch mit sich selbst« kann sehr lehrreich sein. Es schafft Abstand und eröffnet in der Regel neue Perspektiven und überraschende Einsichten. Auch in der Geschichte gab es einige bekannte Tagebuch-Schreiber, etwa der »Erfinder« der Selbstverortung Michel Montaigne, Goethe, der Schriftsteller Max Frisch, der ehemalige US-Präsident Jimmy Carter oder in jüngster Zeit der Grunge-Musiker Kurt Cobain. All diesen Menschen gemeinsam ist der Versuch, sich Klarheit zu verschaffen über die Frage: Wer bin ich? Wo ist mein Platz in der Welt?

Schreiben Sie auf, was Sie bewegt. Sie werden sehen, wie beruhigend das ist

Sich selbst führen bedeutet natürlich nicht nur, sein mentales und emotionales Innenleben genau zu kennen. Der Vorteil von Achtsamkeit liegt unter anderem in einer gewissen Entlastung. Man kennt sich besser als vorher, kann sich besser einschätzen und wird nicht mehr so leicht von Gefühlen und Gedanken überrascht bzw. überwältigt. Achtsamkeit schafft eine Art »geistige Routine«, und zwar im besten Sinne als solides Fundament, auf dem man professionell mit anderen kommunizieren und handeln kann.

Genauso wie Achtsamkeit uns im Inneren entlastet, sorgen bestimmte Abläufe im Alltag und im Arbeitsleben dafür, dass wir frei agieren können. Sie entlasten uns durch ihren rituellen Charakter. Mehr noch: Indem wir bestimmte Abläufe in einem »Workflow« zusammenfassen, entlasten wir uns von Entscheidungen und Denkaufwand. Bestimmte Dinge kann und sollte man immer wieder gleich und zu immer gleichen Zeitpunkten erledigen. Festgesetzte Abläufe haben dann auch nicht den Touch von »Routine« als Wiederholung des Immergleichen. Im Gegenteil: Arbeitsabläufe, die wir in einigen Bereichen anwenden, halten uns den Kopf frei für andere Bereiche und Entscheidungen, die unsere volle Aufmerksamkeit erfordern, weil sie eben nicht *daily business* sind, sondern außergewöhnlich und deshalb nicht mit Standard-Methoden zu erledigen.

Der Management-Vordenker Fredmund Malik meint, man könne den Stellenwert von Arbeitsabläufen »nicht hoch genug einschätzen«: »Die persönliche Arbeitsmethodik ist für Führungskräfte von außerordentlicher Bedeutung. Kaum etwas beeinflusst ihre Wirksamkeit so *direkt* und *umfassend*. Von kaum etwas anderem hängen Resultate und Erfolge von Managern so sehr ab wie von ihrer Arbeitsmethodik. […] Je mehr die Wissensgesellschaft mit ihrem unvermeidlichen Abstraktionsgrad Wirklichkeit wird, umso wichtiger wird die Arbeitsmethodik. Sie ist der Kern von Selbstmanagement.«[149]

Für Malik ist weiterhin klar, dass die Entwicklung eigener Arbeitsabläufe nur mit Disziplin machbar und von Dauer ist – ein Umstand, den ich ebenfalls im Kapitel »Selbstmanagement« beschrieben habe. Insofern ist die Entwicklung von Arbeitsabläufen wie ein Bob in der Eisbahn: Zunächst muss er machtvoll angeschoben werden, doch irgendwann gleitet er von allein dahin. Diese »Anschub-Phase« allerdings lohnt sich, da man die Arbeit mit weniger Anstrengung erledigt.

Vor allem in zwei Bereichen sind Arbeitsabläufe wertvoll: im Umgang mit der Zeit und im Informationsmanagement. Jeder von uns hat, was Zeitmanagement angeht, dasselbe Problem: Einerseits leben wir in unserer »eigenen Zeit«. Wir haben kein Organ für die »objektive« Wahrnehmung von Zeit (außer die relativ unscharfe Tag-Nacht-Wahrnehmung, für die ein kleiner Teil des Hippocampus im Gehirn zuständig ist). Uns fehlt also eine innere Uhr, die in Stunden, Minuten und Sekunden taktet. Darüber hinaus brauchen wir unterschiedlich viel Zeit, wenn wir bestimmte Dinge tun. Der eine tippt schneller, der andere langsamer. Der eine erfasst ein Problem sofort, der andere braucht eine Weile. Diese beiden Umstände sorgen dafür, dass wir Zeit höchst unterschiedlich wahrnehmen und bewerten und unser Zeitbedarf pro Aufgabe individuell verschieden ist.

Andererseits haben wir die Anforderung der modernen Arbeitswelt, ihre Vorgaben an normierter Zeit: Stunden, Minuten und Sekunden sind als feste Maßeinheiten vorgegeben. Die Uhr als Messinstrument zur Portionierung der Zeit ist allgegenwärtig. Außerdem haben wir uns kollektiv darauf geeinigt, Zeitpunkte zu synchronisieren, damit wir wenigstens ab und zu alle das Gleiche tun: Mittag essen zum Beispiel. Oder ein Meeting abhalten. Oder unser Kind von der Schule abholen. Zeitmanagement in der Selbstführung bedeutet, beide Seiten möglichst miteinander zu harmonisieren: den eigenen Zeitbedarf und die eigene innere Uhr mit der äußeren Uhr und ihrer kollektiven Synchronisierung. Das wird nie vollständig gelingen, doch je mehr Erfahrung wir sammeln, desto routinierter und souveräner kann man mit der Zeit umgehen und desto entspannter und kreativer kann man seine Aufgaben bewältigen.

Gewohnheitsmäßige Abläufe sind nicht langweilig, sie machen uns frei für die wichtigen Dinge

Wie führt man nun Zeitabläufe für sich selbst ein? Grundsätzlich ist das ein höchst individueller Vorgang; es gibt keine »Zauberformel«. Dennoch kann man für sein eigenes Zeitmanagement etwas tun. Hier ist es sinnvoll, zunächst zwischen Zeitpunkten und Zeitspannen zu unterscheiden. Ich möchte das am Beispiel der E-Mail verdeutlichen. Geht es um die Bearbeitung von E-Mails, vergessen die meisten jegliches Zeitmanagement: Sie checken ihre Inbox spontan und zu unterschiedlichen Zeitpunkten. Das bedeutet im Sinne einer Selbststeuerung maximale »Fremdbestimmung«, denn sie geben die Kontrolle über ihr Handeln komplett aus der Hand. Man sollte sowohl über den Zeit*punkt* des E-Mail-Checkens bewusst entscheiden als auch über die Zeit*spanne*, die man ihr einräumt. So könnte man festlegen, dass man um 10 Uhr, 13 Uhr und 16 Uhr seine E-Mails checkt. Damit hätte man feste Zeitpunkte. Und man könnte weiter mit sich selbst vereinbaren, dass man, egal, was man in seiner Inbox findet, dem nur jeweils eine halbe Stunde widmet. Dies wäre die Festlegung einer Zeitspanne. Natürlich können Sie Zeitpunkte und -spannen individuell wählen; das ist ja auch der Sinn der Sache. Der Effekt dabei ist folgender: Beginnen Sie den Tag ohne ein solches, schlichtes Instrument der Selbstführung, wird die E-Mail-Flut zur Belastung. Sie sehen sich einem breiten Strom gegenüber, der sie mitreißt und in dem Sie untergehen. Bestimmen Sie vorher Zeitpunkte und -spannen, ziehen Sie einen »mentalen

Damm« ein, der die Flut wenigstens kanalisiert. Die Folge: Man fühlt sich nicht mehr so hilflos und hat eine Perspektive jenseits des nächsten E-Mail-Checks.

Das Prinzip von Zeitpunkt und Zeitspanne können Sie auf jede andere Tätigkeit übertragen. Stellen Sie eine Liste aller Tätigkeiten zusammen, die Sie jeden Tag oder mehrmals pro Woche ausführen müssen. Bestimmen Sie innerhalb Ihrer Möglichkeiten Zeitpunkte und Zeitspannen und tragen Sie sie in den Kalender ein (wichtig!). Mit der Zeit können Sie das Hilfsmittel Kalender auch weglassen, wenn Ihnen die Sache in Fleisch und Blut übergegangen ist. Übrigens lässt sich die Zeitspanne auch noch spontan setzen. Wenn Sie in einen Vorgang hineingeworfen werden, den Sie eigentlich nicht auf der Liste hatten, können Sie immer noch sagen: »Dieser Aufgabe widme ich eine halbe Stunde, nicht mehr.« Danach gehen Sie zur nächsten über. Natürlich erfordert das eine gewisse Gelassenheit – bzw. die »gelassene Disziplin«, von der ich schon im Kapitel über Selbstmanagement sprach. Sie ist, das wird immer deutlicher, eine Kernfähigkeit in der modernen Selbstführung.

Ob bei der Zeiteinteilung oder der Mediennutzung, es gilt: Reduce to the max!

Eng verwandt mit einem individuellen Zeitmanagement als Grundlage von Selbstführung ist das Informationsmanagement. Informationen strömen ständig auf uns ein. Wir haben heute nicht mehr das Problem, Informationen suchen zu müssen, sondern sie im Gegenteil abzuwehren. Damit sie uns nicht überfluten, unsere Produktivität lähmen und unser Wohlbefinden mindern. Daher stellt sich bezüglich der eigenen Arbeitssystematik zwingend die Frage: Wie gehe ich mit Informationen um? Genauer: Wie verarbeite ich sie, wenn sie mich erreichen? Der Schlüssel zu einem gelungenen Informationsmanagement liegt in einer »Informationshygiene«. Wir müssen immer wieder prüfen, welche Informationen wir in unser Leben lassen und welche nicht. Es gibt einen Werbeslogan: Reduce to the max! Auf Deutsch: »Konzentrier dich auf das Wesentliche!« Auf keinem Gebiet haben wir diesen Slogan so nötig wie auf dem der Informationsverarbeitung. Dem Menschen steht nur eine begrenzte Aufnahmekapazität an Information zur Verfügung. Überschreitet er diese, leidet entweder seine Konzentration oder aber er muss mit Drogen nachhelfen. Da wir jedoch Informationen brauchen bzw. nicht auf sie verzichten wollen, müssen wir hier den Weg des Auswählens und Abwehrens gehen.

Zunächst sollten Sie alles an Information auf den Prüfstand stellen: Abonnements von Zeitungen und Zeitschriften, Fernsehen, Radio, mobile Erreichbarkeit, Smartphone-Apps, Begegnungen mit Freunden, im Verein etc. Machen Sie eine Liste mit allen Informationen, die Tag für Tag auf Sie einströmen. Stellen Sie sich bei jeder Infoquelle die ehrliche Frage: Brauche ich sie? Würde mir etwas fehlen, wenn ich dieses oder jenes nicht wüsste?

Ein Beispiel: Ein Nachrichtenportal – an einem beliebigen Tag ausgewählt – hat folgende Schlagzeilen: »EU will massenhaft Passagierdaten sammeln« – »Brechstangen-Taktik bringt Klima-Kompromiss« – »Hugo Chávez kürt seinen Nachfolger« – »Lanz lernt Loslassen«. Alles (mehr oder weniger) interessante Themen. Doch die Frage ist: Brauche ich *diese* Information *jetzt*? Bringt sie mir einen Mehrwert – außer dem der Unterhaltung? Denn in der Selbstführung im Arbeitsleben geht es nicht um Unterhaltung, sondern darum, Dinge geregelt zu bekommen, also um wichtige Informationen, die aufgenommen und verarbeitet werden wollen. Viel zu oft lassen wir uns von Entertainment ablenken, vom schnellen Zappen durch die Kanäle, von der tollen neuen App auf dem iPhone oder eben einer Schlagzeile im Internet. Darum muss Ihr erster Lesefilter in der Frage bestehen: »Brauche ich diese Information? Jetzt?«

Informationen brauchen wir, nicht jedoch das Horten von Zeitungsartikeln oder E-Mails

Die zweite Frage, die Sie sich stellen müssen, lautet: Was passiert mit einer bestimmten Information, wenn ich sie »habe«? Eine Information in Form von E-Mail, Telefonat, Protokoll etc. ist nutzlos, solange sie nicht sinnvoll weiterverarbeitet (oder gelöscht) wird, keinen sinnvollen Platz innerhalb *Ihres* Informationssystems einnimmt. Ein Beispiel: Wenn Sie im Internet zu einem Thema recherchieren, stoßen Sie mit hoher Wahrscheinlichkeit auf interessante und relevante Webseiten. Wie kann man diese Informationen nutzbar machen? Zum Beispiel, indem Sie ein Lesezeichen setzen und alle relevanten Websites dann in einem separaten Ordner speichern. Diesen Ordner können Sie wiederum mit Ihrem Smartphone synchronisieren, sodass die interessanten Webseiten überall abrufbar sind. Oder Sie machen gleich einen Download der Seite, am besten als durchsuchbares PDF, versehen die Datei mit Datum und einem aussagekräftigen Namen und speichern Sie an einem vorher definierten Ort auf Ihrem Rechner. So sollten nach und nach gewisse Gewohnheiten entstehen, ein Workflow, dem Sie ohne großes Nachdenken folgen können. In einer ähnlichen Weise sollten Sie Ihre Arbeit organisieren: Information filtern, dann weiterverarbeiten und sich einen automatisierten Workflow basteln. Erst dann übersteigt der Nutzwert von Informationen die Kosten an Aufmerksamkeit, Zeit und Konzentration.

Der systematische und gezielte Umgang ist immer da notwendig, wo viele Informationen von außen auf uns einströmen. Doch auch bei unserer eigenen (kreativen) Arbeit brauchen wir eine Methode, um nicht zu erlahmen oder zu kapitulieren. Eine einfache und hilfreiche Methode heißt: Schreiben Sie die Dinge auf, Geistesblitze, Aufgaben, Termine, Notizen etc. Alles, was Sie denken und wobei Ihre Achtsamkeit anschlägt und sagt: »Moment, das ist wichtig. Das brauche ich noch!« sollte nicht verlorengehen, sondern irgendwo protokolliert werden. Dieses »Veräußern« von Gedanken, die die eigene Selbstorganisation betreffen, kann sehr wirkungsvoll sein. Ihr Gehirn wird von diesen Vorgängen sofort entlastet. Wenn Sie zum Beispiel mit jemandem geschäftlich telefonieren, tragen Sie hinterher sofort eine entsprechende Inhaltsnotiz in die Kundendatenbank ein. Oder in eine andere Datei. Oder in Ihre Kladde. Was Ihnen und Ihrem Workflow entspricht. Entdecken Sie für sich die beste Methode, Ihre Gedanken niederzuschreiben. Egal, ob das im Papierkalender geschieht, im schön gestalteten Notizbuch oder im Smartphone – wichtig ist, dass die Methode zu Ihnen passt und Sie gerne mit ihr arbeiten.

Andere führen

Andere führen heißt, den zweiten Schritt nach dem ersten zu machen. Denn zuerst solle man in Sachen Selbstführung wenigstens einigermaßen sattelfest sein. Natürlich gibt es in der Praxis Überschneidungen; die eigenen Fähigkeiten zur Selbstführung entwickeln sich parallel mit den Führungsfähigkeiten. Oder wie es James Bond in *Goldeneye* ausdrückte: »Man wächst mit der Herausforderung!«

Doch sich einfach auf eine Zunahme eigener Erfahrung zu verlassen, reicht nicht. Als Führungskraft arbeitet man immer an sich. Diese Regel ergibt sich automatisch aus der größeren Verantwortung, die man für seine Mitarbeiter übernommen hat. Führung und Selbsterkenntnis verhalten sich zueinander wie Fruchtfleisch und Kern bei einem Pfirsich: innen stabil, außen nachgiebig. Deshalb ist es nur richtig und absolut zu begrüßen, wenn in Führungskräftetrainings ein hoher Anteil an Selbsterfahrung enthalten ist. Denn Schwächen in der Führung sind oftmals Schwächen in der Selbstführung. Man kennt seine eigenen Gefühle nicht, sodass es einem Mitarbeiter beispielsweise immer wieder gelingt, die eigenen »roten Knöpfe« zu drücken, gezielt die eigenen Schwachstellen zu triggern. Dann handelt man emotional unprofessionell oder ungerecht oder kennt seine eigene Wirkung bzw. Ausstrahlung nicht. Weil man jedoch seine Stärken und Schwächen schlecht einschätzen kann, gerät man immer wieder in vertrackte Situationen. Aus all diesen Gründen gilt für gelungene Leadership: erst Selbstführung, dann Fremdführung.

> Andere führen setzt Selbsterkenntnis und Selbstmanagement voraus

Wenn wir uns die Bestandteile der »echten« nach außen gerichteten Führung anschauen, müssen wir uns fragen: Was zeichnet sie im Kern aus? Was muss eine Führungskraft wissen und können und wie muss sie handeln, damit sie sowohl das Richtige tut als auch dieses Richtige richtig tut? Die Bücher zu dieser Frage sind Legion; für einen Überblick über den Stand der Forschung empfehle ich daher an dieser Stelle das umfangreiche Werk von Neuberger.[150] Für meinen Begriff von Leadership möchte ich mich auf folgende fünf Fähigkeiten konzentrieren: Kommunizieren, Kontrollieren, Koordinieren, Konturieren, Kooperieren.

Von dem Psychologen Paul Watzlawick stammt der mittlerweile berühmte Satz: »Man kann nicht nicht kommunizieren.« Schlichtweg alles in einer Zusammenarbeit zwischen Führungskraft und Mitarbeiter ist Kommunikation. Es ist daher geradezu lächerlich, diesen Umstand immer noch als »optionale« Fähigkeit oder »Weichspüler« zu bezeichnen, wie es in manchen Firmen üblich ist. Das Gegenteil ist der Fall: Ohne vernünftige Kommunikation ist Führung nicht möglich. Man sollte so professionell mit seinen Mitarbeitern kommunizieren, dass sie sich auf der Beziehungsebene ernstgenommen fühlen und auf der Inhaltsebene mit den Informationen etwas anfangen können.

Welches sind nun die wichtigen Themen innerhalb einer gelungenen Führungskommunikation? Grundsätzlich sollte eine Führungskraft mit ihren Mitarbeitern sprechen. Das hört sich banal an, ist es aber nicht. So manche Führungskraft verschanzt sich in ihrem Büro, weil sie im Lauf ihrer Führungskarriere bemerkt hat: Hoppla, ich habe es ja mit Menschen zu tun! Wieso hat mir das niemand gesagt? Man kann es nicht oft genug betonen: Menschen führen erfordert andere Fähigkeiten als fachlich arbeiten. Führen Sie Mitarbeiter, sind Sie zwar immer noch mittelbar für deren Arbeitsergebnis verantwortlich, können jedoch nur noch »über die Bande« Einfluss nehmen. Sie sitzen nun nicht mehr direkt beim Kunden, wo sie unmittelbar Ergebnisse erzielen, sondern wirken nur noch

> **Wer führt, hat andere Erfolge als die Kollegen im operativen Geschäft: Sie sind unauffälliger, aber doch wirksam**

als Gesamtverantwortlicher, der weniger operativ arbeitet, sondern lenkt, koordiniert, redet und organisiert. Für manche »Macher« ist das schwer auszuhalten; sie wollen am liebsten wieder zurück »an die Front«, wo sie ihre Befriedigung aus dem direkten Erfolgsfeedback ziehen. Diese unmittelbare Erfahrung von Erfolg und Selbstwirksamkeit haben sie als Führungskraft nur noch abgeschwächt.

Beherzigt eine Führungskraft diese Grundregel, nämlich präsent zu sein und mit ihren Mitarbeitern tatsächlich zu reden, lösen sich manche Motivations- und Abstimmungsprobleme von selbst – und es kommt nicht zu Diagnosen wie dieser: »MitarbeiterInnen werden oft wie Maschinen oder Ausstattung als reine Ressourcen gesehen, auf die das Unternehmen zurückgreift. Mit dem Unterschied, dass die Maschinen häufig mehr Pflege und Aufmerksamkeit bekommen als die Menschen. Fast alle innerlich Gekündigten berichten, dass sie in ihrem Unternehmen nicht als Persönlichkeit wahrgenommen werden. Ihre Belange, Wünsche, Meinungen und Ansichten interessieren nicht.«[151] Auch teure Führungskräfte-Seminare lohnen erst dann für eine Führungskraft, wenn sie begriffen hat, dass sie ihre kommunikative Schlagzahl erhöhen muss. Und zwar nicht explizit in den Kategorien »Lob & Anerkennung« (das kann auch nicht schaden), sondern ganz einfach, indem sie von Mensch zu Mensch mit ihrem Mitarbeiter spricht, ohne Phrasen, Floskeln oder mit dem angestrengten Versuch, einen wie auch immer verstandenen »Führungsstil« zu leben. Dies führt nur dazu, dass Kommunikation künstlich wird: unecht, hohl und demotivierend.

Stichwort Motivation: Ich bin davon überzeugt, dass man einen Mitarbeiter nur sehr begrenzt motivieren kann. Man kann vielleicht einen Anstoß geben, doch »motivieren« im eigentlichen Sinn kann sich nur jeder Mensch selbst. Daher halte ich es hier mit Reinhard Sprenger, der konstatiert, dass »jede Motivierung letztlich demotiviert«. Versuchen Sie deshalb nicht, Mitarbeiter kommunikativ zu motivieren. Es ist schon eine Menge gewonnen, wenn Sie ihn durch Ihr Verhalten nicht demotivieren. Als Führungskraft sollten vielmehr Sie ein Umfeld schaffen, in dem sich die Mitarbeiter entwickeln können – nicht mehr, aber auch nicht weniger.

Die zweite Kernfähigkeit der Führungskraft besteht in der Kontrolle der Arbeitsergebnisse. Denn auch in der Führung gilt: Entscheidend ist, was hinten rauskommt. Die Betonung liegt auf Arbeits*ergebnissen*, nicht auf Arbeits*vorgängen*. Das ist ein wichtiger Unterschied. Als Führungskraft sollten Sie weniger Kraft darauf verschwenden, sich zu fragen, *wie* ein Mitarbeiter seine Ergebnisse erzielt. Es ist wichtig, *dass* er sie erzielt. Daher gilt die Grundregel: Arbeitsauftrag geben, Ziel und Termin vereinbaren und dann: laufen lassen. Selbstverständlich gibt es Mitarbeiter, die eine engere Führung brauchen. Dies ist vor allem bei unerfahrenen Mitarbeitern der

Fall oder wenn jemand in einer Wiedereingliederung steckt. Braucht jedoch ein erfahrener Mitarbeiter über lange Zeit diese enge Führung, müssen Sie sich vielleicht auch fragen, ob er der Richtige für den Job ist. Denn schließlich sind wir alle erwachsene Leute und wollen auch so behandelt werden.

Führen heißt steuern, aber nicht erziehen

Das bedeutet: Als Führungskraft vertraue ich meinem Mitarbeiter, dass er die Aufgabe kompetent erledigt, und fordere gleichzeitig ein klares, terminiertes Ergebnis. Alles andere ist ein Rückfall in die Eltern-Kind-Beziehung. Das kennt man: Die Führungskraft benimmt sich wie Mama oder Papa, indem sie versucht, jeden Schritt zu kontrollieren. Dahinter steckt in der Regel entweder ein grundsätzliches Misstrauen (was jedoch ganz schlecht ist, wenn man führen will) oder die Angst vor Kontrollverlust. Diese Angst ist zwar menschlich gesehen verständlich, muss aber in der Führung zurückgedrängt werden. Denn eine zu starke Kontrolle durch den Chef provoziert sofort ein bockiges Teenie-Verhalten: Was guckst du denn schon wieder? Ich habe meine Hausaufgaben doch gemacht! Die Kontrolle der Arbeitsergebnisse gehört daher zu den selbstverständlichen Pflichten einer Führungskraft. Dies muss mit Augenmaß geschehen und betrifft nicht nur das eine Extrem, zu viel bzw. das Falsche zu kontrollieren, sondern auch das andere Extrem: *überhaupt nicht* zu kontrollieren.

Manche Führungskraft hat Hemmungen, Ergebnisse direkt einzufordern. Als Folge schleicht sich ein gewisser Schlendrian in die Abteilung ein. Die Dinge »würden schon irgendwie laufen«. Das geht meist lange gut, weil sich jeder irgendwie durchlaviert – bis es meistens doch irgendwann knallt. Nicht kontrollieren ist genauso schlimm wie übertrieben kontrollieren – nur für die Mitarbeiter ist fehlende Kontrolle durch den Chef natürlich angenehmer als das Gegenteil. An dieser Stelle muss der Chef-Chef eingreifen, der seinem Untergebenen wiederum das laxe Nicht-Kontrollieren nicht durchgehen lassen darf. Ansonsten vergrößert sich das Problem, wie ein Auto, das ins Schlingern kommt. Steuert man nicht sofort dagegen, bricht das Auto aus und landet im Straßengraben. In der Regel betrifft das Nicht-Kontrollieren vor allem schwache Führungskräfte, die sich ihren Mitarbeitern aus irgendeinem Grund unterlegen fühlen. Oder Persönlichkeiten, die sich »übergriffig« vorkommen, wenn sie Leistung und Ergebnis anderer kontrollieren sollen. Trainiert eine Führungskraft ihre Achtsamkeit und stellt sie dergleichen bei sich fest, führt kein Weg an der Selbstarbeit vorbei. Ein Chef muss einen Weg finden, ohne Gesichtsverlust für sich oder den Mitarbeiter das Arbeitsergebnis zu kontrollieren.

Vertrauen ist gut, Kontrolle auch. Nur wie funktioniert sie?

Was bedeutet es, ein »Ergebnis« zu kontrollieren? Ein Arbeitsergebnis ist zunächst neutral, losgelöst von der Person des Mitarbeiters. Diese Erkenntnis ist wichtig, denn sie öffnet das Fenster zu einer Fehlerkultur, weg von einer Beschämungskultur. In vielen Unternehmen werden Fehler und Schwächen immer noch personalisiert, nach dem Motto: »Der Schmidt hat wieder Mist gebaut.« – »Ja, ja, der baut immer Mist.« Eine solche Betrachtung verurteilt den Einzelnen, hilft ihm überhaupt nicht weiter und reduziert sowohl seine Produktivität als auch die Produktivität seines Teams. Im Arbeitsergebnis die Person anzugreifen, ist tatsächlich übergriffig und ein Zeichen von Schwäche und fehlender Souveränität. Meist wird dem Mitarbeiter im Ergebnis-Feedback »eine Rechnung präsentiert«, die er weder nachvollziehen kann noch mit der er im schlimmsten Fall überhaupt etwas zu tun hat. Daher sollte eine Kontrolle von Arbeitsergebnissen drei Merkmale aufweisen:

- Es geht um das Ergebnis, nicht um die Person. Dieser Umstand muss von der Führungskraft verstanden werden. Alle Angriffe auf die Person des Mitarbeiters provozieren – zu Recht – sofort Abwehrreflexe und das »konstruktive Kritikgespräch« ist gelaufen.

- Es geht selbstverständlich um potenzielle Fehler und Versäumnisse. Auch die muss man nennen können, ohne damit das Gespräch zu zerstören. Grundlage hierfür ist jedoch, wie bereits erwähnt, dass es sich im Gespräch um das Arbeitsergebnis dreht und nicht um Persönlichkeitseigenschaften oder subjektive Wahrnehmungen, die die Führungskraft meist aus heiterem Himmel thematisiert. Weiterhin braucht es ein gewisses Vertrauensverhältnis – das man wiederum, wie oben bereits diskutiert, durch ein kompetentes Kommunikationsverhalten aufbaut.

■ Schließlich schadet es nicht, auch die guten Punkte zu nennen. Das bedeutet kein krampfiges Lob mit Sätzen aus dem Baukasten. Man kann durchaus nüchtern darauf hinweisen, dass der Mitarbeiter hier vielleicht die Erwartungen übertroffen hat, dort einen Aspekt thematisiert, der einem selbst nicht eingefallen ist etc. Wir Menschen lernen nicht nur aus Fehlern, sondern auch aus unserem Erfolg. Diesen gespiegelt zu bekommen, ist daher nicht nur ein Wohlfühlfaktor, sondern ein nicht zu unterschätzendes Lernprinzip. Motivation, die wirklich zählt! Das gilt nicht nur für den relativ begrenzten Bereich der Führung, sondern für das ganze Leben: »Um ein gesundes Selbstbewusstsein zu entwickeln, […] müssen wir […] uns fragen: Was hat für mich in der Vergangenheit funktioniert? Worin bin ich beweisbar gut? Welche Situationen, Menschen und Aufgaben passen zu mir? Auch dieses Prinzip kommt ursprünglich aus der Evolution; die Natur testet und verfeinert ihre Schöpfung immer weiter. Wir Menschen müssen uns diese Lernleistung jedoch wieder neu und individuell erarbeiten. Wir sind aufgrund unserer kulturellen Prägung nicht gewohnt, eigene Erfolge zu analysieren. Mehr noch: Oft weigern wir uns, sie überhaupt zur Kenntnis zu nehmen.«[152]

Neben Kommunikation und Kontrolle spielt Koordination eine große Rolle. Mir ist »Koordinieren« lieber als »Delegieren«, da es umfassender ist. Unter Koordination verstehe ich auch die vorgelagerte Instanz der Entscheidung: Wie wichtig ist Aufgabe A? Und ist sie wichtiger als B? Wer soll A erledigen? Und wer B? Es geht also immer um das Gesamtbild der gerade nötigen Aufgaben und Ressourcen. Dies kann eine Führungskraft nur dann kompetent erledigen, wenn sie auf dem Gebiet der Selbstführung ein gutes Zeit- und Informationsmanagement hat. Nur mit einer guten Selbstführung kann sie Zeitdauer und Komplexität der Aufgabe richtig einschätzen und darüber entscheiden, wer sich dieser widmen soll.

Koordinieren gehört zur Führungsarbeit. Diese Führungsarbeit braucht Zeit: Zeit, um Gespräche zu führen; Zeit, um Ergebnisse zu überprüfen; Zeit, Ziele zu entwickeln; Zeit, Konflikte zu lösen und vieles mehr. Daher müssen wir bei Leadership ganz banal über den Zeitbedarf reden und wie viel Zeit wir der Führungsarbeit an sich einräumen. Bei Führungskräften der oberen Ebene kann die reine Führungsarbeit, also die Arbeit an und mit anderen Menschen, gut und gerne einmal 70 Prozent und mehr betragen. Auf den sogenannten mittleren Ebenen haben wir ungefähr 40 bis 70 Prozent. Doch selbst die Untergrenzen werden oft unterschritten, entweder weil man als Führungskraft die Führungsarbeit als unwichtig einschätzt oder keine Zeit dafür findet – dann allerdings läuft im Selbstverständnis der Organisation etwas schief. Wer als Führungskraft Führungsarbeit leisten will, seinem Chef jedoch nicht deutlich machen kann, dass Führung auch Zeit erfordert, sollte über einen Jobwechsel nachdenken. Denn als echte Führungskraft glücklich und produktiv wird er in diesem Job nicht mehr werden.

Führungsaufgaben müssen sich im Zeitpensum niederschlagen. Führung nebenbei geht nicht

Auch glauben nicht wenige Führungskräfte immer noch, dass sie für ihre fachliche Arbeit bezahlt werden. Das mag sogar teilweise stimmen, doch auch hier gilt: Dann muss über das Selbst- und Rollenverständnis von Führungskräften diskutiert werden. Will man einen Top-Sachbearbeiter mit 10 Prozent »Führungsanteil«? Oder eine Vollzeit-Führungskraft? Oder liegt der Bedarf irgendwo dazwischen? Wichtige Fragen, die eine Führungskraft meist nicht im Alleingang klären kann. Denn nicht zuletzt zieht ihre starke Fachexpertise Führungskräfte immer wieder ins Operative. Sie lieben es, Probleme zu lösen und selbst Hand anzulegen. Ihre Herausforderung ist es, das »operative Feuer« nicht verglimmen zu lassen und gleichzeitig ihren Mitarbeitern durch Koordination und Delegieren die Beinfreiheit und die Möglichkeit zur persönlichen Entwicklung zu geben, die sie brauchen. Denn sich entwickeln wollen die meisten Mitarbeiter. Im Zuge einer gesellschaftlich-kulturellen »Umwertung der Werte«

zählen nicht mehr allein Gehalt und Status, sondern das berufliche und intellektuelle Lernen. Dies entspricht der »Empowerment«-Forderung der Transformationalen Führung. Auch wenn man die modische Wiederbelebung der »visionären, emotionalen, charismatischen Führungskraft« durchaus kritisieren kann, liegt im Empowerment auch eine Chance. Allerdings eine, die nur unter zwei Voraussetzungen genutzt werden kann: Der Mitarbeiter erhält Verantwortung *und* die Macht, diese auszuüben.

Darüber hinaus hat das Konturieren eine gewisse Bedeutung. Konturieren bedeutet »einen Umriss zeichnen«. Welcher Umriss könnte das in Bezug auf Führung sein? Eine Führungskraft prägt ihren Bereich nicht nur durch ihre offizielle Stellung, sondern auch durch die Signale, die sie aussendet. Mitarbeiter erkennen schnell, »woher der Wind weht«, wie die neue Führungskraft »drauf« ist, was sie für Eigenarten hat etc. Die Führungskraft zeichnet ihren Umriss damit um das »ethische Feld« und sendet Signale für wichtige Parameter: Fairness, Gerechtigkeit, Umgang miteinander, Belohnung, Kritik und so weiter. Im besten Fall schafft die Führungskraft ein Feld, in dem sich möglichst viele Mitarbeiter, vielleicht sogar alle wiederfinden. Doch auch die, die sich nicht darin wiederfinden, können sich an der »Kontur«, am ethischen Umriss orientieren.

Führung bedeutet einen Rahmen, eine Kontur schaffen, die für Mitarbeiter erkennbar ist

Dieser sollte deshalb leidlich stabil sein. Eine Führungskraft sollte ihre Überzeugung nicht nur formulieren, sondern auch durchhalten können. Denn eigene Werte lebt man – auch als Chef – erst richtig gegen Widerstand. In diesem Sinn kann man auch die Frage, ob eine Führungskraft Vorbild sein soll, durchaus mit Ja beantworten. Das Konturieren ist eine Fähigkeit, die von allen vielleicht am wenigsten ein Business-Thema ist. Sie ist ein menschliches Thema, das immer wieder die Auseinandersetzung mit sich selbst verlangt. Es ist naiv, zu glauben, Führungskräfte – oder Mitarbeiter – würden aufgrund anderer Werte handeln, als sie es im Privatleben tun. Diese schizophrene Zweiteilung gibt es nicht. Das individuelle Wertesystem wird am Werkstor oder vor dem Großraumbüro nicht abgelegt wie ein Sonntagsanzug. Die eigenen Wertemuster bleiben vielmehr Bestandteil das ganze Leben hindurch, auch auf der Arbeit. Nimmt man die ethische Dimension als gegeben, erscheint es nur logisch, dass Führungskräfte auch hier Position beziehen. Tun sie das, erledigen sich in der Regel auch Forderungen nach der »charismatischen« bzw. »visionären« Führungskraft. Denn was gibt es Charismatischeres als einen Chef, der sich vor seine Mitarbeiter stellt, vielleicht sogar aus Überzeugung seinen Kopf für sie hinhält? Der sagt, was er meint, andere Menschen respektiert und keine Spielchen mit ihnen spielt?

Zu guter Letzt sollte eine Führungskraft kooperieren können. Kooperation bedeutet in diesem Zusammenhang nicht die direkte Zusammenarbeit mit den Mitarbeitern. Vielmehr beschreibt es die Fähigkeit einer Führungskraft, sich auch einmal selbst führen zu lassen. Sich führen lassen heißt, die eigenen Wissens- und Fähigkeitsgrenzen zu kennen und zu akzeptieren. Und erst wenn Kritik von außen eine Führungskraft nicht mehr in ihrem Selbstbild und ihrem Selbstbewusstsein angreifen kann, ist sie so souverän, dass sie sich bei fachlichen Beratungen und Entscheidungen von anderen führen lassen kann. Diese Kooperation ist absolut notwendig, um das leider immer noch verbreitete Silodenken in Unternehmen zu bekämpfen. In ihrem Konkurrenzdenken und dem Bestreben, die eigene Abteilung gut dastehen zu lassen, blockieren Führungskräfte nicht selten konstruktive Lösungsversuche aus anderen Abteilungen. Sie lassen sich nicht selbst führen und geben einer egoistischen, für das Unternehmen weniger erträglichen »Lösung« den Vorzug.

Treibt man das Silodenken und die fehlende Kooperation der Führungskräfte untereinander weit genug, ist es nur eine Frage der Zeit, bis die Organisation ins Wanken gerät. Aus diesem Grund ist es ein hoffnungsvolles Zeichen, dass die im Moment nachrückende Generation Y eher vom Gedanken der Kooperation als von dem der Konkurrenz beseelt ist. Denn Konkurrenz ist – vor allem außerhalb des Unternehmens – immer vorhanden. Kooperation hingegen muss man schaffen, muss man leben, sich darum bemühen.

Führungskräfte, die kooperieren, haben deshalb auch meist das Ganze im Blick. Sie verlieren sich nicht im Klein-Klein bzw. verschanzen sich nicht in den Schützengräben ihrer Zuständigkeit, sondern übernehmen Verantwortung für das Gesamtergebnis. Kooperation von Führungskräften innerhalb eines Unternehmens wird daher eine Schlüsselqualifikation von moderner Leadership werden. In der Kooperation zeigt sich eine höhere Stufe der Evolution: Auch in der Urzeit mussten die Menschen miteinander kooperieren, um Essen zu beschaffen, sich gegen Feinde zu wehren oder miteinander über weite Strecken zu reisen. Dieselbe höhere Evolutionsstufe müssen nun die Unternehmen erklimmen, damit sie bisher ungenutzte Potenziale an Produktivität und Motivation ausschöpfen und sich zum Vorteil aller – ihrer Mitarbeiter, ihrer Führungskräfte und ihrer Kunden – weiter entwickeln. In der Kooperation zeigt sich echte Leadership, die ihre Wirkung über unmittelbare Führung hinaus entfaltet und zu einem wichtigen Baustein für das Unternehmen allgemein wird.

Der Cooldown – keine Utopie

Gelebte Leadership reiht sich damit ein in ein erfolgreiches INSEL-Modell, in das Zusammenwirken der mächtigen Faktoren: Umgang mit Information, Arbeiten in Netzwerken, modernes Selbst- und Zeitmanagement, die Ausbildung eines ethischen Kompasses für sich und das Unternehmen sowie ein neues Verständnis von Führung. Alle Faktoren zusammen ergeben die Möglichkeit, der Dritten Transformation Herr zu werden. Denn Arbeit als integraler Teil unseres Lebens ist zu wichtig, um sie den zufälligen Strömungen der technischen und gesellschaftlichen Entwicklungen zu überlassen. Das heißt nicht, dass wir uns ihrer Veränderung entgegenstemmen sollen. Die Dritte Transformation hat längst begonnen und wird uns noch einige Jahre, wenn nicht Jahrzehnte in Atem halten. Es geht um Gestaltung, um eine Perspektive der Aktivität, das Ringen für eine menschliche Arbeitswelt.

In meinem Buch »Feierabend hab' ich, wenn ich tot bin« schrieb ich im letzten Kapitel: »Cooldown – ein angenehmes Wort, ein beruhigendes Wort. Abkühlen, herunterregeln, ruhig werden. […] Kraftwerke brauchen Kühlung, Computerprozessoren oder Automotoren – aber Menschen? Wie sollte ein Cooldown aussehen, ein speziell auf Burnout zugeschnittener Cooldown, der unsere Betriebsamkeit und unseren Stress drosselt, sodass wir wieder klar denken können? […] Der Zwang des multimedialen Zeitalters erscheint unvermeidlich: Haben wir überhaupt eine Chance gegen die Reizüberflutung? Gibt es das überhaupt noch: Unerreichbarkeit? Sind Forderungen nach einem ›ethischen Management‹ nicht maßlos naiv?«[153]

Dass sich zwei Jahre nach der Frage nach einem Cooldown noch kein umfassender Bewusstseinswandel in der Wirtschaft abzeichnet, ist normal. Die Dritte Transformation denkt nicht in Jahren, sondern in Jahrzehnten. Veränderungen erfolgen oft langsam, wie in Zeitlupe, für den Einzelnen nur schwer auszumachen – bis man sich plötzlich mit dem Ergebnis konfrontiert sieht: einem Burnout, der Kündigung oder dem Kapitulieren vor der nicht endenden Kommunikation, dem Unvermögen, den Tag zu strukturieren. Dinge wie das Erkennen der Dritten Transformation oder eine Umsetzung des INSEL-Modells in Unternehmen brauchen Zeit, Überzeugungskraft und die Bereitschaft, sich nicht durch Widerstand entmutigen zu lassen.

Denn das wäre leicht. Zu übermächtig scheinen die festgefahrenen Strukturen in den Unternehmen, zu sicherheits- und renditefixiert das Denken in den Chefetagen. Doch wir alle sollten es mit Mahatma Gandhi halten, der einst sagte: »Zuerst ignorieren sie dich, dann lachen sie über dich, dann bekämpfen sie dich und dann hast du gewonnen.« Oder wie es der Schriftsteller Victor Hugo formulierte: »Nichts ist mächtiger als eine Idee, deren Zeit gekommen ist.« Die Zeit ist reif für das INSEL-Modell. In den Faktoren Information, Netzwerk, Selbstmanagement, Ethik und Leadership drücken sich die Kernfunktionen moderner Arbeitsweisen aus. Es ist für mich daher weniger die Frage, *ob* sich das INSEL-Modell durchsetzen wird, sondern wann und in welcher Geschwindigkeit.

Der *tipping point*, der Moment, an dem die Unternehmen die Anforderungen der Dritten Transformation erkennen und entsprechend umschwenken, wird mit einer Dimension verbunden sein, die die Wirtschaft instinktiv versteht: Geld. Jedes Unternehmen versteht die Sprache von Gewinn und Verlust. Und genau darum geht es. Das Ignorieren der Dritten Transformation und das Festhalten an veralteten Überzeugungen, Arbeitsweisen und kommunikativen Praktiken wird dazu führen, dass Unternehmen Geld verlieren. Und spätestens hier tut es weh. Denn Gewinne kann man verbuchen – Verluste muss man erklären. Entweder dem Chef oder den Aktionären.

Daher wird die Frage über einen Einsatz des INSEL-Modells zu einer Frage über die Investition in die Zukunft eines Unternehmens. Irgendwann wird auch eine Wirtschaft, deren wichtigste Ressource aus flexiblen, motivierten, sehr gut ausgebildeten Wissensarbeitern bestehen, dahinterkommen, dass man diese – und übrigens auch alle anderen – Mitarbeiter nicht nur verwalten muss, sondern ebenso pflegen, entwickeln und achten. Dieses neue Personalmanagement im besten Sinne könnte sogar eine neue Art Wertschöpfung bilden: »Der nächste Entwicklungssprung unserer westlichen Gesellschaft kann demnach nur ein geistiger sein, ein zivilisatorischer. Neben unseren fraglosen technologischen Errungenschaften könnten wir einen weiteren Exportschlager produzieren: die von Angst und Burnout freie, produktive und werteorientierte Arbeitsgesellschaft, die den Menschen in all seinen Facetten wahr- und ernst nimmt. Europa könnte wieder zum Vorreiter werden, zum zivilisatorischen Leuchtfeuer, als das es sich in seiner Geschichte so gerne dargestellt hat.«[154]

Es geht demnach um zweierlei: um ein neues Personalmanagement und eine Unternehmenspolitik, die bereit ist, sich dem Problem der externalisierten Kosten zu stellen. Dazu aber muss sich die Problemwahrnehmung verändern: Denn manchmal neigen wir dazu, wichtige Dinge zu übersehen und im Gegenzug unbedeutende Sachverhalte wichtiger zu nehmen, als sie sind. Was haben der Flugverkehr und das Personalmanagement gemeinsam? In beiden Bereichen gibt es versteckte Kosten, die oft nicht in die Berechnung einbezogen werden, sondern im Gegenteil der Allgemeinheit aufgebürdet werden. Schlüge man die versteckten Kosten einer Flugreise (CO_2-Ausstoß, Kerosin-Subvention etc.) tatsächlich auf den Ticketpreis auf, würde das sehr wahrscheinlich das baldige Ende der Billigfliegerei bedeuten. Genauso sollte man sich im Personalmanagement bemühen, versteckte Kosten aufzuschlüsseln und im Unternehmen zu präsentieren als das, was sie sind. Denn erst Verständnis schafft Akzeptanz und diese ist die Grundlage für jeden Veränderungsprozess: sinnvolle Investitionen im Personalbereich, im Prozesswesen oder in der Unternehmenskultur.

Insgesamt stehen die Zeichen trotz mancher Widrigkeiten und Widerstände auf Veränderung. Der Wind dreht sich, und die Dritte Transformation zeichnet sich immer deutlicher ab. Die Menschen spüren das. Sie erleben die neuen Anforderungen wie ständige Erreichbarkeit, permanenten Arbeitsdruck und das Auseinanderklaffen von ethischem Anspruch und Wirklichkeit in Unternehmen. Sie geben sich immer weniger mit den gegebenen Umständen zufrieden und wollen Antworten und neue Perspektiven.

Wenn ich mit meiner Darstellung der Dritten Transformation und den Möglichkeiten des INSEL-Modells einige Perspektiven sowohl für den Einzelnen als auch für Unternehmen erfolgreich aufgezeigt habe, hat dieses Buch seinen Zweck mehr als erfüllt. Denn ein Buch kann nur Wissen und Impulse vermitteln, Zusammenhänge klarmachen, Möglichkeiten aufzeigen. Das tatsächliche Umsetzen, das Anpacken, das Integrieren in den beruflichen und privaten Alltag ist und bleibt Sache des Einzelnen. Denn jede Veränderung geht nicht von abstrakten Mächten aus, vom »Markt«, der »Politik« oder einer anonymen Organisation, sondern geschieht immer durch das handelnde Individuum, durch den Menschen, der in die Verantwortung geht und Veränderung gestalten will, anstatt von ihr überrollt zu werden. In diesem Sinne wünsche ich Ihnen viel Erfolg, Tatkraft und Mut. Damit Sie eines Tages sagen können: »Auch mein Unternehmen ist reif für die INSEL!«

Anmerkungen

1 http://www.goodreads.com/author/quotes/12793.Charles_
  Darwin
2 Toffler, Alvin: Die Zukunftschance. Von der Industriegesellschaft zu einer humaneren Zivilisation. Bertelsmann, 1980,
  S. 21
3 managerSeminare, Februar 2013, S. 46 f.
4 Albrecht, Harro: Von wegen Armut. In: DIE ZEIT vom
  27.03.2013, S. 35
5 Ebenda
6 Spiewak, Martin: Macht euch frei. In: DIE ZEIT vom
  27.03.2012, S. 36
7 Freud, Sigmund: Die Traumdeutung. Franz Deuticke, 1939
8 Beard, George: American nervousness: its causes and conse-
  quences, a supplement to Nervous exhaustion (neurasthenia).
  Putnam 1881
9 Nelson, Richard & Wright, Gavin: The Rise and Fall of
  American Technological Leadership. In: Journal of Economic
  Literature, 30, Nr. 4, 1992, S. 1960
10 http://de.wikipedia.org/wiki/Dienstleistungsgesellschaft
11 http://www.welt-in-zahlen.de/laendervergleich.phtml?
  indicator=68&rc=44
12 Väth, Markus: Feierabend hab' ich, wenn ich tot bin. Warum
  wir im Burnout versinken. GABAL, 2011, S. 73
13 http://oxedtech.wordpress.com/2012/04/04/the-networked-
  mind/
14 http://www.itespresso.de/2012/05/31/internettraffic-
  vervierfacht-sich-bis-2016/

15 http://www.spiegel.de/wissenschaft/mensch/intuition-die-weisheit-der-gefuehle-a-507122.html

16 Väth, Markus: Feierabend hab' ich, wenn ich tot bin. Warum wir im Burnout versinken. GABAL, 2011, siehe das Kapitel »Mythos Multitasking«

17 Gratton, Lynda: Job Future – Future Job(s). Hanser, 2012, S. 209 f.

18 Schirrmacher, Frank: Payback. Warum wir im Informations-zeitalter gezwungen sind, zu tun, was wir nicht wollen, und wie wir die Kontrolle über unser Denken zurückgewinnen. Büchergilde Gutenberg, 2009, S. 73

19 Rump, Jutta et al.: HR-Report 2012 / 2013 – Schwerpunkt Mitarbeiterbindung. Mannheim, 2012

20 http://de.wikipedia.org/wiki/Spiegelneuron

21 Ebenda

22 http://de.statista.com/themen/101/medien/

23 Steusloff, Hartwig: Messbarkeit der Kommunikationsqualität – Ein neues Paradigma? Vortragspapier. Karlsruhe, 2007

24 Ebenda, S. 7

25 Stöber, Rudolf: Ohne Redundanz keine Anschlusskommuni-kation. Zum Verhältnis von Information und Kommunikation. Medien & Kommunikationswissenschaft, 03 / 2011, S. 307 – 323

26 Ebenda, S. 318 f.

27 Ebenda, S. 322

28 Lobo, Sascha: Am Tag nach der Arbeit. SPIEGEL ONLINE, 01.05.2012, URL: http://www.spiegel.de/netzwelt/netzpolitik/sascha-lobos-kolumne-zum-tag-der-arbeit-am-1-mai-a-830734-druck.html

29 http://de.statista.com/statistik/daten/studie/2525/umfrage/entwicklung-der-durchschnittlichen-dauer-von-arbeitslosigkeit/

30 http://www.bls.gov/cps/cpsaat30.htm

31 Akzente, Nr. 58, Februar 2012, S. 1

32 Ebenda, S. 3

33 Beck, Ulrich: Schöne neue Arbeitswelt. Suhrkamp, 2007

34 Bienzeisler, Bernd: IBM »Liquid«: Revolution der Wissens-

arbeit oder Scoring-Hamsterrad? URL: http://blog.iao.
fraunhofer.de/home/archives/1132.html

35 http://mensch-chance.de/blog/spiegel-und-zdf-naehren-angst-vor-der-selbstaendigkeit

36 http://statistik.arbeitsagentur.de/Statistikdaten/Detail/Aktuell/iiia6/aueg-aueg-zr/aueg-zr-d-0-xls.xls, Abruf: 02.02.13

37 http://de.statista.com/statistik/daten/studie/158665/umfrage/freie-berufe---selbststaendige-seit-1992/

38 http://statistik.arbeitsagentur.de/Navigation/Statistik/Statistik-nach-Themen/Beschaeftigung/Beschaeftigung-Nav.html?year_month=201206

39 http://www.finanz-blog.eu/wirtschaftskrise/ninja-kredite-und-di-finanzkrise-2008.html

40 http://www.bildblog.de/37982/hartz-iv-sauerei-sauerei/

41 http://www.presseportal.de/pm/53407/2232468/hartz-iv-missbrauch-sinkt-paritaetischer-wohlfahrtsverband-wirft-bild-zeitung-unverantwortliche

42 http://www.zeit.de/gesellschaft/familie/2012-07/single-haushalte-statistik

43 http://www.zeit.de/online/2009/06/Architektur-Zukunft

44 Bundesanstalt für Arbeitsschutz und Arbeitsmedizin: Stress-report Deutschland 2012, S. 84

45 Ebenda, S. 107

46 http://www.fr-online.de/arbeit---soziales/stressreport-2012-stress-im-job-nimmt-fuer-viele-zu,1473632,21583046.html

47 http://www.welt.de/wirtschaft/article113159916/1800-Prozent-mehr-Krankentage-durch-Burn-out.html

48 http://www.aerzteblatt.de/nachrichten/51289

49 Wittchen, Hans-Ulrich: Haben Depressionen wirklich zuge-nommen – oder werden sie nur häufiger erkannt, diagnosti-ziert und behandelt? Kongresspapier, Dresden, 2011

50 Pressemitteilung der Deutschen Depressionshilfe vom 17.08.2012: Depression und Suizidalität: Die neun häufigsten Fehlannahmen, Missverständnisse und Irrtümer

51 Bundesanstalt für Arbeitsschutz und Arbeitsmedizin: Stress-report Deutschland 2012, S. 131ff.

52 http://de.wikipedia.org/wiki/Mooresches_Gesetz

53 WHO: International Classification of Diseases (ICD),
10. Revision, Version 2011, S. 293

54 http://www.hsl.virginia.edu/historical/reflections/fall2008/
index.html

55 Wittchen, Hans-Ulrich: Haben Depressionen wirklich zugenommen – oder werden sie nur häufiger erkannt, diagnostiziert und behandelt? Kongresspapier, Dresden, 2011

56 http://www.zeit.de/2011/49/M-Burnout

57 de Botton, Alain: Freuden und Mühen der Arbeit. Fischer,
S. 346 f.

58 Ebenda, S. 110

59 http://de.statista.com/statistik/daten/studie/1184/umfrage/
rolle-der-arbeit-im-eigenen-leben-maenner/ bzw. http://
de.statista.com/statistik/daten/studie/1186/umfrage/rolle-der-
arbeit-im-eigenen-leben-frauen/

60 http://eltern.t-online.de/familien-statistik-deutschlands-
familien-in-zahlen/id_52952510/index

61 DER SPIEGEL: Der 200-Milliarden-Irrtum. 6/2013,
S. 22–29

62 Ebenda, S. 24

63 http://de.wikipedia.org/wiki/Die_fünf_ Säulen_der_Identität

64 http://www.sueddeutsche.de/wirtschaft/strukturwandel-
in-bochum-man-kann-sich-auch-an-katatstrophen-
gewoehnen-1.1377965

65 Frankl, Viktor: Das Leiden am sinnlosen Leben. Herder, 2009,
S. 70 f.

66 http://www.faz.net/aktuell/wirtschaft/wachstumsdebatte-das-
bruttoinlandsprodukt-und-das-glueck-11710161.html

67 http://de.wikipedia.org/wiki/Human_Development_Index

68 http://de.statista.com/statistik/daten/studie/164502/umfrage/
anzahl-der-freiwilligendienste-in-deutschland/

69 Jahrespressekonferenz des Bundesverbandes Deutscher
Stiftungen vom 02.02.2012, Präsentation, S. 6

70 Bundesministerium für Familie, Senioren, Frauen und Jugend:
Hauptbericht des Freiwilligensurveys 2009, S. 5

71 Ebenda, S. 11

72 http://sekten-info-nrw.de/index.php?option=com_content&task=view&id=136&Itemid=46

73 http://de.statista.com/statistik/daten/studie/177283/umfrage/engel-und-gute-geister-haben-einfluss-auf-eigenes-leben/

74 http://de.statista.com/statistik/daten/studie/219140/umfrage/glaube-an-horoskope/

75 http://karriereblog.svenja-hofert.de/2012/08/von-ungesunden-studiencocktails-und-anderen-bachelor-sunden/

76 http://de.wikipedia.org/wiki/Führungskompetenz

77 Ebenda

78 Stippler et al.: Führung – Überblick über Ansätze, Entwicklungen, Trends. Bertelsmann Stiftung, 2011, S. 83

79 Sprenger, Reinhard K.: Mythos Motivation. Campus, 2002, S. 164

80 Deutsche Gesellschaft für Personalführung e. V.: Megatrends und HR Trends. PraxisPapier 7/2011, S. 24

81 Bosbach, Gerd & Korff, Jens Jürgen: Lügen mit Zahlen. Wie wir mit Statistiken manipuliert werden. Heyne, 2012

82 http://www.economist.com/node/21552567

83 http://www.sueddeutsche.de/karriere/zukunft-der-arbeit-feierabend-gibts-nicht-mehr-1.1100879

84 http://www.pro-quote.de/

85 http://www.berlinererklaerung.de/

86 http://www.datenportal.bmbf.de/portal/Tabelle-2.5.83.html

87 http://www.spiegel.de/wirtschaft/unternehmen/telekom-vorstand-sattelberger-frauenfoerderung-beruehrt-tabuzonen-a-742847.html

88 Deutscher Bundestag, Enquete-Kommission Internet und Digitale Gesellschaft: Ausschussdrucksache 17(24)004-B vom 30.06.2010

89 Ebenda, S. 7

90 Väth, Markus: Feierabend hab' ich, wenn ich tot bin. Warum wir im Burnout versinken. GABAL, S. 159f.

91 http://www.abendblatt.de/wirtschaft/karriere/article2028828/Generation-Y-Mehr-Sinn-in-der-Arbeit.html

92 Ebenda

93 http://carta.info/54466/sieben-thesen-zur-zukunft-von-medien-und-werbung/
94 Salesforce-Studie: Teilen statt besitzen – Was sagen die Deutschen zum Sharing-Trend?, S. 13
95 Gratton, Lynda: Job Future – Future Jobs. Hanser, 2012, S. 319
96 Studie: Das mittlere Management – Die unsichtbaren Leistungsträger. Prognos AG, 2011, S. 22 f.
97 http://www.business-wissen.de/mitarbeiterfuehrung/eigenverantwortliche-mitarbeiter-selbstmotivation-durch-mehr-macht-im-unternehmen/
98 Studie: Das mittlere Management – Die unsichtbaren Leistungsträger. Prognos AG, 2011, S. 24
99 http://www.fr-online.de/wissenschaft/lebensmittelfarbe-blaues-essen-bleibt-meistens-liegen,1472788,16067944.html
100 http://www.faz.net/aktuell/feuilleton/medien/twitter-im-abwind-es-war-wohl-alles-ein-bisschen-viel-fuer-ihn-12094100.html
101 http://de.wikipedia.org/wiki/Paul_Watzlawick
102 http://www.zeit.de/2013/09/Internet-Tuev-Viktor-Mayer-Schoenberger-Big-Data
103 Malik, Fredmund: Führen. Leisten. Leben. Campus, 2006, S. 359
104 http://www.dradio.de/dkultur/sendungen/thema/1361521/
105 Glass, Gene V.: Primary, secondary and meta-analysis of research. In: Educational researcher, 10, S. 4
106 http://lumma.de/2012/11/27/der-email-wahnsinn-ueber-alles
107 http://www.philibuster.de/themen/neue-welten/virtuelle-karteileichen-kleine-morde-unter-freunden.html
108 http://www.sueddeutsche.de/leben/eine-woche-ohne-fernsehen-weg-mit-diesem-ding-1.544992
109 http://www.csu.de/csunet/aktuelles/9911243.htm
110 http://de.wikipedia.org/wiki/Sender-Empfänger-Modell
111 http://de.wikipedia.org/wiki/Netzwerk
112 Greve, Gustav: Organizational Burnout. Gabler, 2010, S. 173
113 Nettle, Daniel: Persönlichkeit. Warum du bist, wie du bist. Anaconda, Köln, 2008

114 Poe, Edgar Allen: Der Untergang des Hauses Usher. In: Erzählungen. Winkler, München, 1959, S. 73

115 http://de.wikipedia.org/wiki/Gewaltfreie_Kommunikation

116 http://de.wikipedia.org/wiki/Mind-Map

117 Gonçalves, Bruno et al.: Validation of Dunbar's number in Twitter conversations. URL: http://arxiv.org/abs/1105.5170, Abruf: 29.12.2012

118 Lobo, Sascha: Netzhass ist gratis. In: SPIEGEL ONLINE, 04.12.2012. URL: http://www.spiegel.de/netzwelt/web/kolumne-von-sascha-lobo-ueber-hass-in-der-digitalen-gesellschaft-a-870799.html

119 Kant, Imanuel: Grundlegung zur Metaphysik der Sitten. Ausgabe der Preußischen Akademie der Wissenschaften, Berlin 1900 ff., AA IV, S. 434

120 Ein Drittel der Grundschüler leidet unter Stress. In: ZEIT Online vom 12.11.2012, URL: http://www.zeit.de/gesellschaft/schule/2012-11/umfrage-grundschule-gesundheit-stress

121 Gehirn vereinfacht komplexe Musikstücke. In: National Geographic Deutschland, URL: http://www.nationalgeographic.de/aktuelles/gehirn-vereinfacht-komplexe-musikstuecke

122 Ständige Sinneswahrnehmung ist gut für das alternde Gehirn. In: mpg.de vom 25.05.12, URL: http://www.mpg.de/5813576/neuverdrahtung_gehirn

123 Väth, Markus: Feierabend hab' ich, wenn ich tot bin. Warum wir im Burnout versinken. GABAL, 2011, Kapitel 3 (»Mythos Multitasking«)

124 http://de.wikipedia.org/wiki/Sekundärtugend

125 Ramsay: Millionaire Efficiency. How To Structure Your Day Like The Rich. URL: http://www.blogtyrant.com/millionaire-efficiency-how-to-structure-your-day-like-the-rich/

126 Lehrer, Jonah: Don't! The Secret Of Self-Control. In: The New Yorker, 18.05.2009. URL: http://www.newyorker.com/reporting/2009/05/18/090518fa_fact_lehrer

127 Vgl.: Ende, Michael: Die unendliche Geschichte. dtv, 1987, S. 223

128 Schnabel, Ulrich: Wo die Ideen herkommen. In: ZEIT ONLINE,

29.11.12. URL: http://www.zeit.de/2012/49/Inspiration-Ideen-Bleistift-LSD-Dunkelheit-Maggi-Abenddaemmerung

129 Meckel, Miriam: Das Glück der Unerreichbarkeit. Wege aus der Kommunikationsfalle. Goldmann, 2009, S. 97 f.

130 Kelly, Janice: Entrainment in individual and group behaviour. In: McGrath, Joseph E. (Ed.), The psychology of time, Newbury Park, California, 1998

131 DeMarco, Tom: Spielräume. Projektmanagement jenseits von Burnout, Stress und Effizienzwahn. Hanser, 2001, S. 18

132 http://de.wikipedia.org/wiki/Ethik

133 Väth, Markus: Feierabend hab' ich, wenn ich tot bin. Warum wir im Burnout versinken. GABAL, 2011, S. 40

134 http://de.wikipedia.org/wiki/Konstruktivismus_ (Lernpsychologie)

135 Knoll, Stefan: Preußen. Ein Beispiel für Führung und Verantwortung. nicolai, 2010, S. 90

136 Schwartz, Shalom H. (1992): Universals in the content and structure of values: Theory and empirical test in 20 countries. In: Zanna, M.: Advances in experimental social psychology (Vol. 25), S. 1–65, New York: Academic Press.

137 Studie der Akademie für Führungskräfte der Wirtschaft: Verantwortungsvoll führen. Von Vorbildern, Leitbildern und guten Taten. Überlingen am Bodensee, 2012, S. 17

138 http://de.wikipedia.org/wiki/Allgemeine_Erklärung_der_ Menschenpflichten

139 http://de.wikipedia.org/wiki/Weltethos

140 http://www.familie.de/eltern/artikel/erziehung-mit-worten-nuetzt-nichts-wie-kinder-werte-lernen/erziehung-mit-worten-nuetzt-nichts-wie-kinder-werte-lernen/?print=1

141 Köhn, Anne & Bornewasser, Manfred: Kooperative Sicherheitspolitik in der Stadt. Working Paper Nr. 9, Universität Münster, 2012

142 http://de.wikipedia.org/wiki/Kulturebenen-Modell

143 Steinmann, Horst & Olbrich, Thomas: Ethik-Management: Integrierte Steuerung ethischer und ökonomischer Prozesse. In: Bickle, G. (Hrsg.): Ethik in Organisationen. Konzepte,

Befunde, Praxisbeispiele. Verlag für angewandte Psychologie, 1998, S. 110

144 http://www.ftd.de/it-medien/it-telekommunikation/: dokument-elops-brandbrief-im-original/60009585.html

145 Kühl, Stefan: Verführerische Häme. In: Harvard Business Manager, März 2013, S. 96

146 Friedrichs, Julia: Gestatten, Elite. Heyne, 2009, S. 42

147 http://mensch-chance.de/blog/fuehren-mit-werten-authentizitaet

148 http://lexikon.stangl.eu/2277/achtsamkeit/

149 Malik, Fredmund: Führen Leisten Leben. Campus, 2006, S. 315

150 Neuberger, Oswald: Führen und führen lassen. Ansätze, Ergebnisse und Kritik der Führungsforschung. UTB, 2002

151 http://www.unternehmer.de/management-people-skills/132993-gallup-studie-fuehrungskraefte-muessen-aufmerksamer-werden

152 http://mensch-chance.de/blog/aus-fehlern-lernen-ist-auch-nur-die-halbe-miete

153 Väth, Markus: Feierabend hab' ich, wenn ich tot bin. Warum wir im Burnout versinken. GABAL, 2011, S. 213

154 Ebenda, S. 219

Über den Autor

Markus Väth wurde 1975 in Ansbach geboren. Er studierte Psychologie und arbeitete unter anderem als Projektmanager und Business Analyst. 2005 machte er sich mit seiner Coaching-Firma *Mensch & Chance* selbstständig. Markus Väth ist heute als freiberuflicher Redner und Coach tätig. Er befasst sich mit den psychologischen Aspekten von Arbeit, speziell im Zusammenhang mit Burnout, Selbstmanagement und Organisation. Sein Buch *Feierabend hab ich, wenn ich tot bin. Warum wir im Burnout versinken* erreichte innerhalb kurzer Zeit mehrere Auflagen und wurde vom Wirtschaftsmagazin changeX zum Buch des Monats Dezember 2011 gewählt. Markus Väth ist verheiratet und lebt mit seiner Familie in der Nähe von Nürnberg.

Weiterführende Links

Informationen zu Vorträgen, zur Dritten Transformation und dem INSEL®-Modell finden Sie unter: www.markusvaeth.com.

Informationen zu persönlichen Coachings sowie einen Psychologie-Blog von Markus Väth finden Sie unter: www.mensch-chance.de.

Fragen, Kritik, Anregungen?
Schreiben Sie dem Autor an office@markusvaeth.com.

Register